머 리 말

최근 경제 수준의 향상과 더불어 핵가족화, 맞벌이 부부가 늘어나면서 애완동물에 대한 관심이 많아지고 있습니다. 또한 애완동물이 가족의 개념으로 인식되면서 애완동물도 노령화되는 추세입니다. 노령화되는 애완동물이 늘어나면서 건강에 대한 관심도 많아지고 있습니다. 음식을 통하여 섭취되는 영양소가 건강에 밀접한 관련이 있기 때문에 어떤 음식이나 사료를 급여하느냐에 따라 건강에 많은 영향을 미치게 됩니다.

개와 고양이 영양학(Dog & Cat Nutrition)은 소동물의 영양 관리에 필요한 여러 가지의 정보를 제공하고 이를 응용하여 건강한 생활을 할 수 있도록 하는데 도움을 줄 수 있다고 생각합니다. 사람은 한 가지 음식만 먹기 어렵지만 애완동물은 한 가지의 음식이나 사료를 일생동안 급여하는데 큰 문제가 없습니다. 이 때문에 사람에 비하여 질병이나 상황에 따른 영양학적인 관리가 쉽습니다.

기초 영양학, 개와 고양이의 식이 관리 요령, 질병 영양학으로 구성되어있어 애완동물의 영양 관리의 길잡이가 될 수 있다고 생각합니다. 개와 고양이의 영양학적인 차이점을 비롯하여 질병 상태에 따라 적절하고 효과적인 건강관리에 대해 많은 도움이 되었으면 하는 바람입니다.

이 책이 애완동물과 관련된 많은 사람에게 영양학에 대한 많은 도움이 된다면 더 없는 영광이라고 생각합니다.

아직 부족하고 보충해야할 내용이 많아 앞으로 계속 수정·보완할 것을 약속드리며 관심 있는 많은 분들의 지도와 충고를 부탁드립니다.

이 책을 같이 써주신 서정대학교 박우대 학과장님, 수동물병원 박대곤 원장님, 한강동물병원 강명곤 원장님, 한삶 R & D 구의섭 팀장님께 감사드리며 이 책을 출판하는데 수고해주신 삼보출판사 사장님께도 진심으로 감사드립니다.

저자 오 윤 상 씀

제1장 동물간호 분야에서의 영양학의 중요성 · 9

Ⅰ. 서론 ··· 9
Ⅱ. 영양소의 관리 ·· 10
Ⅲ. 영양과다 및 영양결핍 ··· 12
Ⅳ. 질병 치료에서 식이의 역할 ··· 14
Ⅴ. 처방식 ··· 17
Ⅵ. 채식 ··· 18
Ⅶ. 영양결핍과 독성 ··· 18
Ⅷ. 적절한 영양의 조절과 설정 ··· 20

제2장 영양소 · 23

Ⅰ. 서론 ··· 23
Ⅱ. 수분 ··· 25
Ⅲ. 탄수화물 ··· 28
Ⅳ. 단백질 ··· 34
Ⅴ. 지방 ··· 43
Ⅵ. 무기질 ··· 49
Ⅶ. 비타민 ··· 56

제3장 에너지 대사 · 63

Ⅰ. 서론 ··· 63
Ⅱ. 세포내 에너지 대사 ··· 64
Ⅲ. 에너지 요구량 결정 ··· 67
Ⅳ. 사료 에너지 농도 결정 ··· 69
Ⅴ. 사료 복용량 결정 ··· 71

Dog & Cat Nutrition

제4장 개의 식이와 보살핌 · 73

- Ⅰ. 서론 ···73
- Ⅱ. 사료의 공급방법 ···73
- Ⅲ. 급식량 ···76
- Ⅳ. 생활유지를 위한 식이와 보살핌 ··78
- Ⅴ. 번식을 위한 식이와 보살핌 ···80

제5장 자견의 식이와 보살핌 · 89

- Ⅰ. 신생아 보살핌 ···89
- Ⅱ. 이유와 이유 후의 강아지 식이 관리 ··92
- Ⅲ. 성장을 위한 식이 과정 ··94
- Ⅳ. 성장기 동안의 보조 영양제 ···96
- Ⅴ. 이유 후의 관리 ···98

제6장 고아강아지의 식이와 보살핌 · 101

- Ⅰ. 급식 ··101
- Ⅱ. 고아를 위한 집 ···103
- Ⅲ. 고아의 행동적인 양상 ··103
- Ⅳ. 아픈 강아지와 고양이의 급여와 보살핌 ·····································104

제7장 고양이의 식이와 돌보기 · 107

- Ⅰ. 고양이 해부, 생리 이해 ···109
- Ⅱ. 식이 급여 방법 ···113
- Ⅲ. 먹이의 양 ··114
- Ⅳ. 유지 ··115
- Ⅴ. 번식과 성장 ··116

제8장 노령의 개, 고양이와 특수견의 식이 · 121

Ⅰ. 노령의 개와 고양이의 식이 ···121
Ⅱ. 힘든 신체적 운동, 또는 환경적이거나
　　심리적인 스트레스를 위한 식이 ···126

제9장 비만(Obesity) · 131

Ⅰ. 개요 ···131
Ⅱ. 진단 ···134
Ⅲ. 식이 계획 ··140
Ⅳ. 중간 점검 ··143
Ⅴ. 비만예방 ···144
Ⅵ. 요약 ···144

제10장 소화기 질환(Gastrointestinal Disease) · 145

Ⅰ. 개요 ···145
Ⅱ. 소화기 질환 ··149
Ⅲ. 식이 역반응 ··154

제11장 간장 질환(Hepatic Disease) · 161

Ⅰ. 개요 ···161
Ⅱ. 임상적 중요성 ···164
Ⅲ. 진단 ···165
Ⅳ. 식이 계획 ··174
Ⅴ. 보조 치료 ··174
Ⅵ. 정기 검진 ··176

Dog & Cat Nutrition

제12장 심장혈관계 질환(cardiovascular Disease)·177

- Ⅰ. 개요 ····· 177
- Ⅱ. 임상적 중요성 ····· 179
- Ⅲ. 진단 ····· 180
- Ⅳ. 식이 계획 ····· 185
- Ⅴ. 재평가 ····· 187

제13장 신장질환(Renal Failure)·189

- Ⅰ. 개요 ····· 189
- Ⅱ. 임상적 중요성 ····· 190
- Ⅲ. 평가 ····· 192
- Ⅳ. 식이 계획 ····· 199
- Ⅴ. 지속적인 관리 ····· 201

제14장 개의 요석증(Canine Urolithiasis)·203

- Ⅰ. 개요 ····· 203
- Ⅱ. 요석의 형성 ····· 204
- Ⅲ. 동물의 진단 ····· 206
- Ⅳ. 스트루바이트 요석 ····· 211
- Ⅴ. 수산 칼슘 요석 ····· 214
- Ⅵ. 요산 암모늄과 다른 퓨린 요석 ····· 217
- Ⅶ. 인산 칼슘 요석 ····· 220
- Ⅷ. 시스틴 요석 ····· 221
- Ⅸ. 규산염 요석 ····· 222
- Ⅹ. 복합 요석 ····· 223
- Ⅺ. 요석증 관리 ····· 223

제15장 고양이 하부요도계 질환(Feline Low Urinary Tract Disease) · 225

- Ⅰ. 임상적 중요성 ···225
- Ⅱ. 진단 ···225
- Ⅲ. 식이 계획 ···233
- Ⅳ. 재평가 ··234

제16장 기타 질환 · 235

1. 발육기 골격계 질환 ··235
2. 당뇨병 ··236
3. 산욕테타니 ··238
4. 부신피질기능항진증 ··239
5. 부갑상선 기능항진증 ······································240
6. 갑상선 기능저하증 ···241
7. 구강 질환 ··242
8. 암, 종양 ··243
9. 염증성 질환과 필수지방산 ······························244

CHAPTER 1. 동물간호 분야에서의 영양학의 중요성

I. 서론

생명체가 성장, 유지, 번식을 하기 위해서는 에너지가 필요하다. 에너지는 생명체가 활동할 수 있도록 도와주는데 이 에너지를 생명체에 공급해주는 것을 우리는 영양소라 한다.

영양소가 생명체의 몸에서 하는 역할은:

- 여러 가지 화학 반응을 거쳐 에너지를 공급
- 뼈나 근육 등 신체 조직을 구성
- 효소, 호르몬, 면역 물질 등을 만드는데 원료가 되기도 함
- 열 순환을 통한 체온 조절
- 물질 운반 등에 관여

균형 잡힌 영양소는 매우 중요하다. 영양이 과다하게 공급되었을 때는 여분의 에너지는 체내에 지방의 형태로 쌓이며 부족하게 공급되었을 때는 영양실조와 같은 증상이 발생할 수 있다.

질병의 예방과 치료에 있어서 과거보다 보다 나은 관심과 연구가 이루어지고 있으며 이러한 활동을 통해 수의 영양학이 비약적 발전을 이루리라 예상한다.

개와 고양이 영양학

Ⅱ 영양소의 관리

1. 적절한 영양소의 관리

적절한 영양소란 동물의 연령과 건강 상태에 따라 좋은 건강과 기능을 유지하도록 도와주는 조건의 사료 상태를 말하는 것으로 아래의 조건을 충족해야 한다.

- 성장 단계별 필수 영양소의 충분한 함유
- 필수 영양소의 안전한 양과 질을 함유
- 모든 영양소가 골고루 함유된 사료

만약 성장기에 성견용 사료를 먹었을 경우 필요한 영양소를 충족시키지 못하므로 질병이 발생할 수 있을 것이며, 필요한 에너지 요구량을 맞추었을지라도 체내 흡수 불량한 형태의 사료일 경우 결핍이 발생할 수 있다. 사료의 선택에 있어서 가장 우선시 되어야할 조건은 영양의 균형으로 특수한 목적을 위해 필요한 경우가 아니면 균형 잡힌 사료가 적당할 것이다.

표 1-1. 성장 단계별 영양 관리

성장단계	영양 관리
신생아기	출생 직후 24시간 내에 초유(colostrum)를 공급한다. 초유 속에는 성장에 필요한 영양소 및 면역물질이 들어 있어 질병으로부터 보호해준다. 모체가 사망하거나 젖이 분비가 잘 되지 않을 때는 대용유를 공급해야 하는데 장기간의 소나 염소의 젖은 영양요구량을 충족시키지 못해 질병을 일으킬 수 있다.
이유기	대부분의 강아지들은 5~6주까지 성견체중의 약50%에 도달하는데 최대한의 성장이 이상적인 성장을 의미하는 것은 아니다. 강아지가 성장하는데 요구되는 에너지량은 매우 높아서 필요량(예, 20kg의 12주령 강아지는 하루에 2.5kg의 습식사료가 필요)이 충족될 수 있도록 빈번한 식이를 제공해야할 필요가 있다. 강아지 먹이는 에너지 밀도와 소화율이 높고, 적당한 양으로 제공되어야 하며 비타민과 미네랄 특히, 칼슘과 인의 균형이 잘 갖추어져야 한다. 새끼 고양이는 강아지와는 달리 더 좋은 먹이가 제공되어야 한다. 체중 kg당 에너지 요구량은 10주령이 되면 최고조에 달하지만 강아지보다는 낮은 경향이 있다.

제1장 동물간호 분야에서의 영양학의 중요성

유지기	이때에는 균형 잡힌 식이만 공급하면 된다. 고양이나 소형견은 12개월 령에 성체에 필요한 에너지를 공급해 주어야 하며, 중형견은 15~18개월 령에, 대형견에서는 18~24개월 령에 성견에 맞는 에너지를 공급해주어야 한다. 대다수의 개에게서 과식은(비만유발) 주요한 고려대상이다. 보호자들은 그들의 애완동물이 정상적으로 체중을 유지하도록 해야 하며 필요 요구량 정도로만 음식을 제한하거나 에너지 밀도가 낮은 사료를 사용해야 한다.
임신기	대부분 태아의 몸무게는 개의 임신 마지막 3주부터 늘어난다. 이 시점에서 부가적인 식이 제공이 필요하다. 맛있으며 균형 잡힌 유지용 식이가 적당하다. 임신 5주 차부터는 식이 영양의 추가 비율이 주당 15%까지 증가한다. 임신 말기에는 복강 내 공간의 축소로 소량이며 고영양의 음식을 제공해야 한다. 고양이는 수태한 후부터 점차 음식 섭취량을 늘리는 경향이 있다. 고양이가 과식하는 경우는 드물다. 대안으로는 비율을 주마다 4~5%씩 증가시켜 제공할 수 있다.
비유기	이 시기의 에너지 요구량은 새끼의 크기에 달려 있으며 새끼가 태어난 후 4주령에 최대한의 에너지 요구량이 필요하다. 매우 맛있고 소화가 잘되는 음식을 소량씩 자주 주는 것이 암캐를 위해 필요하다. 암코양이는 자주 주는 것이 필요하다. 만일 균형식이 사용된다면 비타민과 미네랄의 보충은 필요 없다. 대개 유지기보다 **훨씬 엄격하게 만들어진(특별히 수유(에너지밀도의 증가)를 고려하여 만들어진)** 식이가 요구된다.
활동기	보호자가 생각하는 것과 달리 실제로 활발한 개는 거의 없다. 식이는 근육의 운동과 스트레스에 대한 요구량에 부합되어야 한다. 단시간에 운동을 하는 운동견, 예를 들어, 그레이하운드는 탄수화물을 더욱더 많이 요구하게 된다. 특히 저온의 상황에서 노동력을 지탱해주기 위해선 고지방, 저탄수화물식이가 에너지 요구에 가장 부합된다. 식이 단백질의 증가가 요구되는지에 대한 증거는 없다. 사역견은 철분, 비타민 E, 셀레늄에 대한 더 높은 요구량을 보인다. 대개 사역견은 매우 맛있고 에너지 밀도가 높으며 소화가 잘되는, 영양이 균형 잡힌 식사를 필요로 한다.
노년기	노령의 고양이와 개의 에너지 요구량에 대한 정의는 미약한 실정이다. 장 기능이 8년령부터 저하되기 시작하여 저영양 밀도의 음식이 바람직하다고 여겨진다. 에너지 요구량 또한 활동의 감소와 낮은 제지방량(Lean body mass)으로 인해 저하된다. 비타민 특히 수용성(B와 C)비타민의 요구량은 체수분의 변화로 인해 증가할 것이다. 에너지 요구량과 영양밀도의 감소와 낮은 식욕에 대비하여 먹이는 영양 균형이 잘 잡혀야 할 것이다. 영양 밀도는 낮고 비타민 수준은 증가된 매우 맛있는 먹이의 적정점을 찾는 것이 최근에 요구되는 사항이다. 또한 하루당 식사횟수를 늘리는 것도 바람직하다.

몸은 많은 잉여 영양분을 지방의 형태로 체내에 저장할 수 있다. 그래서 금식 기간이나 영양 부족시에 정상적으로 작용할 수 있는 것이다.

동물이 성장, 발달해서 나이를 먹음에 따라 필수영양분은 바뀔 수 있고 다양한 주요 식이

 개와 고양이 영양학

성분의 요구 사항은 활동에 따라 다양할 수 있다. 암컷의 경우 번식기 상태, 즉 임신여부, 수유에 따라 달라진다. 유지 에너지 요구량 또한 삶의 단계와 활동에 따라 다양한데 삶의 각 단계마다 필요한 에너지 요구량이 산정되어야 한다. 다음의 공식은 예로써 에너지 요구량을 산정 한 것이다. 각 개체마다 영양 요구량은 평가되어야 하며 표준적인 공식을 사용하여 계산한 수치는 절대적이라기보다는 일종의 지침이다.

- 휴지기 에너지 요구량(Resting energy requirement; RER)
  - 이것은 온도가 중립인 환경에서 휴식상태의 동물이 소비하는 기본 에너지다.
  - $RER(kcal) = 70 \times (kg체중)^{0.75}$
  - $RER(kcal) = 30 \times (kg체중) + 70$ (2~48kg의 체중을 갖는 동물)

- 유지 에너지 요구량(Maintenance energy requrement(MER))
  이것은 온도 중립의 환경에서 활동하는 동물에 의해 사용되는 에너지이다. 성장이나, 임신, 수유, 힘든 일에 사용되는 에너지는 포함되지 않는다. MER를 산정하는 다양한 방법이 다음 단락에서 제안된다.

III 영양과다 및 영양결핍

어느 한가지의 영양소가 많거나 적어도 문제가 발생할 수 있는데, 영양소가 필요 이상으로 많은 것을 영양과다란 용어를 사용하고 반대로 적은 것을 영양결핍이란 용어를 사용한다.

1. 영양과다

한 가지 이상의 영양소가 사료내 과다 존재하는 것으로 과다 영양소는 생체에 직접적인 독성을 나타내거나 다른 영양소의 흡수 또는 대사를 방해하여 이차적인 독성을 나타내기도 하는데 예를 들어 인(P)은 과다시 칼슘의 흡수를 방해하여 칼슘 결핍증을 발생시키며 칼슘(Ca) 과다는 신결석, 근육의 석회화와 같은 질병을 발생시킨다.

2. 영양결핍

한 가지 이상의 영양소가 사료 내에 부족하거나 이용 장해가 있는 경우와 생리적 요구량에 비해 사료 내 절대량이 부족한 경우, 사료 내에 적절한 양이 있지만 체내 이용성이 나쁜 형태인 경우, 충분한 양과 적절한 형태의 영양소가 있지만 사료 내 다른 간섭물질에 의해 이용성이 떨어지는 경우 등이 있는데 예를 들어 동일한 함량의 단백질을 가진 사료일지라도 원료를 순수한 단백질로 구성했느냐, 닭 머리나 내장 등 부산물로 구성했느냐, 질소로 구성했느냐에 따라 생체내 흡수율과 이용률에는 커다란 차이가 날 수 있다. 또한 성장기 강아지에게 성견용 사료의 급여는 강아지가 성장하는데 필요한 단백질 등 영양소 요구량을 충분히 맞추지 못하므로 상대적 결핍이 일어나 성장에 관련된 질병을 발생시킬 수 있는 잠재적 요인을 가질 수 있다.

표 1-2. 사료의 다양한 형태

먹이형태	특 징
완전식품	동물들에게 요구되는 모든 식이에 부합되게 만들어졌다. 몇몇 먹이는 성장 단계별로 한 시기에만 적당할 뿐인데 반해(예, 성장기) 모든 연령에서 완전하게 작용한다.
보조식품	한가지 또는 그 이상의 식이성분이 부족하고 비타민과 미네랄의 관점에서 보면 균형이 맞춰져 있지 않기 때문에 유일한 먹이로는 부적당하다. 완전한 식이를 얻기 위해 다른 성분들과 같이 먹이려고 의도할 때 혹은 치료의 목적으로 최소의 식이 성분을 제공하려고 할 때, 또는 씹히는 느낌을 다양하게 부가 해주기 위해 사용될 수 있다.
습식식품	보통 70~80%의 고 수분을 함유하고 있다. 기본적으로 육류인 경향이 많다. 열소독, 진공포장, 냉동으로 보관되며 소화도 매우 잘되고 맛도 좋은 경향이 있다. 에너지 함량은 일반적으로 낮아서 다량을 먹여야 하는데 단백질 과다의 경향을 가져올 수 있다.
반습식식품	적당한 수분 함량을 가지고 있어 수개월간 실온에 보관해도 된다(수분 함량 15~30%). 습윤제(설탕, 소금 또는 물과 결합된 글리세롤), 항곰팡이 제재, 낮은 pH의 방식으로 보존시킨다. 다양한 생산품으로 만들어질 수 있으며 상당히 높은 영양 비중, 소화율, 맛을 가진다. 몇몇 반습식 식품에서 보존제로 사용되는 프로필렌글리콜은 고양이에게 독이 될 수 있다.
건조식품	저수분 함량(약 10%). 건조 상태로 보존하며 저장기간은 짧다. 대다수가 다량의 씨리얼을 함유한 믹스 비스킷 같은 보조식품이다. 습식 혹은 반습식 식품보다 영양비중은 높으며 동시에 낮은 소화율을 가진다. 맛은 매우 다양하다. 동물, 특히 건조 사료를 먹는 고양이는 사용된 성분에 따라 결석이 생길 위험성이 크다.

개와 고양이 영양학

IV. 질병 치료에서 식이의 역할

수의학에서의 영양에 대한 중요한 초점은 고양이와 개의 질병 치료시 식이관리가 가치 있는가이다.

식이요법으로 얻을 수 있는 가치는

- 몇몇 질병의 경우 음식을 바꾸는 것만으로도 임상 증상(예, 식이성 알레르기, 스투루바이트(struvite) 요결석 등)을 치료 할 수 있다.
- 또 다른 경우로는 식이 개선으로 독성이 있는 약물의 사용을 줄일 수 있다 (예, 염증성 장질환 등).
- 이를 통해 동물의 삶의 질을 개선할 수 있다(예, 만성 신부전 등).

개와 고양이의 치료에 있어서 식이의 주요한 역할은 표에 개괄되어 있다. 동물이 새로운 맛, 씹히는 느낌, 영양성분에 익숙해지도록 수일간에 걸쳐서 천천히 식이변화를 줘야한다는 것을 기억하는 것은 매우 중요하다.

표 1-3. 소동물 질환에서 식이치료

질환	의심되는 원인	식이의 요구사항
위장관 질환	비특이성 구토, 설사	소화가 잘되며 소화기내에 오래 지체되지 않는 음식을 빈번하게 먹은 후 휴식함
	식이성 알러지	단일 형태의 새로운 단백질을 먹일 것, 글루텐이나 락토오즈를 없앨 것. 먹이는 매우 소화가 잘 되어야 한다.
	식이성 과민증	식이 과민을 일으키는 성분(락토오즈, 글루텐)을 없앤다.
	췌장 소화액 부족	지방이 엄격하게 제한되며 적당한 수준의 고품질의 단백질로 구성된 소화가 잘되고 맛있는 음식을 준다.
	췌장염	지방이 엄격하게 제한되며 적당한 수준의 높은 품질의 단백질로 구성된 소화가 잘되는 음식을 준다.
	소장의 세균과다증식	지방이 엄격하게 제한되고 적당한 수준의 높은 품질의 단백질로 구성된 소화가 잘되는 음식을 준다.
	장관 운동 이상	저지방, 저섬유질의 음식은 위를 비우는 것을 증진시킨다.
	위 염전 증후군(개)	발생에 대한 식이의 영향이 조사된바 없으나 GDV의 재발은 식이의 형태와 연관되어 있음이 확증되었다. 그러나 대개 위험이 높은 개(흉강이 깊은)는 매우 소화가 잘되는 습식 식이를 하루 세 번 먹이는 것이 추천된다.

	염증성 장질환	질병에 알려지 성분이 들어 있다고 가정될 때 식이성 알러지에서 사용된 것과 동일한 음식이 추천된다. 새로운 먹이는 장관 염증이 조절되고 나서 도입된다. 장관 염증이 있는 시기에 동물은 새로운 먹이에 과민반응을 보일 것이기 때문이다. 일단 염증이 가라앉으면 두 번째의 새로운 단백질 먹이가 장기간 급여된다.
	결장염	두 가지 식이 관리 접근이 가능하다. 1. 초기에는 소화관 지체가 안되는 단일 단백질 식사가 식이성 알러지에 사용된다. 2. 장기간 관리시에 동일한 먹이에 용해성, 비용해성 섬유질, 비타민, 미네랄은 증가되고, 지방은 제한시킨 음식을 사용하는게 더 좋다.
	변비	비타민과 미네랄 수준이 증가된 섬유식을 사용함으로써 분변 수분함량을 증가시킬 수 있다.
비 만	과식, 운동부족	계산된 유지기 요구량의 40~60%까지 칼로리를 제한해서 주당 1% 정도 개의 체중을 감량시키는 것이 목표다. 60% MER 이하의 칼로리 섭취는 고양이에서 지방간증을 일으킬 수 있기에 피해야 한다. 단백질, 필수 지방산, 미네랄, 비타민의 수준은 저에너지 밀도의 매우 맛있는 식품으로 균형이 맞춰져야 한다.
간 질환	만성 간기능부전 또는 PSS(portosystemic shunt(개))	식후에 질소 노폐물의 상승을 늦추기 위해, 식욕부진 동물의 단백질 요구량에 부합하도록 먹이를 조절해야 한다. 이는 적당한 수준의 고품질 단백질을 사용함으로써 달성될 수 있다. 비단백성의 소화가 잘되는 탄수화물로부터 고에너지 밀도가 얻어진다. 아연과 B 복합물, 비타민E 수준을 증가시키고 구리는 제한한다. 적절하게 지방을 조절하고 섬유질을 높인다.
	만성간 기능부전 또는 PSS(portosystemic shunt(고양이))	적정수준의 아르기닌, 타우린, 비타민B, 적당히 단백질을 제한한 맛있는 먹이
	지방간증(고양이)	식사는 필수적이므로 코→식도 튜브로 먹이를 주던지 위절제술로 튜브를 설치하는 것이 필요하다. 체지방의 이동을 방지하고 적절한 고품질의 단백질이 함유되고 튜브를 통해 공급할 수 있는 식품이 적절하다.
신 질환	만성신기능부전	신질환의 고양이와 개는 종종 식욕부진을 보이므로 맛이 중요하다. 고품질의 단백질에 인을 제한시킨 식이가 대부분의 경우에 적당하다. 비단백 원천으로부터의 고에너지 밀도가 필요하다. 적당한 나트륨제한과 비타민B 복합물의 증가가 필요하며 칼륨수준은 고양이에서 증가되야 한다.
하부 요로계 질환	FLUTD (고양이)	다량의 수분을 요구하는 식이(통조림식품) 그리고 오줌의 pH를 6.0~6.5로 해주는 식이
	Struvite 요석	마그네슘(끼니 당 <20mg/100kcal), 암모늄, 인산(재<3%)을 감소시킨다. 다량의 산성 오줌(높은 양이온 : 음이온 비율, 황화 아미노산을 증가)을 생산하도록 구성되고 적당히 제한된 단백질 수준의 고에너지 식품이 선호된다.

개와 고양이 영양학

	요산요석 (Ammonium urate, Sodium acid urate)	적당히 단백질이 제한되어 결석 용해를 일으키는 알칼리 뇨를 배출하도록 구성된 식품
	시스틴 요석	저단백으로 오줌을 알칼리화 시키는 식품; 보통 장기간의 식이 관리가 요구된다.
	수산칼슘 요석	외과적 제거 후 염, 단백질, 칼슘 수준이 높은 식이는 피하고 저 혹은 고수준의 인이 함유된 식품도 피해야 한다.
심혈관 질환	심근질환	고양이에서 타우린 부족으로 인해 심근이 이완된 경우, 타우린 첨가물로 치료가 가능하다. 개가 이완성 심근증에 걸렸으면 L-carnitine(라이신과 메티오닌으로부터 합성됨)의 균형을 맞춘 식이를 먹인다.
	울혈성 심부전	이 질환에 걸린 다수의 개와 고양이가 식욕부진, 체중감소(심성 악액질)을 보인다. 매우 맛있고 소화가 잘되고 적당히 제한된 고품질의 단백질이 적당하다. 염 제한은 명확치는 않지만 대개 이득이 된다고 생각된다. 최근에는 건조식품의 경우 개에선 0.1~0.3%, 고양이에선 0.4%가 추천된다. 마그네슘과 칼륨의 첨가 혹은 제한 또한 혈청상의 농도에 따라 유익할 수 있다.
	고혈압	Omega-3 지방산이 많이 첨가된 식품이 어느 정도 가치 있다.
내분비 질환	개의 당뇨병	이상적으로는, 복합성 탄수화물이 많고, 단당은 안되고 지방이 제한되며 적당량의 단백질이 있는 식이를 먹인다. 식이성 섬유질은 소화율과 다음 식사의 탄수화물 흡수를 낮추는 것으로 보인다. 그럼으로써 식후 과혈당증을 낮춘다. 위의 범주로 만들어진 먹이는 맛이 떨어지는 편이다. 식사는 정해진 횟수로 하고 동량이며 동종의 음식을 매일 준다. 비만은 인슐린 저항성을 높이므로 비만동물의 체중감량은 중요하다.
	고양이 당뇨병	고양이는 먹이를 사냥하거나 옆집에서 먹이를 얻는 방법으로써 식이를 보충할 수 있을 뿐만 아니라, 고섬유질이거나 고탄수화물 음식을 잘 먹지 못한다. 반습식 식품을 먹이지 말아야 하는 것을 제외하고는 고양이에선 특별한 식이를 먹일 필요가 없다. 양과 횟수의 관점에서 식이의 일관성을 유지하는 것이 목표이다. 비만 동물의 체중감량 또한 중요하다.
골격계 질환	단백질 칼로리 이상 혹은 과다	맛있고 균형 잡힌 매우 소화가 잘되는 고밀도의 음식을 먹인다.
	비타민/미네랄부족 혹은 과다	맛있고 균형 잡힌 매우 소화가 잘되는 고밀도의 음식을 먹인다.
	신성 골이영양증	만성 신기능부전에 대해서 치료한다.
	대퇴이형성, 골관절염	만일 동물이 과체중이라면 비만에 대해 치료한다.

제1장 동물간호 분야에서의 영양학의 중요성

피부 질환	단백질칼로리 이상	맛있고 균형 잡힌 매우 소화 잘되는 고밀도 음식을 먹인다.
	비타민/미네랄 부족 혹은 과다	맛있고 균형 잡힌 매우 소화 잘되는 고밀도 음식을 먹인다.
	전신기관기능부전	위의 관련된 치료를 보라
	식이성 알러지	최소 8주간 제한된 한 종류의 단백질 식이를 먹인다.

 **처방식**

처방식은 단백질과 염류에 제한을 두기 때문에 맛이 덜한 경향이 있다. 특별한 음식이 바람직하더라도 만일 환자가 먹는 것을 거부한다면 소용없는 일이다. 어떤 질병 상태(만성 신부전 등)에서 그 동물이 먹는 것 이외의 것을 섭취하는 게 더 중요할 수 있다. 천천히 새로운 음식을 주고, 따뜻하게 해주면 좀 더 쉽게 동물이 먹도록 할 수 있다.

처방식의 대부분은 정상적인 성견이나 고양이가 적절한 영양분을 공급받을 수 있도록 만들어져 있다. 그러나 다수의 제품은 어떤 연령 시기에서는 먹이는 것이 부적절하다. 예를 들어 저단백 사료는 빨리 자라는 강아지에겐 적당하지 않다. 그래서 적당한 사료를 선택할 때는 치료되는 질병의 경과뿐만 아니라 연령시기와 동물의 활동도도 고려되어야 한다.

고양이를 위한 식이 선택의 폭은 좁으며, 개선되는 정도가 덜하다. 이것은 다음의 여러 가지 이유 때문이다.

- 대개, 상이한 질병상태에 있는 고양이에게 어떤 식이가 필요한지에 대해서는 알려진 바가 없다.
- 고양이는 단백질의 요구치가 절대적으로 더 높다.
- 고양이는 췌장 아밀라아제의 작용이 현저히 낮기 때문에 고탄수화물 식사를 소화해내지 못하므로 식이에서 지방을 제한할 수 있는 정도에 한계가 있다.
- 고양이는 대개 개보다 음식에 대한 욕구가 적다. 그래서 맛없는 음식은 거의 먹지 않는다(예 ; 고섬유질 음식).

VI 채식(vegetable diet)

개를 위해 잘 균형 잡히고 영양적으로 완전한 채식은 이미 확립된 개념이다. 그러나 만일 보호자가 고양이에게 채식을 시킨다면 심각한 영양학적 이상을 야기할 수 있다. 고양이는 절대적인 육식동물이고 고기에 존재하는 필수 식이 성분을 합성할 능력이 없다. 특별히 우려되는 가능성은 arachidonic acid, 비타민 A, 타우린 성분이 채식에는 부족하다는 것이다. 채식이 우려되는 다른 이유는 단백질과 아미노산 특히 arginine의 낮은 생물학적 수치 때문이다. 합성첨가제로 이런 성분들을 포함시키려는 시도가 있었지만, 전통적인 고양이 음식을 먹은 고양이만큼 건강하거나 활동적이지 못했다. 이는 합성첨가제로는 모방하기 어려운 우리가 모르는 어떤 성분이 있으며 식이 성분간의 복합작용이 중요하다는 것을 보여주는 것이다. 결과적으로 어떤 사람이 고양이와 같은 절대적인 육식동물을 돌본다면 고양이에게 비육식성 음식을 주는 것이나 그런 시도를 하는 것은 적절치 못하다.

VII 영양결핍과 독성

임상 질환을 야기할만한 영양결핍과 독성은 대체로 드물며 보통 보호자가 태만한 경우와 집에서 음식을 준비해서 먹이는 경우에 발생한다. 보통 소화기계의 질병상태에 따라 모든 식이 성분 혹은 어느 성분만 결핍되게 된다. 영양 불균형이나 체중 감소를 일으키는 질병은 다음 넷 중에 하나의 그룹에 속한다.

- 영양섭취의 부족(식욕부진, 쇠약)
- 영양흡수의 부족(구토, 설사, 소장질환, 췌장소화액의 결핍)
- 악액질 상태(종양, 울혈성 심부전, 갑상선비대증 같은 다양한 질환시 동물의 영양 요구량은 증가한다.)
- 과도한 영양 손실. 예를 들어 단백질을 소실시키는 신장질병, 당뇨병(포도당이 오줌으로 소실됨). 단백상실성 장질환

몇몇 견종은 비타민과 미네랄이 결핍되었다고 보고되었다. 이는 특정한 수송 분자가 부족(알래스칸 맬러뮤트의 아연부족)하거나 신장 이형성(예를 들어 Fanconi syndrome)에 연관되어 있다고 생각된다.

영양분이 필수적이라고 해서, 과량일 때 독성분으로 될 수 있다는 것을 의미하는 것은 아니다. 만일 소량이 좋다면 과량은 매우 위험할 수 있다. 예를 들어 비타민 A 또는 D의 과량은 독이 된다. 영양결핍은 어떤 식이에서 특정 영양분이 부족하기 때문에 발생할 수 있다.

예를 들어 :

- 골격근(고기)은 칼슘, 리보플라빈, 비타민 A, 요오드, 구리가 부족하다.
- 씨리얼은 칼슘, 타우린, 리보플라빈, 니아신, 지방이 부족하다.

식이 불균형은 하나의 영양성분이 과도해서 다른 성분의 흡수를 막을 때 발생할 수 있다.

- 영양 성분은 결합을 통해 더 이상 흡수가 용이하지 않을 수 있다.
  예를들어 :
    - 지용성 비타민(A, D, E)은 윤활제로 사용되는 미네랄 오일과 결합한다.
    - 난백(Avidin)은 비오틴(비타민 B)과 결합한다.
    - 식물의 Phytate는 철분, 구리, 아연과 결합한다.
- 영양 성분은 특히 2가 이온과 수송체를 두고 경쟁한다.
- 자유 영양분은 위장관내에서 결합할 때, 다른 성분들과 결합할 수 있다. 예를 들어 Aluminium hydroxide는 비수용성 염을 형성하기 위해서 인과 결합하기 때문에 음식 안의 사용 가능한 인 함량을 낮출 수 있다.
- 동물은 견종이나 발달 상태에 따라 식이 불균형에 더욱 혹은 덜 민감할 수 있다. 예를 들어 대형견은 강아지시기에 골격이 발달할 때 특히 칼슘, 인, 마그네슘, 불소의 불균형에 민감하다.

 개와 고양이 영양학

VIII 적절한 영양의 조절과 설정

한국내 판매되는 사료의 질과 영양소의 함량을 강제적으로 결정해주는 기관이나 단체는 없으며 미국에서 수입되는 사료의 질과 영양소는 AAFCO(Association of American Feed Control Officials : 미국사료조절관리협회)라는 단체를 통해 조절되어 진다.

- AAFCO(Association of American Feed Control Officials : 미국사료조절관리협회)
  AAFCO는 각 주의 사료관련 전문가들로 구성된 자문기구로 직접적인 통제기능은 가지고 있지 않으며 현재 약 30개 주에서 AAFCO의 모델을 채택하고 있는데 AAFCO 모델은 ;
  - 필수 영양소는 표준화 범위 내에 들어가야 한다.
  - 생산품은 AAFCO가 정한 사료 시험에 통과해야 한다.

1. AAFCO의 사료영양 기준

- 영양소는 AAFCO가 정한 최저치와 최대치 사이에 위치해야 한다.
- 영양소의 비율은 AAFCO가 정한 각 연령 단계에 따른 개 및 고양이의 사료영양기준에 맞게 조성되어야 한다.

최저영양수준은 영양적으로 부족 되지 않는 수준을 말하는 것으로 생물학적으로 얼마나 영양으로 이용되는가를 고려해야 하는데 예를 들어 생체내 필요한 Ca의 최저요구량은 0.59%이나 약 40% 정도는 생물학적으로 이용성이 떨어져 소실된다. 그러므로 사료 내에는 최저 함량을 1%로 상향조정한다.

최대영양수준은 어느 연령단계에서건 중독 증상을 일으키지 않는 것을 말하는데 개에서는 칼슘, 인, 무기질, 지용성 비타민이 설정되어 있으며 고양이에서는 메티오닌, 아연, 비타민 A, D등이 설정되어 있는데 그렇다고 그 이외의 영양소가 안전하다는 말은 아니며 아직까지 연구가 부족하여 정해져 있지 않기 때문이다.

영양소의 상대적인 양도 중요한데 개와 고양이에서는 칼슘과 인의 비율(정상 1~1.2 : 1)이 설정되어 있어 이 두 영양소는 절대량과 상대적인 양도 중요하게 다루고 있다.

2. AAFCO의 사양시험 의정서

AAFCO의 사양시험의 통과는 해당 사료가 절대적으로 안전하다는 것을 의미하지는 않으나 영양적으로 적당하다는 것을 입증하는 수단 중 하나로 사용되는데 AAFCO 시험을 통과한 사료는 표지에 AAFCO 절차에 의한 동물사양시험에 인정되었다는 것을 표시할 수 있으며 처방사료나 동물의 건강유지 사료처럼 특수한 목적을 가진 사료는 표시 할 수 없다.

현재 판매되는 사료들 중 AAFCO가 정한 영양소 규정에 적합함이라고 표기된 사료는 실재적으로 시험에 통과되었다는 것을 의미하는 것이 아니라 AAFCO가 정한 영양소의 범위 내에 함량을 맞추었다는 것을 의미하므로 구별이 필요하다.

1) 사양 시험 프로토콜

① 성장기 동물의 프로토콜

- 대상 : 8주령 이하의 강아지나 9주령 이하의 새끼 고양이로서 젖을 떼고 건강한 8마리 이상
- 프로토콜 : 실험 사료를 10주 이상 급여
- 평가 :
    ㉮ 헤모글로빈(Hemoglobin), 적혈구 용적(PCV), 혈청 알부민(Albumin), 혈청 알카라인 포스파타제(Alkaline phosphatase) 등이 정상 범위이어야 하며 타우린(taurine)은 고양이에서 정상이어야 한다.
    ㉯ 사양시험을 통과한 사료를 먹인 대조군과 비교시 체중 증가율이 정상이어야 한다.
    ㉰ 영양부족이나 중독 등의 증상이 나타나지 않도록 한다.

② 성숙한 동물의 건강유지 프로토콜

- 대상 : 정상 체중을 가지고 임상 검사상 정상인 8마리 이상의 개나 고양이
- 프로토콜 : 실험 사료를 최소 6개월 이상 급여
- 평가 :
    ㉮ 헤모글로빈(Hemoglobin), 적혈구 용적(PCV), 혈청 알부민(Albumin), 혈청 알카라인 포스파타제(Alkaline phosphatase) 등이 정상 범위이어야 하며 타우린(taurine)은 고양이에서 정상이어야 한다.
    ㉯ 처음 시험 시작시 체중의 10% 이내에서 변화가 있어야 하며 사양시험을 통과한 사료를 먹인 대조군과 비교시 체중 증가율이 같아야 한다.
    ㉰ 영양부족이나 중독 등의 증상이 나타나지 않도록 한다.

③ 임신, 비유중인 동물의 프로토콜
- 대상 : 최소 8마리 이상의 건강한 암캐나 고양이
- 프로토콜 : 실험 사료를 교미시부터 개의 경우 분만 4주째까지, 고양이는 6주째까지 급여
- 평가 :
  ㉮ 헤모글로빈(Hemoglobin), 적혈구 용적(PCV), 혈청 알부민(Albumin) 등이 정상 범위이어야 하며 타우린(taurine)은 고양이에서 정상이어야 한다.
  ㉯ 어미 개의 체중이 대조군과 비교하여 차이가 없어야 하며 고양이의 경우는 체중 변화가 실험 시작시의 10% 이내를 유지해야 한다.
  ㉰ 어미 내 새끼에서 영양부족이나 중독 등의 증상이 나타나지 않도록 한다.
  ㉱ 분만된 강아지나 새끼 고양이는 80% 이상 생존하고 정상 크기와 체중을 유지해야 한다.

2) 사양 시험 프로토콜의 장점과 단점

① 장점
사료의 생물학적으로 이용되는 비율과 맛은 평가가 가능하지만 그 이외의 요소들은 평가를 할 수 없다.

② 단점
㉮ 사양 시험은 AAFCO에서는 직접 실험하지 않으므로 사료회사의 목적에 맞게 바뀌어 질 수 있다.
㉯ 실제적인 시험이 이루어지지 않거나 데이터를 바꾸어 보고할 수 있으므로 보고한 사람의 정직과 신뢰에 의존하여 허가할 수 있다.
㉰ 각각의 동물의 영양 상태에 따라서 체내에 풍부히 저장된 영양소는 시험과정 중의 부족한 사료를 보상 할 수 있으므로 부적당하다고 밝히기에는 민감하지 않을 수 있다.

# 영양소

I. 서론

영양이란 생물체가 체외로부터 음식 또는 사료를 섭취하여 이용하고, 이용 후 생긴 불필요한 물질은 체외로 배출함으로써 생명을 이어가는 일련의 작용을 말한다.

살아있는 한 영양의 과정이 지속되는 생명체에게 있어 건강을 유지하고 질병을 관리하는 데 필수적인 음식이나 사료는 무엇보다 중요하다고 할 수 있다.

사료를 올바로 급여하고 급여에 대한 적절한 정보를 얻기 위해서는 사료의 영양소와 이용률에 대해서 알아보는 것이 중요하다. 이 장에서는 영양소의 종류와 각 영양소의 이용에 대해서 다루게 된다.

영양소란 생명을 유지하도록 도와주는 사료의 구성요소를 말한다. 각 영양소들은 아래와 같은 기능을 포함하고 있다. 여러 영양소들이 다양한 기능을 수행함으로서 맡은 바 소임을 다하게 된다.

다음은 여러 영양소들의 다양한 기능에 대한 내용이다.

㉮ 몸의 구조적 요소로서의 작용
㉯ 체내 신진대사에서 일어나는 화학작용과 관련되거나 이를 촉진시키는 일
㉰ 체·내외에서 각 기질들을 수송하는 일
㉱ 체온조절
㉲ 사료의 기호성에 영향을 미쳐 소비하도록 하는 일
㉳ 에너지 공급

개와 고양이 영양학

건강에 필요한 영양소는 기본적으로 6가지로 나눌 수 있다.

㉮ 수분 ㉯ 탄수화물
㉰ 단백질 ㉱ 지방
㉲ 미네랄 ㉳ 비타민

몇몇 영양소들은 여러 가지의 기능을 담당한다. 예를 들면 수분과 몇몇 미네랄은 에너지공급 이외의 위에 열거된 모든 기능에 필요하다.

탄수화물, 지방, 단백질은 모두가 에너지원으로서 이용되며 또한 구조적인 성분으로 사용된다. 반면에 비타민은 주로 대사기능과 관련되어 있다.

모든 영양소들이 건강에 필요하다고 할지라도 각각의 절대적 요구량은 다양하다고 할 수 있다. 다음에는 필요한 양의 순서대로 각각의 영양소를 열거하였다.

① 수분

수분은 물이 풍부하던 과거에는 중요성을 인식하지 못하였으나 물 부족이 갈수록 심각해지는 오늘날에는 가장 중요한 영양소원으로 여기게 되었다.

일반적인 환경온도에서 휴식을 하게 될 경우 수분 요구량은 사료 건물량 대비로 2/3, 그러니까 약 70%가 필요하다.

② 에너지를 내는 영양소(탄수화물, 지방, 단백질)

건물을 기준으로 섭취량의 약 50~80%가 에너지의 생성에 이용된다.

③ 단백질

소화율 및 단백질의 필수 아미노산 함량과 반대로 비례하여 요구량이 변한다. 처방식이 아닌 상업용 애완용 사료에서 조단백질은 사료 건물양의 20~50%의 범위에 있다.

④ 미네랄

전체 미네랄 요구량은 사료 건물량의 극소량인 약 2~3%를 차지한다.

⑤ 비타민

비타민 요구량은 사료 건물량의 극소량인 약 0.2~0.3%를 차지하는 수준에서 충족된다.

영양소 순서상 또는 체내 기능상 중요도는 사료 내 필요한 영양소의 양과 직접 관련이 되어있다. 영양적으로 볼 때 사료가 적절한 지의 여부는 항상 위에 열거된 순서대로 평가해야 한다. 생명체의 건강상태 및 영양상태가 어떤가는 위에서 열거한 수분, 단백질, 지방,

제2장 영양소

탄수화물, 미네랄, 비타민으로부터 적절한 양의 영양소를 얼마나 조화롭게 섭취하느냐에 달려있다. 시중에서 시판되고 있는 개 사료의 경우는 완전균형사료로 알려져 있으며 필요한 영양소들을 함유하고 있다. 또한 이러한 영양소들은 적절한 비율로 존재한다.

II 수분

1. 수분의 중요성

모든 동물은 생명과정을 수분에 의존한다. 따라서 수분은 가장 중요한 영양소이다. 동물은 글리코겐의 경우 거의 전부를 그리고 저장지방과 단백질의 경우는 50%를 잃고도 생존할 수가 있다. 그러나 수분의 경우는 총 체내 수분함량의 10%를 잃어도 심각한 질병을 유발하게 된다. 15%를 잃게 될 경우 사망에 이르게 된다.

2. 수분 공급 방법

동물은 수분을 공급받는데 있어서 기본적으로 2가지의 경로가 있는데 바로 대사성 수분과 외부로부터 섭취함으로 얻게 되는 수분이다. 대사성 수분은 탄수화물, 단백질 또는 지방이 에너지 생성에 이용될 때 산소가 분해된 수소이온과 결합하여 생성되게 된다. 100kcal의 에너지가 이용되기 위해서는 약 15g의 수분이 생성되게 된다. 섭취된 수분은 음수나 사료를 통해서 얻게 된 수분이다. 애완용 사료의 수분함량은 다양하기 때문에 애완용 사료는 건사료 형태(수분함량 약 10%), 반습식사료 형태(약 30%), 또는 캔사료 형태(약 70%)로 구분할 수 있다.

사료를 통해서 얻게 되는 수분의 양이 증가할수록 동물이 섭취하는 수분은 감소한다. 따라서 전체 수분섭취함량이 사료의 수분함량이라고 할 수는 없다. 만약 수분이 쉽게 이용가능하고 맛이 있다면 섭취하는 전체 수분함량은 신체유지에 필요한 수분함량보다 많게 될 것이다. 개와 고양이의 수분요구량은 일일당 ml로 나타내며 대략 일일당 kcal인 에너지 요구량에 해당한다.

건강한 동물의 경우 이러한 관계가 존재하는 이유는 수분 요구량의 변화가 주로 대사성 노폐물의 오줌을 통한 배출로 인해 수분손실과 열 조절작용을 발생시키기 때문이다. 이러한 두 가지 요인이 다 에너지를 이용함으로써 직접 영향을 받는다. 성숙하고 건강한 비번식견 및 비번식고양이가 일반적인 환경의 온도에서 섭취하는 수분의 양은 사료로 섭취하는 건물양의 약2배 이상이다.

3. 수분의 역할

수분은 세포안과 밖에 존재하며 체내에서 모든 생화학 반응에 관여하고 있다. 수분은 생존하기 위한 가장 중요한 영양소이면서도 매우 간과하기 쉬운 영양소이다. 수분은 체온조절, 체조직의 윤활작용에 필수성분이며 혈액과 임파계에 유동매개체로서도 중요하다. 수분은 생명체 내에서 실제적인 모든 반응과 관련되므로 만약 수분에 어떠한 큰 변동이 있게 된다면 부작용이 초래될 것이다. 그러므로 생명체는 일정한 수분균형 유지에 맞게 디자인된 몇 가지 시스템을 스스로 가지고 있다. 수분의 섭취는 갈증, 허기짐 그리고 노동, 임신, 수유, 성장과 같은 대사활동 또한 습도 및 온도 등의 환경에 의해 조절된다. 동물이 마시는 수분과 사료로부터 섭취되는 수분 그리고 체내대사과정에서 발생하는 수분으로 섭취된 수분은 오줌, 변, 호흡으로 소실되며 피부와 타액과 후각분비로도 약간의 양이 소실된다. 새끼를 양육하는 생명체의 경우는 또한 수분이 젖 생산을 위해서도 필요하다.

4. 수분 요구량과 에너지가

생명체의 수분 요구량은 주로 그들이 매일 소모하는 음식의 양에 의해서 결정된다. 동물의 경우는 보통 1kcal의 에너지 발산에 1ml의 수분이 필요하다. 따라서 하루에 1000kcal의 에너지를 필요로 하는 개의 경우는 약 1000ml의 수분이 필요한 셈이다. 몇몇 동물들의 경우는 이 양보다 더 많이 필요하며 또 다른 경우는 더 적은 양이 필요하다. 생명체는 주로 음수와 사료 안에 포함되어 있는 수분함량, 그리고 탄수화물, 지방, 단백질 대사의 결과로 수분을 얻게 되는데 100kcal의 에너지가 대사되기 위해서는 약 15g의 수분이 생성되어야 한다. 따라서 하루 2000kcal의 사료 대사에너지를 소모하는 개의 경우에는 약 200~250g의 수분을 생성해 낼 수가 있다.

5. 수분섭취량 변화

사료섭취가 증가함에 따라 동물의 수분섭취 또한 증가하게 된다. 사료 내 수분함량이 증가하면 일반적으로 동물은 더 적은 물을 마시게 된다. 따라서 습식사료(수분 약 75%)를 섭취하는 동물은 일반적으로 건조사료(수분 약 10%)를 섭취하는 동물보다 더 적은 양의 수분을 섭취하게 된다.

수분 소비는 다음과 같은 요인으로 인해서 증가한다.

① 습관적인 요인
② 소금과 전해질 섭취의 증가
③ 신체활동과 관련된 열조절 활동의 증가와 주위의 온도상승, 발열작용, 젖분비, 설사, 출혈, 또는 다뇨와 같은 체내 수분손실을 증가시켜주는 요인들

6. 수분의 공급조절

실제 급여하는 목적에 맞도록 항상 양질의 수분을 이용할 수 있어야 한다. 지속적으로 구토하는 동안에는 예외가 된다. 이런 경우 약 24시간은 구강으로 섭취하는 어떠한 것이 있어서도 안 된다. 부적절한 수분섭취로 인해서 사료 섭취량이 줄게 되며 따라서 생산(신체활동, 번식, 비유, 성장)에 역효과를 가져오게 된다.

수분의 섭취량이 감소하는 이유는 이용률의 감소, 부적절한 온도(너무 뜨겁거나 차가움) 또는 수분의 질이 좋지 않기 때문이다.

7. 수분의 품질

분해된 고체물질의 양은 섭취하는 수분의 품질에 영향을 미친다. '분해된 고체의 양'이란 물에 분해된 모든 성분이 농축된 것으로서 물을 평가하는 기준이 된다. 5000ppm(ppm 또는 mg/L) 이하의 분해된 고체를 함유하고 있는 물은 일반적으로 양호한 것으로 생각할 수 있다. 한편 분해된 고체 7000ppm 이상의 물은 가축이나 가금에 부적절한 것으로 간주된다. 개와 고양이는 보통 상위수준에 근접하도록 허용하고 있다. 사람이 소비하기에 적절한 수분은 개와 고양이에게 또한 적절하다. 분해된 고체 외에 몇몇 특정 오염물질이 과다하게 함유되어 있을 경우 물을 먹지 못하도록 하는 요인이 될 수 있다. 그러한 것들은 섭취한 후에 몸에 직접적으로 영향을 미칠 수도 있고 물의 기호성을 떨어뜨려 결국 섭취를 못하게 하는 간접적인 영향을 줄 수도 있다. 신선한 물에 적용하는 '염도'라는 용어는 흔히 분해된 고체와 같은 의미로 사용되고 있으며 "경도"라는 의미와는 구별된다. 물의 경도란 비누의 침전이나 뜨겁게 된 표면에 얇은 막을 형성하는 경향을 말한다. 염도함량이 높은 물은 경도와 관련 있는 양이온을 소량 함유한다. 경도는 종종 칼슘과 마그네슘을 합한 값으로 표현되며 탄산칼슘의 양과 같은 것으로 보고있다. 스트론티움, 철, 알루미늄, 아연, 마그네슘 같은 기타 양이온들 또한 물의 경도에 영향을 미친다. 나트륨, 칼륨과 같은 양이온은 그렇지 않다. 다량의 마그네슘을 함유하는 경수는 요석의 원인으로 생각해 왔다. 그러나 음수로 섭취하는 마그네슘 함량은 사료로 섭취하는 함량에 비해 그다지 많은 양이 아니다. 사료의 마그네슘 함량은 퍼센트(%)로 측정하며 수분의 마그네슘 함량은 ppm(%와 10,000배 차이)으로 측정하는 것으로 보아도 그 함량에는 분명히 차이가 있다.

 개와 고양이 영양학

III 탄수화물

1. 탄수화물의 개요

탄수화물은 전체식물의 약 75%(건물량 기준)를 차지하는 아주 중요한 유기물로서 탄소, 수소, 산소의 세 가지 원소로 구성되어 있다. 탄수화물의 장점은 구하기가 쉽고 값이 싸다는 점이며 일반적으로 체내에서 이용되는 기본형태는 포도당이다. 식이 탄수화물은 에너지를 공급해주며 위장의 기능에 영향을 미친다. 시판되고 있는 개와 고양이 사료에 사용되는 대부분의 사료성분에는 탄수화물이 포함되어 있다.

2. 탄수화물의 종류와 이용

탄수화물은 설탕, 전분 그리고 식이 섬유를 포함한다. 단순당은 가장 작은 당분자로 쉽게 소화 흡수된다. 반면 복합 탄수화물 또는 전분은 단순당이 결합된 것으로 장쇄 사슬(long chain)을 형성하므로 혈관으로 흡수되기 전에 더 많은 소화를 필요로 한다. 식이섬유는 전혀 소화될 수 없는 탄수화물이다.

기본적으로 탄수화물은 곡류와 글루코스, 수크로스, 락토오스(유당)과 같은 단순당으로서 사료로 공급된다. 탄수화물의 주요소화장소는 소장으로 이곳에서 탄수화물은 당(글루코스)으로 분해되어 흡수된다. 글루코스는 체내 대부분의 세포에 의해 이용되는 일반적인 에너지 공급원이다. 동물이 필요 이상의 탄수화물을 함유하고 있는 사료를 섭취하게 될 경우 과다한 탄수화물 에너지는 간과 근육에 글리코겐의 형태로 저장되며 이것은 지방으로 전환되어 지방조직에 저장된다. 절식, 스트레스, 운동 시에 글리코겐은 글루코스로 분해되어 혈관으로 전달되며 혈관에서 글루코스는 모든 체조직으로 분배되게 된다.

3. 에너지 공급

탄수화물의 주된 기능은 에너지 공급이다. 탄수화물은 소장이나 위에서 효소에 의해 소화된다. 사료 내 대부분의 탄수화물은 에너지로 이용되기 이전에 글루코스나 다른 단순당으로 분해 흡수된다.

임신견은 사료 내 여러 탄수화물이 함유되어 있을 경우에 능력을 더 잘 발휘하는 것을 볼 수 있다. 한편 탄수화물이 함유되어 있지 않은 사료를 먹은 임신견은 새끼를 낳는데 문제가 있으며 강하고 건강한 강아지를 낳지 못하는 것을 보게된다.

개 사료에 특정 탄수화물의 최소 요구량이 결정되지는 않았으나 탄수화물은 쉽게 소화 및 대사되어 에너지 공급원으로서의 역할을 하게 된다.

4. 탄수화물 공급원

탄수화물은 건사료의 구성원료중 40~55%를 차지한다. 개 사료는 탄수화물의 대부분을 곡류로부터 얻게 된다. 곡류(cereal grains)는 보통 분쇄(grinding)하고, 납작하게(flaking)하고, 찌는 것(cooking)으로 가공 처리된다. 이러한 과정을 통해서 기호성과 소화율을 높이게 되는 것이다.

애완동물사료에서 볼 수 있는 전형적인 탄수화물 공급원은 곡류, 제분생산품, 유제품, 옥수수, 글루텐 밀, 건조유청, 귀리분말, 건조 탈지유, 밀, 쌀, 쌀겨(rice hulls), 보리, 섬유소 등이다.

5. 섬유소

섬유소는 개의 소장에서 효소에 의해 소화되지 않는 복합탄수화물을 지칭하는 일반적인 용어이다. 몇몇 섬유소는 대장에서 일정한 미생물군(microflora)에 의해 부분적으로 분해될 수 있다. 섬유소 구성 원료는 화학적으로 현격하게 다른 최소 4가지 이상의 주요 성분을 포함하고 있다. 그것은 셀룰로스, 헤미 셀룰로스, 리그닌, 펙틴, 왁스, 고무, 그리고 큐틴 같은 기타 성분들이다.

이러한 구성성분들은 식물의 세포벽에서 볼 수 있다. 일반적으로 이러한 성분들이 더 많을 수록 식물의 세포벽은 더 강해지게 되는데 이는 다시 말하면 보다 더 섬유소화 되는 것이다.

식이섬유는 소화관 내에서 많은 영향을 미친다. 몇몇 섬유소는 수분과 함께 팽창하거나 높은 보수능력을 가지고 있다. 섬유소의 수분 보수능력 수준은 사료가 장관의 안을 통과하는 속도를 바꿀 수 있다. 고섬유소 사료의 부피가 증가할수록 위의 팽창에 영향을 미치게 되고 동물은 더 적은 칼로리를 섭취하게 된다. 섬유소는 위의 포만감을 오래 유지하여 줌으로서 사료의 소화관 통과 속도에 영향을 미친다. 그러나 그러한 특별한 효과는 섬유소의 형태 즉, 섬유소가 어떻게 가공되고 얼마만큼의 양이 공급되느냐에 따라 다양하다.

일반적으로 섬유소는 사료의 소화관 통과 속도를 정상화시키는 효과가 있으며 설사 증상이 있는 동물의 비율을 줄여주며 변비의 비율 또한 낮추어 준다. 식이 섬유는 영양소 즉, 지방, 비타민, 미네랄의 소화 및 흡수를 늦추거나 감소시켜 준다. 섬유소는 몇몇 독소와 결합하여 그것들이 혈관으로 흡수되는 것을 막아주는 보호기능이 있다. 과다한 식이 섬유는 묽은 변, 헛배부름, 변의 부피와 변의 배출빈도, 그리고 식이 칼로리 농도의 감소와

개와 고양이 영양학

같은 부작용을 나타내게 된다.

섬유소의 위장관내 유익한 효과는 충진제(filler) 또는 부형제(bulk)로서의 역할이다.

6. 섬유소와 비만

섬유소는 탄수화물의 일부로서 소화기관이 분해 및 소화하기에 어렵다. 그러나 오히려 애완동물에게는 유익하다. 섬유소는 비만에 대한 우려를 감소시켜 주며 체중감소 내지 조절용 사료에 적합한 성분이다. 또한 칼로리의 섭취를 줄여주고 적은 칼로리를 섭취하고도 포만감을 느끼도록 해준다. 그러나 고섬유소 사료만으로는 체중감소를 보장할 수는 없다. 엄격한 함량조절을 해야 체중감소 프로그램을 성공적으로 마칠 수 있는 것이다. 변비를 방지하는 것으로 알려져 있는 섬유소는 수분을 흡수하여 장 내용물에 부피를 실어주어 장관의 운동을 자극하며 음식물의 내장 통과시간을 정상화시켜 준다. 또한 변이 일정하게 나오도록 해준다. 소화가 불가능한 섬유소원으로는 비트펄프, 쌀겨, 대두피, 사과 및 토마토 찌꺼기, 땅콩피, 귤껍데기, 밀, 셀룰로스 등이 있다.

7. 섬유소와 당뇨병

식이섬유를 적절하게 증가함으로서 당뇨병을 조절할 수 있다. 사료 내에 특정 형태의 섬유소를 공급할 경우 장내 당의 흡수를 늦춰 혈당조절에 도움을 줄 수 있다. 그러나 과다한 식이섬유의 섭취는 역효과를 초래하며 적절한 섬유소의 수준으로 균형 잡힌 영양을 제공할 필요가 있다.

당뇨병은 췌장의 부적절한 인슐린 분비로부터 발생하는 탄수화물 대사질환이다. 이 질병의 특징은 갈증증가, 식욕증가, 쇠약, 체중감소와 배뇨의 증가와 같은 것들이다. 이 질병은 탄수화물을 너무 많이 섭취하므로 발생하는 것이 아니라 오히려 췌장의 인슐린 분비가 너무 적기 때문에 발생한다. 인슐린 수준이 낮으면 혈액 내 당이 탄수화물의 에너지 이용 장소인 근육과 지방세포로 들어가는 것을 막게 된다. 이로 말미암아 에너지 이용을 위해 지방의 이용이 증가하고 반면 당이 혈액에 축적되며 결과적으로 소변으로 배출되게 된다.

비록 에너지 이용을 위해 지방을 사용하는 것이 이익이 될 것처럼 보일지라도 이것은 신체가 이용할 수 없거나 쉽게 제거할 수 없는 부산물을 발생시키게 된다. 당뇨질환 동물이나 동물이 당뇨로 고통 하는 것이 의심되는 보호자는 전문가와 상의해야 한다. 당뇨병은 인슐린을 통한 치료, 사료섭취와 운동조절로 해결하는 방법이 있다. 일반적으로 인슐린 복용은 당이 소변에서 보이지 않을 때까지 조정해야 한다. 당뇨질환 개의 식이 에너지와 단백질 요구량은 비당뇨질환 동물과 다르지 않다. 그러나 식이 섬유를 적절하게 늘여주는 것이 도움이 된다. 당뇨질환 동물을 사양할 때 가장 중요한 것이 균형 있는 사료를 일정하게 그리고 꾸준히 공급하는 것으로 생각된다.

8. 젖당 탄수화물의 흡수

식이 탄수화물은 흡수되기 전에 장에서 효소작용에 의해 단순당으로까지 분해되어야 한다. 완전히 소화되지 않은 탄수화물은 가스나 설사 같은 고질적인 위장질환을 일으킬 수 있다. 가장 흔한 탄수화물의 흡수 불량문제가 젖당 분해에 필요한 효소인 젖당 분해효소의 결핍이다. 강아지들은 젖에서 발견되는 젖당을 소화하는 능력을 갖고 있다. 그러나 많은 성장한 개들의 경우는 젖당 분해효소의 결핍으로 고생한다. 대부분의 개는 사료 내에서 발견되는 탈지분유 같은 소량의 락토오스를 소화할 수 있으나 신선한 우유에 있는 젖당을 소화하기란 쉽지 않다.

9. 탄수화물의 용해도

탄수화물은 흔히 2가지 그룹중의 하나로 분류되는데 그것은 용해도(소화율)의 특성에 근거를 둔 것이다. 단당류(monosaccharides)는 용해성이 있는 것으로 생각할 수 있는데 그 이유는 이 탄수화물의 경우 소화가 잘 되므로 소화시킬 필요가 없기 때문이다. 이것은 흡수 가능한 유일한 탄수화물로서 동물에 의해서 이용이 된다. 단당류는 α 또는 β 중의 한 가지 결합(컨주게이션)을 갖는다. α-모노사커로이드 단위로 구성되어 있는 탄수화물은 α 결합(전분)을 통해서 연결되며 물리적 구조면에서 β 결합으로 연결되는 β-monosaccharide 단위로 구성되는 탄수화물과는 아주 다르다. α-monosaccharide 단위로 구성되어 있는 탄수화물은 내인성(endogeneous)효소에 의해 쉽게 소화되며 이것은 용해성 탄수화물이라고 부른다. β-monosaccharide 단위로 구성되어 있는 탄수화물은 내인성 소화효소의 작용에 잘 소화가 안 되며 이것은 비용해성 탄수화물이라고 부른다.

10. 애완동물에서 불용성 탄수화물의 위치

위장관내의 특정위치에 거주하는 미생물들은 불용성 탄수화물을 소화시키는 효소(cellulases)를 분비한다. 이때 이 미생물들은 단당류의 구성성분을 이산화탄소와 연소가스 그리고 휘발성 지방산으로 발효시킨다. 휘발성 지방산은 초식동물(herbivorous)의 중요한 에너지원이다. 그러나 개가 고양이 같은 초식동물이 아닌 동물에서는 미생물들의 소화발효능력이 지극히 제한되어 있다. 왜냐하면 이것들은 반추동물의 제 1위(rumen)를 가지고 있지 않으며 단지 비교적 작고 단순하고 큰 장 만을 가지고 있기 때문이다. 따라서 식이 불용성 탄수화물은 개와 고양이에게 양적으로 그다지 에너지를 제공해주지 못한다. 오히려 용해성 탄수화물, 단백질, 지방을 치환하여 사료의 에너지 농도를 감소시킨다. 그러므로 불용성 탄수화물은

개와 고양이 영양학

높은 사료는 고에너지를 필요로 하는(성장, 임신, 비유, 스트레스, 사역) 개와 고양이에게는 부적당하다. 그러나 불용성 탄수화물이 높음으로 해서 생긴 식이 에너지 공급 제한은 체중감소 내지 체중조절용의 용도로 만든 사료로서는 적당하다. 용해성 탄수화물은 사료에서 자주 이용되어 결정되는 분석학적 방법 때문에 질소 무함유 추출물(nitrogen free extract)이라고 부른다. 모든 탄수화물에서 이당류(disaccharides)를 제외한 α 결합은 소화효소인 아밀라아제(amylase)에 의해 분해된다. 이 효소는 몇몇 종에서 췌장에서 침선에 의해 분비된다. 이당류를 구성하는 두개의 단당류를 연결하는 마지막 α 결합은 말타아제, 이소말타아제, 수크라제 또는 락타아제와 같은 이당류 소화효소에 의해 분해된다. 이러한 효소들은 잘 분비되지 않는 대신에 장의 표피세포 미세융모에 절대적으로 필요하다. 만일 장염의 경우에서처럼 미세융모가 손실되거나 이러한 효소들이 부족하다면 동물은 이당류를 이용할 수 없게 된다.

이때 이당류는 소화관 내에서 세균에 의해 사용될 수가 있다. 이러한 현상은 장내 세균의 과다증식과 삼투압 증가로 이어지며 그 결과 체내 수분의 장내 유입으로 인한 삼투압이 발생하여 설사를 일으키게 된다. 이러한 이유 때문에 동물은 장염에 걸린 이후에 며칠 동안 단당류 외의 다른 탄수화물에 대한 내성을 가질 수가 없다.

그것은 또한 락타아제 함량이 높은 우유를 과다 섭취했을 경우도 설사를 일으키게 된다. 설사를 한다고 해서 반드시 우유를 먹여선 안 된다는 것은 아니다. 다만 급여량을 줄여주어야 한다는 것이다. 가용성 탄수화물은 비교적 저칼로리를 공급하여 주며 대부분의 개용 사료에서 구성함량이 높으며 구성원료가 전부 고기, 어육 또는 기관조직 등으로 구성된 사료와는 다르다. 식이 탄수화물은 그것들이 공급하는 칼로리로 인해 식이 단백질을 절약하는 중요한 역할을 한다. 이런 식으로 식이 단백질이 에너지 함량의 요구를 충족시키기보다 동물의 아미노산 요구량을 충족시키는데 이용될 수 있다. 동물의 에너지 요구량을 충족시키는데 필요한 양을 초과하는 탄수화물은 나중에 이용하기 위해서 몸에 글리코겐 또는 지방으로서 저장된다.

따라서 비만은 이용 가능한 탄수화물을 과다로 섭취한 결과라고 할 수 있다. 일반적으로 식이 탄수화물이 모자란다고 해서 그것이 혈당수준에 영향을 미치지 못하며 또는 에너지 결핍을 일으킬 수는 없다. 이것은 몸이 포도당 생성을 위해 단백질과 지방의 글리세롤 부분을 사용할 수 있기 때문이다.

포도당, 자당, 젖당, 덱스트린 그리고 동물조직과 혼합된 전분의 소화율은 적절히 조리된 사료에서 94%까지 높일 수가 있다. 그러나 가용성 탄수화물의 소화율은 평균적인 품질을 갖고 있는 시판되는 사료에서 약80% 이상이 되며, 평균 고양이 사료의 경우는 70%이상이 된다. 고양이와 개가 조리되지 않은 시리얼 곡류상태의 전분을 어느 정도 소화할 수는 있겠지만 열처리시 소화율이 증가하며 애완동물 사료를 가공해도 역시 증가하게 된다.

불용성 탄수화물은 "식이섬유"라고 말하는데 cellulose, hemicellulose, pectin, gum, mucilage 그리고 lignin(비탄수화물의 구성요소)를 포함하게 된다. 리그닌은 보다 고등동물에 의해 만들어지는 소화효소와 또한 혐기성 미생물에 소화되기 어려운 식물의 구조적 구성성분이다. 몇몇 호기성 미생물은 리그닌의 소화가 가능하며, 나무의 부패와 같은 분해를 가능하게 한다. 식이섬유의 여러 부분들은 물리적 화학적 특성이 아주 다양하다. 내장 기능을 조절할 때 섬유소의 영향은 많은 임상적 적용에 사용된다. 사료에 섬유소를 첨가함으로서 환축의 설사와 변비를 성공적으로 약화시킬 수 있다. 섬유소, 특히 셀룰로스와 헤미셀룰로스는 변의 부피를 크게 함으로서 장의 기능을 바꾸어 준다. 이것은 섬유소의 보수능력 및 섬유소 세균발효에 의한 휘발성 지방산의 삼투압 영향 때문인 것으로 생각할 수 있다. 변의 부피증가로 말미암아 직장의 팽창과 배변 반사자극이 일어나고 그 결과 더 크고 부드러운 변이 쉽게 통과되어 나오는 것이다.

또한 식이섬유 성분은 지방과 포도당의 작용기전을 바꾸는 것으로 보인다. 펙틴과 고무(guargum)는 지방의 흡수를 저해하며, 콜레스테롤과 담즙의 배출을 증가시키고 혈액내의 지질함량을 감소시킨다. 한편 셀룰로오스는 혈청 콜레스테롤에 영향을 미치지 못한다. 식이섬유로 포도당과 인슐린의 운동역학이 바뀔 수 있다. 인슐린과 혈당치를 낮추는 섬유소는 포도당 흡수율을 저하시키며 공복감을 지연시켜 주고 위장 펩타이드의 분비를 변화시켜 준다. 또한 섬유소가 인슐린 수용체의 수를 증가시켜 인슐린에 대한 감수성을 높여주는 것을 볼 때 고무와 펙틴이 매우 유익한 것 같다. 섬유소는 포도당과 지질이외의 다른 영양소의 흡수를 감소시키며 전체 에너지와 단백질 흡수율도 감소시킨다. 미네랄 흡수에 대한 섬유소의 영향은 다양하다. 고무와 펙틴은 몇몇 미네랄의 흡수를 감소시키는 한편 셀룰로스는 미네랄 흡수에 거의 영향을 미치지 못한다. 따라서 미네랄 함량이 낮은 사료에 별도로 첨가하지 않았을 경우 껌이나 펙틴의 섭취가 증가하면 미네랄의 결핍이 초래될 수 있다. 만약 사료가 너무 많은 섬유소를 함유하고 있다면 개와 고양이는 필요한 에너지를 충족시킬 만큼의 충분한 양을 소비할 수 없다. 개와 고양이가 섬유소를 소화할 수 없다는 사실은 이러한 종들에게 있어서 사료의 양을 줄이는 배합표 작성에 유리하게 이용된다. 사람의 경우 장내의 암과 같은 질병과 기타 기형방지를 위해서 음식에 섬유소를 증가시키는 것이 강조되는 실정이다. 그러나 개와 고양이 사료에서는 사람과 똑같이 적용되지는 않는다. 왜냐하면 대부분의 애완동물 사료는 이미 사람의 음식 내에 있는 섬유소 함량의 2~4배의 섬유소 함량을 함유하고 있기 때문이다.

개와 고양이 영양학

 단백질

1. 단백질의 개요

단백질은 필수 영양소이며 근육의 성장, 조직의 회복, 효소, 혈액, 면역반응, 호르몬, 에너지 등을 포함한 수많은 체내 기능을 가지고 있다. 단백질은 각각 다른 양과 배열로 연결된 아미노산 그룹으로서 정의될 수 있다. 각각의 단백질은 각각의 단백질에만 특이하고도 정확한 아미노산 결합을 가지고 있으며 아미노산의 배열이 단백질의 특성을 결정짓게 된다. 위와 소장에서 소화되는 식이 단백질은 분해되어 혈관에 흡수되는 자유 아미노산을 형성하게 된다. 아미노산들은 몸의 각 세포로 분포되어 거기서 체단백질을 형성하기 위해 이용된다. 20가지 이상의 아미노산들이 신체 내에서 단백질 합성과 관련되어 있다. 이중 10개가 개에게 필수아미노산인데 그 이유는 그것들이 성장과 유지요구량을 충족시킬 만큼 충분히 빠르거나 충분한 양으로 형성될 수 없기 때문에 사료로 공급해줘야 하기 때문이다. 비필수아미노산들은 체내에서 다른 영양소와 대사작용으로부터 충분한 양으로 생성될 수 있는 아미노산들이다. 필수 아미노산들은 비록 오랜 기간 체내에 저장되어 있지 않더라도 개에 의해서 꾸준히 대사가 이루어진다. 결과적으로, 필수 아미노산은 애완동물 사료에 동시에 적절한 비율로 공급해주어야 하며 다음과 같은 것들이 있다.

발린(valine) 라이신(lysine) 루이신(leucine)
메치오닌(methionine) 쓰레오닌(threonine) 아르기닌(arginine)
이소루이신(isoleucine) 트립토판(tryptophan) 페닐알라닌(phenylalanine)
히스티딘(histidine)

단백질은 서로 펩타이드 결합에 의해 많은 아미노산이 결합되어 이루어져 있다. 체단백질은 효소, 호르몬 및 다양한 체분비물질과 구조 및 방어조직으로서의 기능을 한다. 이러한 단백질들은 일정하게 유동적인 상태로 존재하는데 분해와 합성과정이 그것이다. 단백질을 구성하고 있는 아미노산이 재사용 된다 할지라도 리사이클 과정은 100% 효과가 있는 것은 아니다. 또한 몇몇 아미노산은 에너지 생성에 사용되고 몇몇 단백질은 몸에서 소실된다. 성장 및 임신동물의 경우 단백질을 함유하는 부가적인 체조직이 만들어진다. 동물들은 아미노산을 합성할 수 없기 때문에 외부로부터 단백질원인 사료가 필요하며 또한 자체 아미노산 합성이 불가능하므로 새로운 조직을 생성할 수 없거나 체기능의 손실이 발생하게 된다.

2. 아미노산

22개의 α 아미노산이 있는데 모든 동물들은 22개 모두 필요하다. 그러나 모든 동물들은 필요한 충분한 양의 12개의 아미노산을 합성할 수 있다. 따라서 사료에 이러한 아미노산이 포함될 필요는 없다. 그 외의 아미노산은 충분한 양의 합성이 불가능하다. 따라서 장내 경로를 통해서 흡수되어야 한다. 초식동물에 있어서 이러한 많은 아미노산들이 장이나 대장에서 미생물에 의해 만들어진다. 개나 고양이 같은 비초식동물에서는 위장 내에서의 생성은 미약하다.

표 2-1. 아미노산의 구분

구 분	정 의	종 류	비 고
필수 아미노산 (Essential amino acid)	생명체가 스스로 합성할 수 없어 음식 또는 사료로 공급해 주어야 하는 아미노산	lysine, methionine, tryptophan, threonine, phenylalanine, leucine, isoleucine, valine, (arginine), (histidine)	· 동물성 단백질이 우수한 공급원임 · arginine은 특정동물의 성장 촉진 시만 필수아미노산임 · 어린이는 histidine이 필수아미노산이며 성인은 arginine과 histidine이 필수아미노산 아님
비필수 아미노산 (Nonessential amino acid)	생체내 합성 가능하므로 별도의 공급이 필요 없는 아미노산	tyrosine, glycine, alanine, aspartic acid, cystine, glutamic acid, serine, hydroxyproline, citrulline, proline, taurine	· taurine은 개에서 비필수 아미노산이지만 고양이에서는 필수아미노산이다.

제한 아미노산 (Limiting amino acid)	필수 아미노산 중에서 함량이 부족해서 공급해 주어야 하는 아미노산	주로 methionine, cystine, lysine, tryptophan이 해당	· 계란 및 우유단백질
			  - 영양적으로 우수함
			· 소고기단백질
			  - methionine과 cystine
			· 옥수수단백질
			  - tryptophan

따라서 이러한 아미노산들은 사료에 필수적으로 공급해 주어야 하며 필수 불가결 또는 필수아미노산이라 부른다. 아미노산에 대한 설명은 표2-1에 나타내었다. 사료내의 비필수 아미노산은 필수아미노산을 절약하는 효과 때문에 유용하다. 만약 비필수아미노산의 양이 부적절하게 흡수된다거나 또는 정상 체단백질의 분해로 만들어진다면 비필수아미노산이 식이 필수아미노산으로부터 생성된다. 아르기닌은 개에게 성장할 때에만 필수아미노산인 것으로 생각된다. 그러나 최근 연구결과를 보면 성장한 개와 성장한 고양이에서도 필수아미노산으로 밝혀졌다. 아르기닌은 뇨(오줌)의 형성에 구성요소이다. 아르기닌 결핍시 암모

개와 고양이 영양학

니아의 요소로의 전환이 억제되어 결국 혈중 암모니아 농도가 증가하게 된다. 그것이 독성 수준에 도달하는 계기가 된다. 동물이 아르기닌이 결핍된 사료를 섭취할 때 몇 시간 내에 타액(침)의 증가, 지각과민반응, 근육 경련, 운동실조, 강직성 경련(발작) 등이 나타나며 심한 경우에는 혼수상태와 죽음에 이르게 된다. 그러나 이것이 실제로 나타나지 않는 것은 대부분의 단백질원이 적절한 아르기닌을 함유하고 있기 때문이다.

타우린은 고양이에게(개의 경우는 그렇지 않다) 필수아미노산이다. 이것은 β 아미노산이라는 점에서 기타 아미노산과 다르다. 타우린은 카르복실기 그룹이 아닌 술폰산기를 포함하며 펩타이드 결합(단백질 형성시 아미노산 결합형태)을 형성할 수 없다. 타우린은 담즙에 타우로코릭산으로서 존재하며 망막과 후각기관에 고농도로 존재한다.

개의 경우 황을 함유한 아미노산인 메치오닌과 시스틴으로부터 상당한 타우린 합성이 일어난다. 그러나 고양이는 다른 태반 포유동물과는 달리 독자적으로 코릭산과 타우린을 결합(컨주게이션)하며 담즙 생산시 타우린과 글라이신의 결합을 바꿀 수 없다. 따라서 고양이는 간장의 기능에 의한 회복이 완벽하게 이루어지지 않기 때문에 발생하는 분변으로의 손실량을 계속적으로 보충하기 위해 타우린 공급을 증량해야 한다.

고양이 사료에 섬유소 함량이 증가함에 따라서 변 중의 타우린 손실이 증가하게 된다. 또한 고양이의 타우린 요구량은 다른 황을 함유한 아미노산 섭취가 감소함에 따라 증가한다. 대부분의 고양이의 경우 섬유소와 황을 함유한 아미노산의 양을 기준으로 할 때 사료 건물 내에 500mg의 타우린 함량을 권장된다.

타우린이 부족한 모체로부터 살아남은 고양이 새끼들은 여러 신경질환을 나타내는 것을 볼 수 있다. 타우린 결핍이 있는 어미로부터 나온 젖의 경우 타우린을 첨가한 사료의 공급을 받은 모체의 젖 분비량 내 타우린 함량의 단지 10%에 불과하였다. 고양이가 부적절하게 타우린을 섭취하면 시각중추의 퇴화를 초래하게 된다. 이것은 돌이킬 수 없는 시각장애로 이어지게 된다. 가장 흔한 이유는 개용 사료를 고양이에게 급여하는 것이다. 고양이 사료와 비교해 볼 때 대부분의 개사료는 더 적은 양의 단백질과 따라서 적은 황을 함유한 아미노산을 함유한다. 게다가 대부분의 개용 사료들은 고양이 사료보다 더 많은 식물성 성분과 더 적은 동물성 성분을 함유하고 있다. 식물은 타우린이 빠져있다. 한편 어류와 동물성 조직은 타우린 함량이 높다. 그러나 시각중추 퇴화는 반드시 고양이 사료가 타우린이 결핍되어 있다는 것만을 의미하지는 않는다. 시각의 퇴화는 유전적일 수 있다. 고양이는 적절한 타우린의 양보다 많은 타우린(1000mg/kg 이상)을 함유한 사료를 장기적으로 복용하면 타우린 대사의 결함은 나타날 수 있다.

3. 단백질의 품질

단백질의 품질은 그것이 함유하고 있는 필수아미노산의 수와 양에 따라 다양하다. 단백질의 품질을 측정 또는 평가할 수 있는 방법이 많이 있다. 가장 흔히 사용되는 방법이 생물가(biological value)이다. 생물가는 흡수 및 보유되는 함량(%)을 말한다. 즉 뇨나 분으로 배설되지 않아 체내에서 이용되는 것이다. 단백질의 생물가는 동물의 요구를 충족시킬 충분한 비단백 영양소 섭취가 이루어진다면 의미가 있으며 동물은 체중증가나 손실이 없이 안정된 상태에 있는 것이다. 사료 및 영양소의 소화율 및 생물가를 결정하는 방법은 표 2-2에 나타내었다.

일반적인 개사료의 단백질 소화율은 약 80%에서 90%정도로 높은 것 같다. 일반적인 품질을 갖고 있는 고양이 사료의 단백질 소화율은 대략 74%이다. 저질 단백질과 저질사료의 경우 소화율은 더 떨어진다. 사료를 만들 때 이용되는 열은 탄수화물 소화율을 증가시키나 과다한 열은 단백질 소화율에 안좋은 영향을 미칠 수 있다.

시판되는 사료에서 흔한 성분인 곡류성분 단백질은 특정 아미노산 함량이 낮다. 특히 라이신, 메치오닌, 루이신, 트립토판의 함량이 낮다. 대부분의 시판되는 개용 사료는 동물조직 혼합물, 대두박, 곡물원료를 포함하고 있다. 메치오닌은 이런 원료들을 배합한 혼합물에서 가장 큰 제한 아미노산이며 아르기닌이 2번째, 트레오닌이 3번째, 루이신이 4번째 제한 아미노산이다. 제한 아미노산은 반드시 공급해 주어야 하는 아미노산을 말한다. 몇몇 애완용 사료 성분의 단백질의 생물가가 표 2-3에 나와 있다.

단백질의 생물가가 높을수록 동물의 필수아미노산 요구량을 충족시키기 위한 사료 내 단백질의 요구량은 낮다. 예를 들면 만약 강아지가 특정 사료에서 2%의 아미노산이 필요하고 아르기닌이 그 사료에서 단백질의 10%를 차지한다면 강아지의 아르기닌 요구량을 공급하기 위해서는 특정사료에 20%(1%÷5%=20%)의 단백질이 필요하다. 만약 그 사료에 단백질이 적정의 아미노산 함량을 함유하고 있다면 사료 내에 20%의 단백질이 충분하면서도 과다하지 않게 기타 모든 필수아미노산을 제공해 줄 것이다. 어느 단일 단백질도 기타 모든 아미노산에 대해서는 이러한 요구량을 충족시키지는 못한다. 예를 들어 약17%의 계란 단백질을 함유하고 있는 사료가 성장에 필요한 강아지의 아르기닌 요구량을 거의 충족시킬 것이다. 그러나 그 계란단백질은 발린 요구량의 3.2배, 라이신의 2.5배, 그리고 다른 필수 아미노산 요구량의 약1.7배나 공급할 수 있는 양이다. 몇몇 아미노산의 함량이 과다하면 결핍시와 같이 해로운 영향을 미칠 것이다. 예를 들어 정제된 아미노산 사료에서 라이신 함량의 1.7배 초과, 트레오닌의 1.5배 초과는 강아지의 성장을 저하시킨다.

따라서 특정 단백질의 필수 아미노산 함량을 다른 단백질의 필수 아미노산 함량과 비교하는 것은 단백질에 대한 올바른 평가가 되지 못한다. 단백질의 품질을 결정하는 데 있어 더 좋은 방법은 어떤 단백질의 아미노산 함량을 사료가 의도하는 동물의 특정기능을 수행하기 위해 필요로 하는 각 아미노산의 양과 비교하는 것이다.

표 2-2. 동물이 사료를 섭취 및 소화, 이용하는 유형

구분	정의	실례
이용률	섭취한 사료나 영양소의 함량과 보유하고 있는 즉, 배설되지 않은 함량과의 관계를 말하는 것으로서 모든 영양소 품질의 가장 좋은 지표라 할 수 있음.	이용율 85% ・100g 섭취 / 85g 소화 / 15g 배출 ・5g 소변배출, 10g 분변배출
소화율	섭취한 사료나 영양소의 함량과 흡수되는 함량과의 관계를 말함.	소화율 90% ・90g을 흡수 ・10g은 통과
수용율	칼로리의 요구를 충족시키기 위해 필요한 양과 섭취한 양과의 관계를 말함.	수용율 100% ・요구량 100g ・섭취량 100g
생물가	섭취한 영양소 함량과 이용한 즉, 동물이 보유한 양과의 관계를 말하며 이것을 정확히 결정하기 위해서는 배설된 전체 함량에서 내인성 성분(공급한 사료로부터 얻은 영양소가 아닌 본래 체내에 존재하는 영양소)을 빼야함. 단백질 함량을 말할 때 가장 흔히 사용함.	생물가 75% ・60g 보유(이용) ÷ 80g 흡수 ・60g 보유(이용), 20g 배출

아미노산 요구량은 여러 체내기능에 따라 다양하다. 예를 들어 개는 아르기닌 1.12%는 성장을 위해 0.28%는 유지를 위해 필요하다. 따라서 성장에 초점을 맞춘 사료의 단백질의 품질은 성장에 필요한 필수 아미노산의 양과 비교되어야 한다. 유지에 방향을 맞춘 사료의 단백질의 품질은 유지에 필요한 필수 아미노산의 양과 비교해야 한다. 그러나 단백질이 함유하고 있는 아미노산의 함량을 필요한 아미노산의 함량과 비교한다 하더라도 구한 아미노산 함량의 수치는 상대적으로 아직도 의미가 없을 수 있다. 왜냐하면 아미노산 요구량은 사료 내 많은 다른 성분의 함량 변화에 따라 변하기 때문이다. 예를 들면 식이 단백질의 함량이 증가함에 따라 식이 아르기닌, 라이신 그리고 트레오닌 요구량은 보다 커진다. 사료 내에 필요한 모든 아미노산 함량은 사료의 에너지 농도가 증가함에 따라 증가하며 또한 에너지 농도와는 별도로 섬유소와 지방함량에 따라서도 변한다. 또한 여러 단백질원으로부터 얻은 아미노산의 이용성도 차이가 난다. 게다가 사료 내에 단백질 함량(아미노산)이

실제로 모든 동물의 아미노산 요구량을 충족시키고 해로운 과다 아미노산을 제공하지 않는다면 단백질의 품질은 거의 중요하지 않다. 쥐의 연구결과를 통해서 알라닌 경구투여 후 오줌을 통해 배설되는 질소 함량을 구함으로서 단백질의 품질을 결정할 수 있음을 알게 되었다. 사료 내에 아미노산 또는 여러 영양소의 함량을 평가할 수 있는 효과적인 방법은 해당 사료를 급여하여 그 결과를 평가하는 것이다. 애완동물용 사료의 주요 단백질 공급원 및 일반적인 단백질 함량을 표 2-4에 나타내었다.

고양이는 개보다 훨씬 높은 단백질 요구량을 필요로 하는데 그 이유는 고양이들은 항상 에너지 이용을 위해 주어진 단백질 함량만 이용하기 때문이다. 그러나 그렇다고 해서 어떠한 아미노산도 보다 더 많이 필요로 하지는 않는다.

개의 단백질 요구량은 성장단계와 활동수준에 따라 변한다. 일반적으로 강아지는 성장한 개보다 더 많은 식이 단백질을 요구한다. 칼로리 요구량 또한 성장 단계에서 높으며 강아지의 단백질 요구량은 양질의 단백질을 공급함으로서 충족될 수 있다. 건강한 노견은 성장중인 개와 비슷한 방식으로 단백질을 이용하는 것으로 나타났다. 일반적으로 성견유지용에 맞춰 배합된 사료를 통해 적당한 단백질을 제공할 수 있다.

4. 단백질 공급원

단백질은 동물성 공급원과 식물성 공급원으로부터 얻게 된다. 대부분의 단백질은 1개 이상의 부적절한 아미노산을 함유하고 있으며 따라서 단백질 요구를 충족시키기 위한 단 하나의 공급원으로서는 소량만이 이용된다. 이 규칙에 예외로 적용되는 것이 바로 우유단백질과 계란단백질이다. 그러므로 개사료에 이용하기 위한 성분을 선택할 때는 이러한 아미노산의 결핍이나 과다를 조절하여 균형을 맞추는 것이 중요하다. 이는 한 원료에 결핍된 아미노산이 다른 원료에는 존재하고 있기 때문이다.

고기류와 대두박은 두 가지 다 이상적인 단백질이 못된다. 그러나 둘 중의 하나가 또 다른 상호 보완적인 아미노산 공급원과 조합을 잘 이루어 급여하게 된다면 육류나 대두박 어느 것이든 이상적인 단백질이 될 수 있는 것이다. 식물성 단백질 공급원은 만약 적절히 가공 처리되고 균형을 맞춘 아미노산 비율이 존재한다면 개의 어느 성장단계에도 아주 만족스러울 정도가 된다. 따라서 소화율과 아미노산 수준이 단백질의 품질을 결정하게 된다.

필요이상의 단백질을 함유한 사료가 동물에게 급여되면 남은 단백질은 대사되어 에너지 생성에 이용된다. 지방과 달리 과다한 단백질은 체내에 저장되지 않는다. 일단 아미노산의 요구가 충족되고 단백질 저장(보유)이 다 차게 되면 단백질 에너지는 잠재적으로 지방의 생산 쪽으로 진행하게 된다.

다양한 개사료의 단백질 수준을 평가하려면 두 가지를 생각해야 한다. 하나는 단백질의 수준이고 다른 하나는 단백질의 소화율 즉 단백질의 이용률이라고 할 수 있다. 두 가지의 사료가 포장에 똑같은 단백질 수준을 기록할 수 있지만 단백질 소화율 수준은 아주 다양하다. 예를 들면 단백질의 함량이 낮고 소화율이 높은 A사료는 A와 동일한 비율로 단백질의 함량이 높고 소화율이 낮은 B사료와 똑같은 작용을 하게 될 것이라는 것이다. 개사료의 단백질 수준과 더불어 개사료의 가공처리 동안에 품질의 통제가 아주 중요하다. 단백질은 열가공 처리에 의해 손상될 수 있다. 그러나 대부분의 사료 제조사들이 적절한 제조 공정을 사용하여 제품을 만들고 있으므로 큰 문제는 없는 것 같다.

5. 단백질과 면역

개의 면역시스템에 미치는 부적절한 식이 단백질의 영향은 심각할 수 있다. 만약 효율적으로 작용할 수 있는 영양소가 부족할 경우 건강과 생명을 유지하는 데에 아주 중요한 방어시스템이 무너질 수 있다. 부적절한 단백질을 보유한 상태로 유지된 개는 외관상으로는 건강하게 보일지 모르지만 세균이나 바이러스 감염으로부터 생기는 스트레스에 보다 예민하며 신체의 염증이나 상처로부터 회복하는데 더 어렵게 된다.

단백질이 결핍된 개는 면역기능이 손상되는 것 외에도 거칠고 좋지 않은 모질을 갖게 되며 혈액단백질의 농도가 정상이하로 되거나, 성장지연이나 쇠약 등으로 발전할 수 있다. 심하면 사망하는 경우까지 발생하게 된다.

면역계는 신체를 효율적으로 보호하고 방어한다. 또한 신체의 변화에 빠르게 반응하며 세균, 바이러스 기생체 또는 질병체와 유해세포에 대한 방어를 제공한다.

면역계가 가지고 있는 여러 가지의 기능으로는 이뮤노글로불린(immunoglobulin) 또는 항체 그리고 효소와 같은 단백질들의 생산이다. 이러한 것들은 세균감염과 같은 자극에 대한 반응으로 면역계 세포에 의해서 이루어진다. 감염을 방어하는데 있어서 성공의 여부는 세균이 생산할 수 있는 세포보다 빨리 방어단백질을 만들어내는 면역계 세포에 달려있다.

단백질을 구성하는 성분인 아미노산을 적절하게 공급하는 것이 중요한데 그것은 단백질의 회전(세포단백질의 생성과 소멸)이 얼마나 활발 하느냐에 따라 다르다. 만약 단백질 섭취가 부적절하면 신체는 단백질 회전이 감소하게 되어 면역계는 세균에 대한 신체보호에 있어서 불리한 상태로 남게 된다.

만성적으로 단백질을 부적절하게 섭취하면 체조직의 변화를 초래할 수 있다. 자견에게서 성장이 감소하고 체중이 증가하는 것이 일반적이다. 노령 견의 경우 만성질환과 성장장애를 나타내게 된다. 결국 만성 징후가 병적증상의 악화와 함께 사망이라는 위험에 처하게

만드는 것이다. 개는 나이가 들어감에 따라 상처와 질병에 반응하는 면역계의 능력이 감소한다.

노령 견에서의 단백질 회전감소는 면역경쟁력 감소와 스트레스 감수성 증가를 보이게 된다. 고단백질 사료는 떨어진 노견의 단백질 처리능력에 도움을 줄 수 있다. 몇몇 동물과 사람에게서 발생하는 연령과 관계된 변화는 적육(일종의 근육)의 감소이다. 적육의 감소는 골격근육에 영향을 미치며 단백질 회전감소를 말하는 것이다. 이것은 면역계의 염증이나 감염에 대한 반응에 중요한 역할을 한다. 식이 단백질의 섭취증가로 적육 및 단백질 보유(저장)를 유지할 수 있으며 단백질 회전을 높일 수 있다. 단백질이 회전함으로서 면역계 세포의 지탱에 필요한 에너지를 제공해주는 아미노산이 생성되는 것이다. 또한 단백질 회전은 추가 에너지원으로 작용하기 위한 근육 내에서 산화되는 아미노산도 제공하게 된다. 근육단백질 회전 감소율의 정도가 이러한 기능들과 스트레스에 저항하는 신체능력에 손상을 줄 수 있다. 적육유지 및 단백질 회전의 촉진을 위해 개에게 적정 수준의 단백질을 급여하는 것이 중요하다. 또한 개를 스트레스와 질병에 대한 감수성으로부터 보호하는 것도 중요하다.

6. 단백질 불균형

단백질을 이용하는 것과 칼로리를 소비하는 것은 밀접한 관련이 있다. 만약 동물이 필요한 양보다 더 많은 단백질을 섭취한다면 칼로리 섭취에 관계없이 과다 단백질(아미노산)이 탈아미노화되어 케토산이 에너지 용도로 이용될 것이다. 만일 에너지가 필요하지 않다면 아미노산은 글리코겐이나 지방으로 전환되어 나중에 사용할 수 있도록 저장될 수 있다. 단백질로부터 제거된 암모니아는 주로 간에서 요소와 기타 질소 노폐물로 전환되어 신장을 통해 배설된다.

개와 고양이가 만성적으로 단백질을 과다 섭취할 경우 신장의 사구체 경화증 및 불균형적 신장의 노화증가를 초래하게 된다. 따라서 만성적인 과다 단백질 섭취를 피하는 것이 좋다. 왜냐하면 그렇게 함으로서 신장의 악화를 늦춰 오래 살도록 할 수 있기 때문이다. 또한 신장의 기능이 상당히 저하된 동물이 과다 단백질을 섭취하면 체내 질소 노폐물의 축적이 일어나게 된다. 이러한 화합물의 축적은 신장쇠약으로 발생하는 대부분의 임상증상의 이유가 된다. 따라서 과다 단백질 섭취를 피하면서 필요한 모든 아미노산 함량을 제공해주는 이상적인 사료가 필요하다. 가용성 탄수화물이나 지방의 식이 공급원이 부적당하다면 동물은 에너지 사용을 위해 식이 단백질을 이용하게 될 것이다. 총 에너지 섭취가 부적당하면 체단백질의 분해가 일어나게 된다. 따라서 단백질의 요구가 충족되기 전에 칼로리 요구가 충족이 되어야 한다. 이러한 개념은 식욕이 없는 동물들의 영양적 보충을 고려할 경우 특히 중요하다.

표 2-3. 애완동물 사료 원료로 흔히 사용되는 성분들의 생물가

사료원료	생 물 가	비 고
계 란	98~100	
우 유	90~95	
소 고 기	76~78	원료를 이용하는 동물의 종류에 따라 다소 차이가 있을 수 있음
어 육	85~92	
옥 수 수	45~60	
대 두 박	65~75	
밀 가 루	43~55	

표 2-4. 애완동물용 사료의 주요 단백질 공급원 및 성장단계별 단백질 함량

구 분	주요단백질 공급원	개의 성장단계	조단백질 함량(%)
동물성 원료	닭고기 양고기 어분 등	강아지	27~30
		성 견	23~26
		비만견, 노견	19~21
		사역견 및 썰매견	30~33
식물성 원료	대두박 채종박 호마박 등	※ 조단백질 함량은 각 나라, 개의 견종, 사료의 주원료 및 가격대에 따라서도 유동적이므로 절대적인 기준은 아니며 다만 참고수치임	

단백질이 결핍될 경우 분명한 것은 자견의 성장감소와 성견의 체중손실 그리고 활동 및 생산성(예 : 수유기간의 젖생산 감소) 감소이다. 성장 및 털갈이가 늦어져 결국 거칠고 조악하고 단정치 못한 외형을 보이게 된다. 혈장 알부민 농도와 알부민/글로불린의 비율이 감소하는데 이것은 혈장의 삼투압을 낮추게 된다. 혈장삼투압 저하로 인해 수종 및 복수증이 일어날 수 있다. 단백질 결핍시 사료섭취량이 감소할 수 있으며, 그 결과 에너지를 불충분하게 섭취하게 되고 그것은 임상증상을 나타나게 한다. 또한 간의 섬유조직 증식 내지 간경변이 발생할 수 있다. 이러한 간장내의 변화로 인해 혈장 알칼리성 인효소의 활성이 증가하게 된다.

단백질 결핍의 원인으로는 다음과 같은 것들이 있다.

① 부적절한 사료섭취
② 품질 또는 소화가 떨어지는 식이 단백질
③ 부피가 있는 저에너지 사료(존재하는 여분의 단백질을 에너지로 전환시켜 줌)
④ 사료내 충분치 않은 총 단백질 함량
⑤ 단백질을 충분히 소화 흡수시킬 수 없는 능력
⑥ 체외 과다 단백질 손실(연소 및 단백질의 손실이 일어나는 장질환 또는 신장질환)

충분치 못한 전체 단백질 섭취는 흔히 애완동물 소유주가 저가의 품질이 좋지 않은 애완동물 사료와 옥수수, 비스킷, 귀리, 끓인 감자와 같은 음식들 그리고 탄수화물 함량이 높은 기타음식들을 급여해 비용을 아끼려고 하는 개 및 고양이 사육장에서 일어난다. 젤라틴, 콜라겐 혹은 품질이 낮은 육골분과 곡류찌꺼기에 함유된 것들과 같이 생물가가 낮은 값싼 단백질은 품질이 좋지 않은 사료에 존재한다. 고양이에게서도 부적절한 단백질 섭취와 아미노산 결핍은 일어날 수 있는데 그 이유는 고양이에게 개사료 또는 단일원료 사료가 급여되기 때문이다. 개사료가 개에게 아주 적당하지만 고양이에겐 부적당한데 그 이유는 고양이가 비교적 높은 단백질 및 타우린 요구량을 갖고 있기 때문이다.

V 지방

1. 지방의 개요

지방은 동·식물계에 넓게 분포하고 있으며 유기용매에 용해되는 유기화합물이다. 또한 동물체 조직내에서 중요한 생리적, 생화학적 기능을 담당하며 기름(oils), 지질(lipids) 그리고 에테르 추출물(ether extract)이라고도 한다. 이것은 식이에서 다음과 같은 경우를 위해 필요하다.

① 농축된 에너지원으로서의 작용을 위해서
② 지용성 비타민 A, D, E, K의 흡수를 위해서
③ 동물이 먹는 사료의 기호성을 높이기 위해서
④ 필수 지방산(불포화지방산)의 공급원으로 사용하기 위해서

개와 고양이 영양학

지방은 에너지가 농축된 형태로서 단백질, 탄수화물과 비교해 볼 때 kg당 약 2.5배의 에너지를 함유하고 있다. 지방(지방산 포함)이 개에게서 발휘하는 기능을 이해하려면 먼저 화학적 구성을 이해할 필요가 있다. 지방은 동물성, 식물성, 어류 공급원을 모두 합치면 수십 개 형태의 지방산으로 존재한다. 지방은 한쪽 말단인 α기에 산소원자를 갖고 있으며 다른 쪽 말단인 Ω기에 3개의 수소원자를 포함하는 탄소사슬로 되어있다. 탄소 수에 따라 그리고 탄소가 단일결합으로 연결되어 있느냐, 이중결합으로 연결되어 있느냐와 이중결합의 위치 그리고 녹는점 등에 따라 지방산 사슬의 유형은 다양하다. 대부분의 식이 지방은 중성지방으로 이루어지며 사료내 주요지방인 중성지방은 3개의 지방산이 글리세롤 분자에 붙어있는 구조로 구성되어 있다. 중성지방은 포화, 단일 불포화, 또는 다중 불포화 지방산을 포함한다.

이중결합이 전혀 없는 지방은 포화지방이라고 하며 이중결합이 있는 지방산 사슬을 함유하고 있는 지방은 불포화 지방이라고 한다. 이 불포화 지방은 지방산 분자(단일포화) 내에 있는 단일 이중결합으로부터 여러 이중결합(다포화)을 가진 다중 지방산에 이르기까지 다양하다. 포화지방은 일반적으로 실온에서 고체이며 불포화 지방은 액체이다. 지방의 소화과정은 단백질이나 탄수화물보다 더 복잡하며 건강한 개와 고양이는 지방 소화율이 90~95%로 높다.

2. 지방의 기능

지방은 주로 고도의 농축된 에너지원으로서 중요한 작용을 하는 것으로 알려져 있다. 지방의 총 에너지는 g당 9kcal로 단백질과 탄수화물의 g당 4kcal와 비교가 된다. 일반적으로 지방의 소화율은 단백질이나 탄수화물보다 더 높을 뿐만 아니라 기호성이 매우 높으며 개사료 생산시에도 먼지를 줄여주는 등 여러 가지 유익한 영향을 미친다. 지방의 축적은 피하지방으로 피부아래와 중요한 생체기관 부위와 장 주위의 막에 존재한다. 이렇게 축적된 지방은 필요하면 에너지를 제공하는데 쓰이게 되며 그래도 남게 되면 저장된다. 피부아래 지방층은 몸의 온도가 심하게 변하는 것을 방지해준다. 또한 중요기관을 둘러싸고 있는 지방은 탄력을 제공해주어 신체적 충격으로부터 보호해 준다.

개사료에서 지방의 영양적 가치는 단지 소화가 잘되고 기호성이 높고 농축된 에너지원 이상의 의미가 있다. 지방은 필수 비타민과 필수지방산을 모든 세포에 공급하는데 이는 생물학적으로 간과해서는 안 될 부분이다. 또한 고지방의 어류를 섭취하는 에스키모인들의 경우 심장질환이 현저히 낮은 것을 볼 때도 지방이 애완동물에게 어떤 영향을 미칠 것인가는 매우 흥미로워 보인다.

지방은 건강한 피부와 모질, 면역계의 건강, 염증조절, 신생축의 발달에 영향을 미치는 것으로 보인다. 포화지방은 사람이 과량 섭취하게 되면 혈액내 높은 콜레스테롤과 심장관 질환의 원인이 된다. 이것들은 이중결합이 없는 직선 탄소사슬과 수소원자로 포화되어 있다. 포화지방은 고기 안의 백색지방과 같은 농후한 형태로서, 실온에서 고체상태로 존재한다. 불포화 지방산은 한 개 이상의 이중결합을 갖고 있으며 양질의 지방으로 여겨진다. 단일불포화 지방산은 이중결합이 한 개이며, 두 개 이상의 이중결합을 함유하고 있는 불포화 지방산은 다중불포화 지방산으로서 필수지방산을 포함한다. 필수 지방산은 개가 합성할 수 없으나 정상적인 체조직에 필요하다. 2개의 지방산 그룹으로서 오메가-6 지방산과 오메가-3 지방산이 중요한 지방산으로 알려져 있는데 그중 오메가-6 지방산인 리놀산(linoleic acid)만이 유일하게 인정되고 있는 필수지방산이다.

지방은 세포막의 구조와 세포기능에 필요하다. 세포막은 수분, 철, 필수영양소, 호르몬 그리고 세포 안과 밖의 세포생성물을 수송하는데 필요한 유동성을 유지하기 위해 적절하고 균형이 맞는 필수지방산 배합을 갖고 있어야 한다. 세포막의 지방산 조성은 세포반응 조절에도 상당한 영향을 미친다. 또한 필수 지방산은 생물학적 활성이 있는 호르몬(화합물)이 세포간의 교환, 염증, 면역작용, 혈액흐름조절, 통증인식 그리고 혈액응고에 중요한 작용을 하는 에이코사노이드(eicosanoid)로 전환될 때 기본이 되는 화합물이다. 세포는 다양한 공격이나 스트레스에 적절히 반응하기 위해 풍부하고 균형 잡힌 필수지방산의 공급을 필요로 한다.

외관상 비듬이 많고 건조한 모질, 심지어 벗겨지기 쉬운 피부는 적절한 식이지방 공급부족이 원인이다. 심한 저지방이나 저질지방으로 배합된 개사료는 필수지방산 결핍이 야기될 수 있으며 이것은 피부 및 모질 질환으로 나타날 수 있다. 이러한 증상들은 다른 영양소의 손실을 막아주는 중요한 방어체로서 작용하는 피부세포의 지방부위에 리놀산(오메가-6 지방산)이 부족하기 때문에 발생한다. 피부세포막에 균형이 잘 맞춰진 필수 지방산을 공급하는 것이 피부의 수분유지 및 피부를 부드럽고 은은하게 유지하도록 돕는데 특히 중요하다. 개에게 식물성 지방을 공급하게 되면 단기적으로 피부와 모질을 개선하는 것으로 생각된다. 아마 인은 높은 함량의 오메가-3 지방산을 함유하며 해바라기는 높은 함량의 오메가-6 지방산을 함유한다.

3. 오메가 지방산

개 보호자들 사이에 특정 지방산이 개의 건강에 유익하다는 인식이 늘어가고 있다. 이러한 인식과 더불어 "어떤 지방산이 왜 중요한 것인가" 하는 의문들이 제기되고 있다. 이러한 질문에 대한 해답을 밝히므로서 우리는 개의 삶에서 적절한 영양공급이 얼마나 큰 영향을 미치는가를 인식하게 될것이다. 영양에서 지방산에 대한 이해는 필수 및 비필수 지방산에

개와 고양이 영양학

대한 정의를 내리는 것으로부터 시작된다고 할 수 있다. 필수 지방산은 개에 의해 합성될수 없으며 사료로서 공급해 주어야 한다. 개는 한가지 필수지방산(리놀산: linoleic acid)을 필요로 하는 반면 고양이는 두가지 필수지방산(리놀산: linoleic acid, 아라키돈산: arachidonic acid)을 필요로 한다. 리놀산과 아라키돈산 둘다 분자구조를 기초로 볼 때 오메가-6 지방산으로 분류된다.

개는 리놀산(linoleic acid)만을 필요로 하는데 이 필수지방산은 체내에서 만들어질 수 있으며 사료내 아주 소량으로 필요하다. 동물성 공급원과 식물성 공급원의 지방 둘 다 거의 같은 효율로 에너지 생성에 이용될 수 있으나 개에게 있어서는 식물성 지방이 더욱 잠재적인 필수지방산 공급원이 된다.

이 지방산들은 주로 곡물과 동물지방에서 찾아볼 수 있으며 개사료에서 다음과 같은 역할을 담당한다.

① 정상적인 번식
② 상처후의 혈액응고 돕기
③ 신체조직내 혈액의 원활한 순환
④ 상처와 감염에 반응하는 면역계에 협조
⑤ 개의 좋은 피부와 모질유지

지방산에서 또다른 중요한 지방산이 오메가-3 지방산이다. 이것은 구조적으로는 오메가-6 지방산과 비슷하지만 개의 영양에 필수적인 것으로는 생각되지 않는다. 오메가-6 지방산과 오메가-3 지방산은 구조적으로 비슷하며 둘다 면역기능, 혈액응고, 염증과 같은 다양한 생물학적 과정에 중요한 세포신호로서의 역할을 하게 된다. 그러나 두 지방산 사이의 비슷한 점에도 불구하고 각각의 대사산물은 세포신호의 강도와 같은 측면에서는 서로 다르다. 일반적으로 오메가-6 지방산으로부터 나오는 신호는 오메가-3 지방산으로부터 나오는 신호에 비해 더 강하다.

오메가-3 지방산은 다음과 같은 기능을 담당하는 것으로 본다.

① 신경계 및 시각예민도의 적절한 발달 유지
② 특정 피부질환과 관련된 심한 염증조절
③ 림프종의 부작용 소멸 및 감소를 도와줌

리놀산(linoleic acid)의 개와 고양이에서의 요구량이 다른 것을 발견하게 되었다. 만약 개에게 이 지방산이 적정수준 공급된다면 다른 필요한 지방산들을 생산해낼 수 있다. 그러나 고양이는 리놀산으로부터 그들이 필요로 하는 다른 지방산들을 생성할 수 없으며 사료에 아라키돈산(arachidonic acid)을 첨가해야 한다. 오메가-6 지방산이 개에게 미치는 영향과 오메가-3 지방산이 제공하는 잠재적인 유익을 이해하기란 쉽지 않다. 그러나 개사료내에 적절히 균형을 맞춘 이러한 지방산들이 개의 건강에 유익하게 작용한다는 사실은 분명하다.

4. 지방 공급원

상업용 애완동물 사료의 지방의 소화율이 여러 연구와 분석방법에 따라 다양하지만 분명한 것은 사료내 지방의 소화율이 원료성분에 의해 영향을 적지 않게 받는다는 것이다. 개와 고양이는 대부분의 동물성 및 식물성 지방이나 기름을 쉽게 이용할 수 있다. 그러나 가수분해 코코넛유를 포함한 몇몇 가수분해지방은 소화가 잘 되지 않는다. 또한 이런 유형의 지방을 공급한 고양이에서 간지방화(hepatic lipidosis)가 발달하는 것을 볼 수 있다. 이것은 코코넛 기름내 특정 중쇄지방산(medium-chain triglyceride)의 안좋은 영향이라고 보여진다. 또한 사료내 지방의 형태와 함량은 기호성에도 영향을 미친다. 지방은 일반적으로 개와 고양이의 사료 기호성을 비교적 상당한 정도로 높여준다.

표 2-5. 지방의 지방산 조성 및 함량

지 방	불포화 지방산(%)	리노레익산(%)
아 마 유	91.8	13.9
잇꽃씨유	89.5	72.7
옥수수유	87.7	5.4
돈지(라드)	64.1	18.3
가금 지방	60.9	22.3
어 유	60.0	2.7
탤 로 우	52.4	4.3
버터 지방	35.8	2.5
코코 넛유	9.7	1.1

고양이는 닭고기나 버터지방을 함유하는 동일사료에 비해 가공한(bleached) 탤로우를 함유한 사료를 선호하였다 사료내 지방함량 또한 기호성에 영향을 미쳤다. 노란색의 수지(동물지방, grease)를 25% 함유한 사료가 10% 또는 50%를 함유한 사료에 비해 더 선호되었다. 가공한 탤로우(소고기 지방)의 경우는 40%를 함유한 사료가 12% 또는 25%를 함유한 사료보다 더 선호되는 것을 볼수 있다. 지방의 풍미와 지방이 사료에 부여해 주는 느낌(농도, 밀도)은 지방의 형태와 함량에 따라 영향을 받는다.

5. 지방산 불균형

필요이상의 지방을 함유하는 사료를 먹은 동물의 경우 남는 지방은 체내 지방조직이나 지방 저장소에 저장된다. 만약 시간이 지남에 따라 충분한 지방이 축적되면 동물은 비만이 된다. 체중과다 동물은 외과적으로 보다 큰 합병증과 정형외과 질환 및 당뇨병 같은 질병상태의 위험에 처할 수 있다. 비록 지방산 결핍이 드물다고는 하지만 지방함량이 너무 낮은 사료를 급여한 동물은 결국 결핍징후로 발전하게 된다. 즉, 건조하고 거친 모질, 벗겨지기 쉽고 건조하고 마른 피부를 보이게 된다. 지방이 완전히 빠진 합성사료는 성장하는 강아지에게 몇주가 못가서 필요한 영양소를 공급하지 못하게 된다.

필수지방산이 결핍되면 번식효율에 손상을 줄 수 있다. 만약 임신했을 경우에는 신생자견의 기형과 사망이 나타날 수 있다. 또한 필수지방산의 결핍은 부상의 치료에 영향을 줄 수 있으며 건조한 모질과 피부비듬을 일으키며 피부의 지방층을 변화시켜 피부감염이나 농피증(피부세균 증식으로 인한 화농성 염증)에 빨리 노출될 수 있다. 만약 결핍이 계속되면 탈모증, 부종, 수종 그리고 피부 국소부위로부터 삼출액 분비가 계속 일어날 수 있다. 다습성 습진손상은 귀의 외부 도관에서와 발가락 사이에서 가장 흔하게 나타난다. 그러나 그 증상은 몸의 어느 부위로도 전개될 수 있으며 홍반(red spot)이라고 하는 것으로 나타날 수 있다. 몸이 여위어가는 것은 필수지방산의 심한 고질적 결핍으로 인해 나타난다. 필수지방산 결핍은 소고기 탤로우를 함유하는 저지방 건조사료나 장기간 따뜻하고 습한 상태에서 저장되어 온 사료를 섭취하는 개에게서 가장 흔하게 일어난다.

지방산 결핍이 의심되는 경우에는 적정량의 대두유나 옥수수기름을 첨가하면 그 문제를 해결할 수 있다. 특정 아라키돈산 결핍이 고양이에서 의심이 될 경우에는 사료에 가금지방이나 라드(lard, 돼지기름)같은 동물성 지방을 첨가하면 된다. 그러나 고양이에서 필수 지방산 결핍과 관련된 대부분의 병리학적 변화는 리놀레익산의 급여로 방지가 가능하다. 지방 조직내 반응성 과산화물(악취의 최종산물)의 축적으로 인해 체지방이 노란색, 갈색 또는 오랜지색으로의 변색이 나타난다. 변색은 황색 지방질환(yellow fat disease)의 출발점이 된다. 이 질환에 걸린 동물들은 식욕이 없고 우울하고 발열이 있고 무기력상태에 빠진다. 이 동물들은 피하지방이 자극을 받았기 때문에 움직임이 뻣뻣하고 눈에 띄는 피부의 고통증상을 보인다.

6. 지방의 품질관리

지방은 산화(부패)방지에 각별히 유의하여야 한다. 특히 이중결합이 포함된 불포화 지방산의 경우는 포화지방산에 비해 훨씬 산화되기 쉽다. 지방이 포함된 개사료는 일반적으로

항산화제를 포함하고 있다. 제품의 가격이 싼 사료일수록 BHA, BHT, 에톡시퀸 같은 합성 항산화제를 사용하는 경우가 많으며, 고급사료일수록 토코페롤 같은 비타민 E나 비타민 C 같은 양질의 천연 항산화제를 첨가하게 된다. 보통 사료 제조사들은 사료의 부패방지를 위해 항산화제를 적정량 첨가하고 있다. 따라서 사료에 별도로 항산화제를 첨가할 필요는 없다. 그러나 항산화제가 들어있다 하더라도 사료봉투를 개봉하면 지방산과 공기와의 접촉으로 인해 사료의 산화정도가 높아지게 된다. 특히 고온고습의 계절인 여름철의 경우 짧은 시간에도 산화정도가 심해질 우려가 높으므로 사료봉투 개봉후에는 개에게 급여한 후 가급적 공기가 통하지 않도록 잘 밀봉하여 보관하는 것이 좋다. 사료의 유통기간은 사료의 종류 및 제조사 그리고 사료의 품질에 따라 다르며 일반적으로 1년 정도가 한계이지만 이에 의존하는 것보다는 개봉 후 빨리 소모하는 것이 좋다.

 무기질

1. 무기질의 기능

무기질은 필수적으로 필요한 영양소 중의 하나로 광물질 또는 회분이라고 한다. 이것은 미네랄이라고도 부르며 모든 체내조직에 함유되어 있다. 미네랄은 기능이 다양한 점에 있어서 중요하며, 단지 체중의 아주 일부만을 차지하는 점이 특징이다. 체중을 기준으로 할 때 몸은 수소 63%, 산소 25.5%, 탄소 9.5% 그리고 1.4%의 질소로 구성되어 있다. 미네랄은 신체의 0.7% 이하를 차지하며 그 대부분은 다량광물질인 칼슘, 인, 칼륨, 나트륨, 마그네슘으로 구성되어 있다. 다량 미네랄은 식이 요구량을 퍼센트(%)로서 표현할 수 있다. 미량 또는 소량 미네랄은 "ppm 또는 mg/kg"으로 표현한다. 미량 광물질은 철, 아연, 구리, 망간, 요오드 그리고 셀레늄 등이다.

미네랄은 크고 복잡한 다른 영양소들에 비해 비교적 단순한 분자이다. 미네랄의 영양적 측면에서의 총점은 사료내 각 미네랄의 양, 모든 미네랄의 적절한 균형, 동물사료 내 미네랄의 이용성 등과 같은 것이다. 미네랄은 체내에서 뼈와 연골형성, 효소반응, 체액균형유지, 혈액 내 산소운반, 정상적인 근육 및 신경작용, 호르몬 생성과 같은 여러 다양한 기능을 수행한다.

몇몇 미네랄의 기능이 다른 영양소의 기능과 구별된다고는 하나 모든 미네랄을 적절한 비율로 제공해 주지 않으면 동물에게 적절히 영양을 공급하는 것은 불가능하다. 이것은 미네랄이 몸의 기능과 유지측면에서 상호작용하기 때문이다. 어떤 한 가지 미네랄을 첨가하게 되면 영양의 불균형을 일으켜 건강을 해칠 수 있다. 애완동물 사료 제조사들은 사료 배합을 할 때 가공과 저장 시 발생하는 손실과 동물 개개가 필요로 하는 요구량의 변이를 보정하기 위해 모든 필수 영양소들에 대한 범위를 안전하게 유지한다. 개가 특정 영양소의 정상적인 수준을 이용할 수 있는 능력이 없을 때 나타나는 미네랄 결핍의 경우 추가로 첨가가 요구될 수 있다. 미네랄은 보통 다량 미네랄과 미량 미네랄 같은 필수 미네랄과 그 외에도 준필수 미네랄, 비필수미네랄, 중독미네랄 등으로 구분한다.

다량 미네랄 : 칼슘(Ca), 인(P), 나트륨(Na), 염소(Cl), 칼륨(K), 마그네슘(Mg), 황(S)
미량 미네랄 : 철(Fe), 아연(Zn), 구리(Cu), 망간(Mn), 셀레늄(Se), 요오드(I),
　　　　　　 코발트(Co), 불소(F), 몰리브덴(Mo), 비소(As)

다량 미네랄은 다음과 같은 작용을 한다.
　　① 산염기 평형
　　② 체액의 균형 유지를 위한 삼투압
　　③ 다양한 세포작용과 신경 유도 작용 그리고 근육수축에 필요한 막투과 전위
　　④ 신체의 구조적 원형(본래의 모양) 보전

2. 무기질의 균형과 불균형

미량 광물질의 대부분은 금속효소(metallo enzymes)의 구성성분으로서 필요하다. 이러한 효소들은 다양한 생화학적 조절작용에 요구된다. 요오드는 갑상선 호르몬에 필요한 성분이고 철은 헤모글로빈과 미오글로빈, 코발트는 비타민 B_{12}에 필요한 성분이다. 식이적으로 미네랄은 개개로서보다 그룹으로서 생각해야 한다. 미네랄 섭취가 동물의 요구량 이상으로 증가하면 흡수되는 또는 오줌이나 변으로 배출되는 양 또한 증가한다. 흡수량이 과다하면 해로울 수가 있다. 흡수되지 않은 미네랄은 다른 미네랄들과 결합하여 그것의 흡수를 방해하여 결과적으로 다른 미네랄의 결핍 또는 불균형을 초래하게 될 것이다. 중요한 것은 사료내 미네랄 함량의 균형이다. 한 가지 또는 심지어 여러 가지의 미네랄을 무분별하게 첨가하는 것은 오히려 해로울 것으로 생각이 되며, 이것은 개와 고양이에게 있어 미네랄 불균형의 중요한 이유가 된다. 미네랄의 특징과 결핍 및 과다증상을 표 2-6에 나열하였다.

칼슘, 인 같은 몇몇 미네랄들은 뼈에 압축력(compressional strength)을 공급하는 주요 구성성분이다. 그러나 이러한 미네랄은 또한 여러 조직 내에서도 생화학적 작용을 한다. 이러한 미네랄들의 식이 불균형은 임상적으로 골질환의 원인으로서 명백한데 그 이유는 골격이

미네랄의 저장분을 방출하여 더 중요한 생화학적 기능을 보조하기 때문이다. 만약 미네랄 불균형이 지속되면 골격의 완성이 어렵게 될 수 있다. 미네랄 불균형으로 인한 뼈의 기형은 성장기에 아주 흔하게 발생하며 이것의 치료는 서서히 가능하게 되지만 동물의 성장률이 둔화할 때까지는 임상적 개선은 분명하게 나타나지 않게 될 것이다. 골격의 문제를 파악하는데 있어서 동물에게 통상적으로 적용할 수 있는 유일한 진단은 식이 섭취가 불량한가를 살피는 것과 적절한 뼈의 발달보다 성장률이 너무 빠르지는 않는가를 살피는 것이다. 미네랄 불균형이 있을 경우 관련된 특정 미네랄을 파악하기란 쉽지가 않은데 그것은 흔히 똑같은 임상징후와 비슷한 손상이 단지 한 가지 미네랄의 결핍이나 과다로 인해 나타나지 않고 여러 가지의 미네랄 결핍이나 과다에서 나타나기 때문이다. 이런 경우에는 혈액 검사나 사료를 분석하는 것이 진단을 내리는데 도움이 된다. 일정한 진단이 이루어질 수 있건 없건 간에 대개의 경우 가장 좋은 접근방법은 정상적인 성장에 맞는 함량과 균형 잡힌 미네랄을 함유한 사료를 급여하는 것이다. 이 방법이 어떤 한가지 또는 몇 개의 의심스러운 미네랄을 첨가하여 불균형 강화 내지 부가적인 미네랄 불균형을 일으킬 수 있는 위험을 무릅쓰고 교정하려는 시도보다는 나을 것이다. 그럼 각각의 미네랄에 대해서 좀 더 구체적으로 살펴보기로 한다.

3. 다량 미네랄

① 칼슘과 인

칼슘과 인은 개사료에서 필수미네랄이며 정상적인 뼈의 발달에 필요하다. 이 미네랄들은 뼈와 치아에 경도를 제공해 주며 정상적인 혈액응고를 도와주고 체액이 세포벽을 통과하는 것을 조절하는 것을 도와준다. 뿐만 아니라 신경자극에도 필요하다.

칼슘 또는 인이 부족한 경우는 특히 강아지가 태어날 첫해동안에 부족할 경우는 뼈가 약해지며 구루병과 같은 심각한 골격의 기형이 나타난다. 뼈는 칼슘과 인 이외에 소량의 마그네슘, 나트륨, 칼륨, 염소, 불소 그리고 미량원소를 포함한다. 과거에는 완전균형 애완동물 사료가 널리 이용되지 않았으므로 구루병이 어린 동물, 성장한 동물에게서 흔하게 볼 수 있었다. 이 뼈의 상태는 칼슘, 인, 또는 비타민 D 결핍과 관련되어 있으며 뼈가 석회화 내지 경화되지(hardness) 않기 때문에 부드럽고 변형된 뼈가 된다. 그러나 오늘날의 시판되는 애완동물 사료에서는 이러한 현상은 거의 찾아볼 수 없다.

몇몇 개 보호자들과 브리더들은 추가로 칼슘(그리고 아마도 다른 광물질들)이 임신이나 새끼를 보육하고 있는 개의 사료 뿐 아니라 성장중인 강아지 사료에도 첨가되어야 한다고 믿고 있다. 그들은 이러한 성장기에 개가 더 많은 미네랄을 필요로 한다고 생각한다. 이때 더 많은 미네랄이 필요한 것은 사실이나 똑같은 시기에 모든 영양소들이 보다 많은 양으로 필요하다는 생각은 바람직하지 않다. 추가적으로 식이 미네랄을 얻을 수 있는 가장 좋은 방법은 개개의 첨가물질을 공급하는 것보다도 양질의 완전균형 사료를 많이 섭취함으로서 가능하다. 예를 들면, 많은 강아지들은 이유하기 전에 우유, 비타민, 계란 그리고 (또는) 육류 혼합물을 급여해야 한다. 이런 형태의 사료는 비싸기도 하고 준비하는 데 시간이 걸리기도 한다. 가장 중요한 것은 그 사료가 영양적으로 완벽하고 균형이 잡혀있지 않을 수 있다는 것이다. 그래서 이러한 동물들은 빠른 성장기동안 건강문제로 더 많이 고생할 것이다. 사료에는 체중단위로 인 대비 1.0~2.0의 칼슘의 비율 내지 균형으로 함유되어 있어야 한다. 비율이 더 커지면 뼈의 석회화에 해로울 수 있다. 예를 들면 첨가물질을 급여하면(또는 불완전 불균형 개사료) 식이 인의 양이 식이 칼슘의 양보다 초과되며 뼈의 불균형이 일어날 수 있다.

② 칼륨

칼륨은 세포내에서 고농도로 발견되며, 적절한 효소, 근육 그리고 신경작용에 뿐만 아니라 신체 전체의 체액 균형유지를 돕는데도 필요하다. 칼륨은 사료에 널리 분포되어 있으며 사료내 결핍 발생은 개에서 완전균형 사료를 급여하는 한은 일어나지 않을 것 같다. 나트륨, 염소와 마찬가지로 칼륨의 결핍은 만성 설사와 구토 또는 기타 질병이 있는 동물에게서 나타날 수 있다. 개에서의 결핍징후는 성장부진, 식욕감소, 쇠약, 탈수 등이다.

③ 마그네슘

마그네슘은 근육과 뼈의 구조성분으로서 중요하며 신체 전체에서 일어나는 많은 효소반응에 중요한 역할을 한다. 마그네슘의 특성 또한 몇 가지가 칼슘, 그리고 나트륨과 공통된 것이다. 칼슘과 인은 마그네슘의 균형에 영향을 미치는 데 그 이유는 높은 양의 칼슘 또는 인이 장관으로부터 마그네슘 흡수를 줄여주기 때문이다. 개사료의 마그네슘 함량은 원료 성분에 달려 있으며 보통은 첨가 형태로 보충되지는 않는다. 식이 마그네슘 결핍은 시판되는 사료를 이용하는 건강한 애완동물에게는 없을 것 같다. 전형적인 사료라면 마그네슘 함량은 0.05~0.2% 내에 들어간다.

④ 나트륨과 염소

나트륨과 염소는 주로 체액조절 미네랄로 작용하여 체내 개개 세포의 안쪽에 있는 체액과 바깥쪽에 있는 체액 사이의 균형유지를 도와준다. 조직과 기관 사이의 수분균형 유지를 돕는다. 염소는 단백질의 소화를 도와주는 위내 염산의 형성에 필요하다. 식이 나트륨과 염소의 결핍은 매우 드문데 그 이유는 오늘날 대부분의 애완동물들이 시판되는 사료를 먹기 때문이다. 그러나 나트륨과 염소 결핍은 오래된(만성의) 심한 설사와 구토로 인해 발생할 수 있다. 건강한 동물이 필요로 하는 양보다 과다하게 섭취된 나트륨과 염소는 대부분 신장을 통해 걸러져 소변으로 배설된다. 나트륨과 염소를 과다하게 섭취하므로 발생하는 독성은 동물이 양질의 충분한 양의 음수를 취하면 거의 발생할 것 같지 않다.

4. 미량 미네랄

① 철

동물의 신체는 단지 약 0.04%의 철을 함유하고 있다고 하지만 철은 생명과정에서 중추적인 역할을 한다. 소량의 철(hemo)은 대부분의 단백질(globin)과 결합하여 적혈구 세포 내에서 산소를 운반하는 화합물인 헤모글로빈을 형성한다. 철은 많은 산소운반체와 효소의 구성성분이며 체내 존재하는 철의 반 이상이 적혈구 세포색소인 헤모글로빈이다. 철은 또한 에너지 이용에 필요한 효소의 구성성분이다.

철은 주로 소장에서 흡수된다. 이 미네랄의 흡수는 빠르다. 적혈구 세포들과 헤모글로빈은 살아있는 동안 특히 성장기동안 일정하게 소멸과 대체의 과정을 거친다. 개에게서 적혈구 세포의 평균수명은 약 110일이다. 빈혈은 잘 알려진 철의 결핍의 결과이다. 빈혈이 있는 경우에는 적혈구 세포의 수나 크기가 줄어든다. 또한 헤모글로빈의 함량 변화가 일어날 수 있다. 빈혈의 증상은 성장률 감소, 쇠약, 스트레스나 질병에 대한 감수성 증가 등이다. 빈혈 발생의 원인은 아주 다양할 수 있으나 완전균형 개사료를 급여한 개에서 영양적 빈혈은 흔치 않다. 몇 가지의 요인들이 어린 강아지를 보육하는 기간 동안의 철 결핍 때문에 영양적 빈혈을 초래할 수 있다. 임신기 동안 철이 결핍된 어미로부터 나오는 젖은 신생축의 철 보유(또는 저장)에 영향을 미친다. 수유 또는 새끼를 양육하고 있는 어미 개에게 철의 첨가급여는 좋지가 않다. 왜냐하면 이 처방은 젖의 철의 함량을 증가시켜 주지 못하기 때문이다. 철과 구리는 비타민 B_{12}와 함께 모두가 애완동물의 빈혈의 방지에 필수적이다. 대부분의 상업용 개사료는 식이 요구량의 충족을 돕기 위해 매우 이용성이 높은 형태의 추가된 철을 함유하고 있다. 따라서 별도의 철 첨가는 필요치 않으며 사료내 철의 함량이 높으면 불용성 인을 형성하여 인의 흡수를 방해할 수 있다.

② 아연

아연은 산화로 인한 손실로부터 세포를 보호해주는 효소들을 포함하고 있는 몇몇 효소체계에 영향을 미친다. 이처럼 아연은 단백질 생산 및 면역계의 시스템에 중요하다. 아연은 천연사료에 존재하고 있으며 주로 아연-단백질 복합체로서 존재한다. 그러나 아연의 이용성과 수준은 낮아서 시판되는 사료에 정상적으로 첨가해 주어야 한다. 몇몇 섬유소 같은 화합물들은 식이아연의 체내 이용성을 감소시키는 것으로 알려져 있다. 아연 흡수는 주로 소장에서 일어나며 비교적 충분치 않은 양의 아연만이 흡수된다. 그러나 요구량이 많지 않기 때문에 아연 결핍은 완전균형 사료를 급여한 개에게서 거의 찾아볼 수 없다.

아연에 민감한 개의 피부병은 눈과 입술과 발톱 그리고 발바닥 주위의 비늘성 피부가 특징이다. 이러한 증상은 개, 특히 여러 품종의 강아지에게서 나타나는 것으로 보고되었다.

아연은 1~2주안에 피부병 치료에 현저하게 작용하지만 아연 첨가는 전문가의 상담과 지도가 필요하다. 성장한 개의 경우는 이것이 특정 품종에서만 가능하나 동물은 식이 아연을 적절히 대사하기란 쉽지 않다. 아연은 비교적 비독성으로 생각되나 장기간 과다로 식이아연을 섭취시 구리의 흡수와 저장 감소에 크게 영향을 미칠 수 있다. 따라서 아연의 장기간 과다섭취로 인해 구리결핍과 부차적인 철의 결핍이 나타날 수 있다.

③ 망간

망간은 산업에서 강철에 경도를 주기 위해 혼합물로서 이용되는 금속 원소이다. 영양에서 망간은 여러 종의 동물에게 필수요소이다. 망간은 체내에서, 주로 간에서 생성되나 또한 신장, 췌장 그리고 뼈에서도 소량이 존재한다. 골격 근육에서는 가장 적은 농도로 발견된다. 체내에 총량이 적은 양으로 공급됨에도 불구하고 이 원소는 단백질 및 탄수화물 대사와 번식을 포함한 몇 가지 필수 기능을 가지고 있다. 더 구체적으로 망간은 에너지 생산, 지방산 합성 그리고 아미노산 대사에 관여하는 효소계를 활성화시키는 요소라고 생각된다. 시중에 시판되고 있는 완전균형 애완동물 사료는 적정수준의 망간을 함유하고 있다. 왜냐면 제조사들이 사료의 원료성분에 의해 공급되는 망간 외에도 미량 미네랄 믹스형태로 추가로 망간을 넣기 때문이다. 마그네슘과 같이 칼슘과 인의 과다가 장관으로부터의 망간 흡수를 방해하는 것으로 알려져 있다.

④ 구리

구리의 흡수는 일반적으로 노령의 동물에서 보다 어린 동물에서 더 높다(60~70%). 이 미네랄은 개의 위와 소장에서 흡수되어 주로 간, 신장 그리고 뇌에 저장된다. 천연 식이 구리의 이용성은 피테이트(높은 아스코르빈산 함량과 칼슘, 아연, 철, 황 함량의 증가 그리고 카드뮴, 은, 납 같은 몇몇 독성금속)에 의해 감소된다. 체내에서 구리는 여러 면에서 아주 중요한데 그 이유는 구리가 콜라겐과 탄성 연결조직의 형성, 적혈구 세포의 발달과 성숙, 항산화 기능, 모질에 제공하는 색소와 관련되어 있기 때문이다. 구리 결핍은 개에게서 흔치 않다 .몇몇 견종의 구리대사에서의 문제가 구리 독성증상으로 나타날 수 있다. 베드링턴 테리어, 웨스트 하이랜드 화이트테리어, 도벨만 핀셔 견종은 구리가 간에 축적되는 유전질환을 볼 수 있다.

⑤ 셀레늄

셀레늄은 산소와 황을 포함하는 그룹의 한 종류이다. 이것은 동물에게 필수 영양소로 알려지기 오래전에 독성물질로서 알려진 몇 안 되는 영양소들 중의 하나였다.

표 2-6. 미네랄의 특징과 결핍 및 과다증상

구분		특징	결핍 및 과다증상
다량 미네랄	칼슘	뼈나 치아에 99%가 저장, 생체내 대사과정 조절. 신경자극전달과 근육수축에 관여 탈지분유 및 육골분이 주공급원.	결핍 : 성장불량, 구루병, 골연화증, 골다공증. 과다 : 인, 아연, 구리, 철 결핍, 갑상선 기능저하
	인	80%가 뼈와 치아에 함유. ATP와 핵산의 구성성분 체내 산과 염기평형 유지.	결핍 : 칼슘과다섭취시 나타남. 식욕감퇴. 과다 : 칼슘 결핍 초래.
	나트륨	동물조직에 다량함유. 체액중 식염형태로 존재 삼투압 조절 및 산, 염기평형 유지. 신경자극전달.	결핍 : 체중감소 및 피곤, 다뇨증, 성장지연. 과다 : 식욕감소, 가려움증, 고혈압.
	마그네슘	효소활성화 및 인산화반응에 촉매작용. 체세포의 조직액과 영양소 이용을 원활히 함.	결핍 : 성장지연. 과도한 긴장, 경련. 과다 : 흡수부족으로 인한 설사 및 요로결석증.
	칼륨	세포내 가장 많이 함유되어 있는 양이온. 에너지 발생 및 단백질 합성에 관여 체내세포 삼투압유지. 신경자극전달.	결핍 : 근육약화 및 무기력증. 과다 : 나트륨결핍 초래. 심하면 심장독성 및 사망.
	염소	대부분 나트륨과 결합하여 식염으로 존재 체액의 삼투압유지. 손실로 인해 부족되기 쉬움.	결핍 : 신경과민, 성장불량, 소화불량. 과다 : 위산과다
	황	체내 산화에 의해 황산으로 됨. 혈액에서 양이온 역할. 육류, 우유 등이 좋은 공급원	결핍 : 단백질 구성에 영향. 털, 손톱, 발톱 등 단백질 부분 발육부진.
미량 미네랄	철	세포내 에너지 영양소의 산화에 관여, 헤모글로빈의 구성성분, 제 1철이 2철보다 흡수가 잘됨. 공급원 : 간, 굴, 조개 및 녹색채소, 난황, 콩.	결핍 : 장기간 우유만 급여시 발생, 빈혈증. 과다 : 식욕감퇴, 체중감소, 저알부민증.
	망간	세포의 효소작용에 관여, 녹색야채와 간에 다량함유.	결핍 : 번식장애, 유산, 뼈가 잘 부서짐. 과다 : 부분적 피부색소결핍, 수정능력손상.
	구리	헤모시아닌의 구성성분.	결핍 : 뼈손상, 빈혈, 모질 탈색소, 설사. 과다 : 간장질환
	요오드	갑상선 호르몬인 thyroxine의 주성분. 해산물에 다량함유.	결핍 : 저갑상선증. 태아흡수. 졸음 과다 : 결핍증과 유사
	아연	인슐린 작용촉진. 간장 및 췌장에 다량함유.	결핍 : 식욕감소, 성장지연, 각화증, 비듬, 우울. 과다 : 칼슘, 구리결핍 유발.
	코발트	자연계에 널리 분포, 조혈작용에 관여 효소 및 인슐린 작용촉진.	
	셀레늄	비타민 E의 결핍으로 인한 질병의 방지에 효과 독성물질로부터 조직손상을 방지.	결핍 : 골격근 및 심장근육질환, 근육백색증. 과다 : 신경증상, 식욕감소, 구토, 호흡곤란.
	불소	빈혈치료 및 골격성장에 도움. 구강내 미생물 활력 저해하여 충치예방.	중독시 뼈 빛깔변색 및 뼈가 두꺼워지고 약해짐.
	몰리브덴	식물에서 질소고정에 관여. 세포호흡조절, 간장효소 xanthin oxidase의 주성분.	과다 : 구리결핍증 촉진, 심한설사 및 체중감소.
	비소	동물의 혈액 및 피부에 극미량 분포, 흡수가 잘되고 소변으로 신속히 배출.	결핍 : 거친 피모, 성장률 저하. 중독 : 어지러움증, 구토, 설사, 피로, 체중감소.

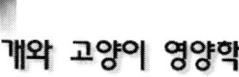 개와 고양이 영양학

셀레늄이 비록 일반적으로 받아들여지는 미량 영양소 중에서 적은 양이 요구되는 반면에 독성 또한 가장 크다. 셀레늄은 주로 비타민 E와 함께 체내 항산화제로서의 기능 작용을 수행한다. 곡류와 같은 고단백 식물은 저단백 과일이나 채소보다 더 좋은 천연 셀레늄 공급원이 된다. 애완동물 사료에서 고기 생산물 또한 이러한 미량 원소의 요구를 충족하도록 사용될 수 있다. 애완동물에서 셀레늄의 결핍은 대단히 드물다. 애완동물에서 셀레늄 독성 또한 드물다. 그러나 장기간 셀레늄을 과다섭취하게 되면 독성이 발생할 수 있다. 독성의 징후는 모질의 저하, 쇠약, 빈혈 등이 있다.

⑥ 요오드

식이 요오드의 유일하게 알려진 대사작용은 갑상선에 의한 갑상선 호르몬의 생산이다. 이 호르몬의 주요작용은 신체의 기초 대사율(예를 들면, 동물이 식후 얼마나 빨리 에너지를 대사하여 태우는가)을 조절하여 영향을 미치는 것이다. 갑상선 또는 이러한 호르몬의 적절한 기능 없이는 동물은 성장 부진, 모질감소, 중량증가 그리고 극도의 쇠약을 나타낼 것이다. 많은 천연사료가 개의 요구량을 충족시킬 만큼의 충분한 요오드를 함유하고 있지 않다. 상업용 개사료에서 무기 요오드의 첨가 형태는 요오드화 칼륨, 요오드화 나트륨, 요오드화 칼슘 등이 있다.

 비타민

1. 비타민의 중요성

비타민이라는 영양소는 많은 연구자들에 의해 1900년대 초에 알려지게 되었다. 그들은 정제된 성분으로 구성된 사료가 실험동물의 생명을 지탱할 수 없다는 것을 인식하고 그 이유를 알고자 하는 호기심을 갖게 되었다. 비타민을 분리해내고 체내에서의 비타민의 작용을 알아내고 소량의 비타민으로도 질병치료 가치가 있음을 발견한 것과 그리고 비타민 성분의 영양소를 파악(profile)하는 것 등은 동물 및 인간의 영양에 상당한 영향을 미쳤다. 다른 영양소들과 비교해 볼 때 비타민은 가장 소량으로 필요하다. 또한 비타민은 미네랄과는 달리 복잡한 물질이다.

2. 개사료의 비타민 관리

여러 영양소와 마찬가지로 비타민은 동물에게 영양을 공급하기 위해 다른 비타민 및 영양소들과 협력하여 작용한다. 이것은 완전사료에서 비타민과 다른 영양소들을 균형 있게 제공해주는 것이 중요하다는 것을 말해준다. 이미 완전균형 배합 전에 사료에 첨가물을 보충하는 것은 불균형을 초래하여 좋지 않은 영향을 미치게 된다. 이 점을 착안 보완한 계란은 우수한 단백질원을 함유하고 있으며 일반적으로 개는 계란을 선호한다. 그러나 개사료에 반복적으로 날계란을 첨가하는 것은 비타민 비오틴의 결핍을 초래할 수 있다. 날계란의 흰자는 비오틴을 파괴하는 효소를 함유하고 있다. 비오틴 결핍증상은 모질의 손실, 성장 부진 등을 초래한다. 대구의 간유와 밀 배아유는 비타민 D와 E의 좋은 공급원이라고 생각된다. 그러나 과다한 대구 간유는 동물이 필요한 양보다 더 많은 비타민 D를 공급할 수 있다. 그리고 장시간이 지나게 되면 이것은 골격질환이나 연조직의 석회화(굳어짐)를 초래하게 된다. 따라서 다른 영양소들과 같이 어떠한 비타민의 첨가도 완전균형 개사료를 먹는 건강한 동물에게는 필요치 않다. 첨가를 더하는 것은 이미 개사료에 존재하는 비타민 수준의 불균형을 초래할 위험성이 있다.

3. 비타민의 기능

비타민은 효소, 효소전구물질, 조효소와 같은 기능을 하는 조절 분자이다. 화학적 구조와 작용은 아주 다양하다. 비타민은 에너지원이나 구조적 성분으로는 사용되지 않으며 주 기능은 다양한 생리과정을 촉진 또는 조절하는 것이다. 비타민은 지용성 비타민(A, D, E, K)과 수용성 비타민(B, C) 2그룹으로 나누어지는데 그 기준은 기능이라기보다는 용해도에 따른 것이다. 용해도는 비타민이 흡수, 저장, 배설되는 기전과 관계가 있다. 두 그룹 내에는 몇 가지 기능적으로 유사한 점들이 있다. 특히 수용성 비타민 B군의 경우가 그렇다. 많은 비타민 B군은 에너지 대사 조절을 도와주며 많은 생화학 반응에 참여하는데 그 반응에서 개개의 비타민 결핍은 비슷한 임상 증상을 나타내어 종종 진단을 어렵게 만든다. 일반적으로 이러한 에너지 조절 비타민의 결핍은 빨리 분화하는 세포로 구성된 조직에서는 아주 빨리 분명하게 나타난다. 이런 비타민의 흔한 임상적 증상은 피부병, 설염(혀의 염증성 질병)과 장염, 다양한 신경성 질병(우울, 혼미) 등이다. 정확하게 진단을 내리지 못한 채 치료의 목적으로 비타민을 부정확하게 복용하는 경우가 있는데 특히 사료섭취가 감소되었을 경우 이것을 자주 실시한다. 비타민 첨가를 강조함으로 인해 임상적으로 볼 때 비타민 과잉증이 비타민 결핍증보다 아주 흔하다. 실제적인 식이 비타민 결핍의 경우는 드물다. 이는 비타민이 주로 천연원료로 이용가능하며 각 사료는 비타민이 강화되어 있기 때문이다.

4. 비타민의 활성

사료 가공 및 저장함으로서 비타민의 활성이 떨어지게 된다. 비타민 B_1(티아민), 엽산, A, E 그리고 K가 가장 안정적이지 못하다. 그러나 양질의 사료를 제조하는 회사들은 이러한 비타민 손실을 쉽게 결정 및 예측하여 각 제품에 비타민을 첨가하여 보강한다. 비타민 첨가는 다뇨나 설사, 항생제 또는 항비타민의 섭취가 발생하여 체내 수용성 비타민(B군과 C)의 손실이 증가할 경우에 정상적인 것이다. 항비타민제는 비타민의 이용을 저해하는 물질이다. 이와 같은 것에는 티아미네이즈(thiaminase), 아비딘(avidin), 엽산 길항제, 그리고 혈액응고방지제가 있다. 아비딘은 비오틴과 결합하여 비오틴의 흡수를 저해하는 단백질이다. 이것은 날계란의 흰자(난백)에 존재한다. 노른자위(난황)는 비오틴 함량이 높기 때문에 동시에 날계란 흰자를 섭취하게 되면 아비딘의 영향을 상쇄한다. 또한 흰자를 요리하게 되면 아비딘의 항비타민적 영향을 파괴하게 된다. 혈액응고 방지제 및 그 유도물질 (warfarin, pindone, diphacinone)은 여러 살서제(D-con, prolin 등)의 활성성분이다. 혈액응고 방지제는 비타민 K 의존적 혈액응고 factor가 간장 내에서 합성되는 것을 저해하여 혈액응고 시간을 지연시킨다. Diphenylhydantoin(Dilantin, Primidone), methotrexate 그리고 aminopterin 은 엽산의 대사를 방해한다. 이러한 것들을 개에게 투여하면 드물게 엽산결핍으로 인해 발생하는 거대적아구성 빈혈(megaloblastic anemia)과 관련이 있었다. 티아미네이즈는 특정 천연 어류(빙어, 메기, 청어, 잉어 등)의 내장에 존재하는 효소이다. 이것은 티아민(비타민 B_1)을 파괴한다. 고양이, 밍크, 여우는 다른 동물들보다 많은 티아민을 필요로 하며 가끔 천연 어류를 먹기 때문에 아주 흔하게 티아민 파괴의 영향을 받는 종이다. 가공할 때 과도한 열처리 또는 저장시간 연장 특히 고온고습에서는 사료내 티아민의 결핍이 나타날 수 있다.

5. 지용성 비타민

지용성 비타민은 체내에서 섭취 및 이용될 때 식이지방이라는 존재와 지방의 정상적 흡수에 의존한다. 그리고 지방과 같이 동물체의 조직에 상당량이 저장되고 소변으로 배설되지 않는다.

지방에 용해되는 비타민인 지용성 비타민은 비타민 A, D, E, K의 4종류가 있다.

① 비타민 A

비타민 A는 동물영양과 수의학 분야에서 많은 연구의 주제가 되어왔다. 비타민 A는 정상적인 시력, 성장, 면역계 기능, 번식을 포함하여 동물의 건강에 필요한 많은 기능을 갖고 있다. 개는 비타민 A의 전구물질인 캐로틴(식물공급원)을 효율적으로 이용할 수 있다. 개

에서 비타민 A 결핍의 임상사례는 흔치않다. 이것은 아마도 개가 출시된 사료로부터 충분한 양의 비타민을 이용할 수 있기 때문일 것이다. 또한 동물은 비타민 A를 간에 저장하고, 질병으로 인하여 쇠약할 때 부적절하게 섭취하여 저장했던 비타민 A를 이용할 수 있다.

시판되고 있는 애완동물 사료는 비타민 A를 적정량 함유하고 있다. 비타민 A의 과다 첨가가 동물의 독성을 일으키며 결과적으로 기형의 뼈, 중량감소, 식욕감퇴 그리고 심지어는 죽음을 초래할 수 있다. 독성은 만성 과다섭취가 비타민을 저장하는 간의 보유능력을 초과할 때 또는 단기간 다량복용으로 인해 동물 내 순환하는 비타민을 제거할 수 있는 간의 능력을 초과할 때 발생한다. 독성이 악화되는 것을 막기 위해서라도 전문가가 권고하지 않는다면 비타민을 첨가하면 좋지 않다.

② 비타민 D

비타민 D(콜레칼시페롤)는 비록 비타민이기는 하지만 그것은 또한 호르몬으로 간주되며 체내 칼슘조절과 관련된 3가지 주요 호르몬 중의 하나이다. 그것의 주요기능은 뼈의 미네랄화를 돕는 것이며 장으로부터 칼슘과 인의 흡수를 증가시키는 것이다.

비타민 D는 사료에서 얻을 수 있다. 또한 그것은 햇빛으로부터 나오는 자외선 방사에 피부를 노출할시 전환될 수 있다. 사료내 비타민 D가 적절치 않다면 어린 성장 강아지는 뼈가 미네랄화하지 않고 오히려 부드럽거나 쉽게 부러지는 질병인 구루병이 악화되게 된다. 시판되는 애완동물 사료는 제품 내에 적절한 비타민 D 함량을 제공하고 있다. 그래서 별도로 첨가하는 것은 필요치 않다. 비타민 A와 마찬가지로 간이나 어유는 풍부한 비타민 D의 공급원이며 이러한 첨가물을 높은 수준으로 첨가하여 상업용 사료의 기호성을 높일 때에는 신중함이 요구된다. 과다한 양의 비타민 D가 장기간 급여되면 체내 심장과 신장 같은 연조직의 미네랄화(경도화)를 초래할 수 있다.

③ 비타민 E

비타민 E는 아이를 낳는다는 의미에서 나온 "토코페롤"이라고 하는 화학적 화합물 집단을 말할 때 사용한다. 또한 그것은 생물학적 항산화제로서의 작용이 알려져 있다. 토코페롤은 식물의 기름에서 발견되며 특히 잇꽃과 밀 배아 또는 대두유 같은 씨앗으로부터 얻는 다중 불포화 기름과 함께 발견된다. 사료내 비타민 E 결핍은 몸의 세포벽 또는 세포막에 손상을 줄 수 있다. 비타민 E는 산화로 인한 손상을 최소화하는 항산화제 영양소로서 세포에 다른 영양소들과 함께 작용한다.

몇몇 토코페롤은 체내에서 영양소로서 다른 것들보다 활성이 높다. α 형태의 비타민이 영양소로서 가장 활성이 강하며 그것은 애완동물 사료에 동물의 식이요구량을 충족시키기 위해 첨가되는 화합물이다. 비타민 E가 방부제로서 사용될 때 몇 가지 형태의 토코페롤 혼합물이 사료내 지방의 산화방지를 위해 첨가된다. 사료의 지방 산화를 막는데 가장 효과적인 토코페롤 형태는 생물학적 활성이 낮아서 사료의 영양소 함량의 일부로 간주되지 않는다. 동물에게서 비타민 E의 경구투여로 인한 독성이 알려져 있지는 않다. 양질의 상업용 개사료는 동물의 식이요구를 충족하기 위해 이 비타민을 적정량 함유하고 있다.

④ 비타민 K

비타민 K는 발견된 4가지의 지용성 비타민 중 맨 나중에 발견된 것이다. 사료내 가장 흔한 비타민 K 형태는 Menadione과 Phylloquinone라고 하는 것이며 이것은 녹색잎 식물과 채소로부터 얻을 수 있다. 이 비타민의 주요작용은 혈액 내 응고물질로 알려져 있다. 비타민 K의 식이요구량이 아주 낮으므로 천연 또는 자연적인 결핍은 개에게서 보고된 적이 없다. 시판되는 애완동물 사료는 사료제품에 별도로 첨가가 필요 없는 적정량의 비타민 K를 제공한다.

6. 수용성 비타민

수용성 비타민은 지방의 흡수에 아무영향을 받지 않으며, 단순히 흡수를 위해 수분이라는 존재에 의존한다. 모든 비타민 B군은(비타민 B_{12}제외) 동물체내에 저장이 안되며 과잉섭취시 소변으로 배출된다.

수용성 비타민은 비타민 C와 비타민 B 복합체로 나눌 수 있으며 수분에 용해 가능하다.

① 비타민 C(아스코르빈산)

이 비타민은 수용성 비타민으로 모든 동물의 체내에서 콜라겐의 합성 및 생산을 포함한 중요한 대사작용을 한다. 모든 동물에 필수적인 영양소로 괴혈병의 치료에 도움이 되며 산화방지를 위한 항산화제로서도 사용된다.

② 수용성 비타민 B 복합체

이 비타민은 원래 비타민 B_1, B_2, B_6, B_{12} 그리고 다음에 열거한 기타의 것들로 분리되어 있다. 이 비타민은 일일당 사료에 소량이 요구되며 체내 여러 중요기능에 필수적이다. 비록 이 영양소들이 그들 자체가 에너지를 제공하지는 못하지만 체내 에너지를 공급하는 단백질, 탄수화물, 지방의 대사에 중요하다. 지용성 비타민과 달리 비타민 B는 체내 저장이 안 되며 날마다 섭취해야 한다. 이 비타민들 중 어느 하나가 결핍되는 경우는 상업용 사료를 급여한 건강한 개에게서는 극히 드물다.

아마 적절하게 배합 및 균형을 맞추지 않은 가정에서 만든 먹이를 급여한 동물에게서 1개 이상의 비타민 B 복합체의 결핍상태가 발생할 수 있다. 결핍 증상들로는 식욕감소, 성장지연, 쇠약, 체중감소 그리고 심지어 사망에 이르는 것 등이다. 상업용 개사료는 개의 사료제품에 적절한 양의 모든 수용성 비타민 B를 제공하므로 별도의 첨가가 굳이 필요하지는 않다. 수용성 비타민 B군은 티아민(B_1), 나이아신, 리보플라빈(B_2), 판토텐산, 피리독신(B_6), 비오틴, 비타민(B_{12}), 코린, 엽산, 이노시톨 등이다.

표 2-7. 비타민의 특징과 결핍 및 과다증

구 분		특 징	결핍 및 과다증
수 용 성 비 타 민	C	모든 동물의 필수영양소. 출혈 및 괴혈병방지 항산화제. 주공급원: 신선한 과일 및 채소	결핍 : 철 흡수에 지장을 주어 빈혈발생 출혈 및 세균침투 등으로 인한 질병감염 증가
	B_1	탄수화물의 에너지 발생반응에 필수 열에 약해 요리 중 쉽게 파괴됨 효모가 가장 좋은 공급원	결핍 : 각기병이나 다발성 신경염 식욕감소로 인한 성장지연
	B_2	여러 효소의 조효소로 작용. 열에 강한 성장인자 신체내 산화환원반응에 중요한 역할 효모, 우유, 계란, 간 등이 좋은 공급원임	결핍 : 구강염증. 거친피부. 각막염 등 눈병발생
	B_6	단백질 대사 관여효소의 조효소로 작용 리놀산으로부터 아라키돈산 합성시에 필요 피부병 치료에 효과	과다 : 태아의 척추발육 저해 및 모체의 심한경련
	B_{12}	항악성빈혈 인자. 검붉은 결정으로 열에 안전하나 PH9 이상에서 가열시 급속히 파괴됨	결핍 : 악성빈혈증 발생
	나이아신	조효소의 구성성분. 흑설병 치료에 관여	결핍 : 흑설병 유발. 피부병 및 식욕감퇴
	판토텐산	동식물계에 널리분포 조효소 A의 구성성분	결핍 : 성장 및 번식장애. 피부병 소화기, 신경계 장애
	바이오틴	효모성장에 필요한 필수인자 계란난백의 avidin과 결합하여 결핍증 유발	결핍 : 피부병. 탈모. 성장감퇴
	콜린	체내에서 부분적으로 합성됨. 지방에 함유 지방간 방지에 효과가 있는 lecithin 구성성분	
	엽산	항빈혈성 인자. 주공급원: 푸른잎과 내장육	결핍 : 빈혈증 유발 과다 : 신경과민. 불안. 식욕부진
	이노시톨	식물체중 피틴태로 함유. 생쥐의 탈모증 치료	
지 용 성 비 타 민	A	일반적으로 연한 황색을 띰. 자외선에 파괴됨 식물체에는 전구물질인 carotened이 함유됨	결핍 : 야맹증. 피부병 및 안질 과다 : 골조직의 이상대사
	D	햇볕의 자외선에 의해 provitamin D로부터 합성됨 칼슘 및 인의 흡수증진. 골격의 석회화	결핍 : 구루병 및 골연화증 과다 : 혈중 칼슘과다 및 여러 조직세포에 칼슘염이 다량 축적되어 중독증 발생
	E	생체내 항산화제. 비타민 C 합성 번식활동 촉진. 공급원: 난황 및 곡류배아	결핍 : 근육위축증
	K	단백질 합성에 요구됨. 과다출혈방지위해 수술 전후에 사용. 푸른잎을 가진 식물조직에 풍부	과다 : 신생아에게 트롬빈과다증 성인에게 순환기 장애

에너지 대사

I. 서론

에너지란 생명체가 생활을 영위해나가기 위해서 가지고 있는 힘을 말한다. 에너지는 영양소는 아니지만 동물은 에너지가 요구되며 식이 탄수화물, 단백질, 지방을 섭취함으로서 그 요구량을 충족시키게 된다. 에너지란 정적인 것이 아니고 동적인 것이다. 모든 살아있는 생명체는 태양으로부터 에너지를 얻는다. 열역학 제 1법칙이 말해주듯이 에너지는 하나의 형태에서 다른 형태로 변화될 뿐이지 만들어지지도 소멸되지도 않는다. 태양에너지는 식물에 의해서 이용되는데 이 에너지는 광합성을 통해서 식물체에 에너지 영양소(탄수화물, 지방, 단백질)로 저장된다. 하등동물에서 고등동물로 올라갈수록 처음에는 식물을 그리고 점차로 식물이나 하등동물을 섭취한 다른 동물들을 섭취하고 여기에서 생활을 유지해 나갈 수 있는 에너지를 얻게 된다. 물질대사는 에너지를 주고받는 현상을 통해서 이루어진다.

표 3-1. 에너지 공급 영양소의 화학적 조성과 대사 최종산물

영양소	구성형태	최종 대사산물
탄수화물 (Carbohydrate)	당+당 (α결합, β결합, α 또는 β결합)	이산화탄소 물
지방 (Fat)	·지방산+글리세롤 (에스테르 결합)	이산화탄소 물
단백질 (Protein)	아미노산+아미노산 (펩타이드 결합)	이산화탄소 물 암모니아

개와 고양이 영양학

II 세포내 에너지 대사

1. 에너지의 합성과 이용

에너지를 제공하는 영양소는 탄수화물, 지방, 단백질이다(표 3-1). 수분을 제외하고 식이에 너지는 영양에 있어서 가장 고려해야 할 중요한 항목이다. 식물체내 에너지 영양소는 소화 및 흡수되어 개개의 체내세포로 수송된다. 이러한 세포들에서 영양소 내에 저장된 에너지는 고에너지 인산화합물(즉, 아데노신삼인산; ATP)과 열로 전환된다. 개개의 세포들은 각 이온의 공급이나 분자합성을 통해서 또는 신축성 있는 단백질을 활성화시켜 이러한 화합물로부터 나온 에너지를 이용할 수 있다. 이 세 가지 과정(그리고 열량생산)이 동물에 의한 전체 에너지 소비라고 할 수 있다.

2. 에너지의 측정

에너지는 측정하기 어려운 용적 내지 부피를 갖고 있다. 그러나 이것은 열로 전환될 수 있는데 이 열은 측정이 가능하다. 사료내 이용 가능한 에너지는 봄 칼로리미터(bomb calorimeter) 내에서 완전 연소나 샘플시료를 태우거나(영양소 산화) 생산된 열을 측정함으로서 결정할 수 있다. 다시 말해 영양소의 산화작용을 통해서 측정 가능하다. 연소열이라 불리는 생성된 열은 사료의 총 에너지 함량을 나타낸다.

에너지는 칼로리로 측정되며 물 1ml의 온도를 14.5℃에서 15.5℃로 끌어올리는데 요구되는 열량을 1칼로리(cal)로서 정의할 수 있다. 이 열량은 아주 작기 때문에 에너지 요구량과 사료의 에너지 함량은 kcal로 말하는 것이 일반적이다(1000cal=1kcal).

칼로리라는 용어는 흔히 에너지의 양을 1kcal로 일컫는데 사용된다. 에너지는 생명체 대부분의 사료섭취량을 조절하는 중요한 요인이다. 에너지는 또한 정상 체온을 유지하기 위한 열량을 제공한다.

이미 언급했듯이 1kcal(kcalorie, kcal 또는 calorie)는 1,000calories에 해당하며 영양에서 칼로리(cal)라는 용어의 사용은 kcal를 말하는데 때때로, Mcal(therm 또는 Joule)라는 말이 사용되기도 한다. 1메가칼로리(Mcal)와 1열(therm)은 1000cal에 해당하며 1kcal는 4,186Joule에 해당한다.

3. 에너지와 영양소

표 3-1에서 보듯이 동물은 사료내의 총 에너지 전부를 사용할 수는 없다. 그 중 얼마는 분변과 오줌과 발효기간 중 발생한 연소 gas로 잃게 된다. 단지 잔열(남아있는 에너지 'net energy'라고 함)만이 유지와 생산(노동, 성장, 분만, 수유)에 이용이 가능하다. 정미에너지(net energy)는 먼저 유지에 사용된다. 만약 부가적으로 에너지가 이용가능하면 생산이 일어날 수 있다. 사료의 기호성에 동물이 최초 적응한 후 소비되는 사료의 평균함량은 동물의 에너지 요구를 충족시키는데 필요한 양이 될 것이다. 그러므로 동물은 사료의 에너지 농도에 비례하여 균형을 맞추게 되고 적절한 비에너지 영양소를 보완하게 될 것이다. 따라서 소비되는 사료의 양이 동물의 에너지 요구를 충족시킬 때 비영양소 요구량이 자동적으로 충족된다. 그러나 사료의 에너지 농도가 부족하면 사료섭취에 위장용량의 한계를 드러낼 것이다. 이런 경우 사료는 부피제한(bulk limited)이라고 하며 사료의 소비량은 위장이 수용할 수 있는 사료의 부피와 양에 한계가 있게 된다. 만약 비에너지 영양소가 부피제한 사료의 에너지 농도에 맞추어 균형을 유지한다면 모든 영양소의 결핍이 발생하게 된다. 이것은 흔히 성장기와 수유기에 질이 좋지 않은 저에너지 사료 또는 유지용 배합사료를 급여할 때 발생하게 된다. 동물은 에너지 요구량을 충족시키고자 다량의 사료를 소비한다. 결과적으로 이런 사료를 소비하는 강아지와 어린고양이는 팽창된 복부를 갖게 되며 저성장과 골격근육 조직의 발달에 있어 부진한 성장을 나타낸다. 수유견의 경우는 체중이 줄어들며 부적당한 유량을 생산하여 성장저하 심지어 신생자견의 사망을 초래하게 된다. 비만을 막거나 조절하기 위해 만들어진 특정사료는 에너지 영양소에 있어 부피제한이 되도록 디자인된다. 그러나 비에너지 영양소의 경우는 다르다. 에너지 요구량을 충족시키기 위한 충분한 양의 사료를 동물이 소비할 수 있을 만큼 사료의 에너지 농도가 높을 때 소비되는 사료량을 결정하는 주요인은 사료의 에너지 농도이다. 이러한 형태의 사료를 에너지 제한(energy limiting)이라 부른다. 다량의 지방이나 탄수화물을 첨가해 이미 균형을 맞춘 사료의 에너지 농도를 증가시킴으로써 비에너지 영양소의 결핍을 초래할 수 있다. 이것은 보통 동물이 에너지 요구가 충족된 뒤 먹기를 멈추기 때문에 발생한다. 사료가 딱 맞게 균형이 맞아떨어진다면 동물의 에너지 요구 충족에 필요한 양을 급여시 필요한 모든 영양소의 적당량이 제공되는 것이다. 사료 급여량은 동물의 에너지 요구량을 사료의 에너지 농도로 나눔으로써 구할 수 있다.

사료의 에너지 함량은 여러 가지 방법으로 측정하게 되는데 이것을 다음과 같이 간단히 정리해볼 수 있다.

    G.E(Gross Energy) = 총에너지(봄 칼로리미터에 의해 측정한 사료의 함량)
    D.E(Digestible Energy) = G.E - 변 중의 에너지
    M.E(Metabolizable Energy) = D.E - 소변 중 에너지

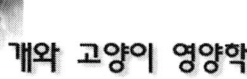
개와 고양이 영양학

사료의 G.E 함량은 사료를 최종 산화산물로까지 완전히 태움으로서 결정된다.

발산된 열은 사료의 G.E라고 생각할 수 있다. 사료의 D.E 함량은 동물이 흡수할 수 있는 사료의 에너지 함량이다. 사료의 M.E 함량은 동물이 실제로 이용하는 사료의 에너지 함량을 나타낸다. 애완동물 사료의 에너지 함량이 포장에 씌어져 있다면 그것은 일반적으로 M.E를 의미하는 것이다.

4. 개의 칼로리 요구량에 미치는 요인

여기서 개의 경우 칼로리의 요구량에 미치는 영향으로는 어떤 것이 있는가 생각해보자.

① 품종

전형적으로 개는 성장하고 나서의 체중이 출생 시 체중보다 30배 정도나 크다. 소형 견종은 완전히 성장했을 때 체중이 약 10kg 이하인 개를 말한다. 그리고 중형 견종은 완전 성장했을 때 체중이 10~25kg 정도인 성견을 말한다. 한편 대형 견종은 완전히 성장했을 때 20~50kg, 초대형 견종은 완전히 성장했을 때 체중이 50kg 이상까지 성장한다. 빨리 성장하는 대형 견종의 경우는 소형 견종보다 체중 kg당 더 적은양의 사료가 필요하다. 에너지 요구량과 몸의 크기의 측면에서 볼 때 보통 개의 에너지 표준은 체중으로 체계화 할 수가 있다. 개개의 동물은 이러한 표준이 아주 다양할 수 있다. 완전히 성장했을 때 체중이 10kg 이하인 개는 일일 체중 kg당 약 100kcal의 대사에너지(ME)가 필요하다.

② 생리상태

성장한 개에 비교해 볼 때 성장하고 있는 강아지는 kg당 몇 배 이상의 에너지를 필요로 한다. 강아지가 성견으로 성장해감에 따라 유지에 필요한 칼로리 요구량은 감소된다. 번식 중인 암컷 견의 경우 임신말기 및 비유초기 칼로리 요구량은 성견 유지요구량의 2~4배 클 수 있다.

③ 주위환경 및 활동량

일반적으로 야외에서 거주하는 개나 극한의 기후(뜨겁거나 차가운 온도)에서 생활하는 경우가 많은 개는 칼로리 요구량이 변한다. 뜨거운 날씨에서는 에너지 요구량이 감소하며 사료섭취 요구량은 줄어든다. 반대로 추운기후에서 에너지 요구량은 체온유지를 위해 증가하며 더 많은 사료섭취가 요구된다. 신체의 상태를 조절할 때 그리고 중노동 기간에 각각의 에너지 요구량은 유지시 요구량 이상으로 증가하게 될 것이다. 고되게 일하는 개는 훈련 및 사역기간동안에 체중 kg당 에너지 섭취가 더 많이 요구된다. 동물이 훈련 및 노동을 하지 않을 때는 높은 칼로리 요구량이 필요치 않으며 유지형태의 사료를 급여하면 된다. 개가 훈련 및 노동을 하지 않는데 칼로리와 농도가 높은 영양소를 공급하고도 만약 급여량

을 적절히 조정하지 않을 경우 과다한 증체를 초래할 수 있다.

에너지는 모든 신체과정에 필요하므로 동물은 자신의 에너지 요구를 충족시키기 위해서 사료를 섭취하게 되는 것이다. 결과적으로 모든 영양소 섭취는 사료내 존재하는 에너지 함량에 의해 영향을 받게 된다. 일반적으로 사료내 에너지 함량은 동물이 섭취하는 사료의 양을 제한하게 된다.

표 3-2. 영양상 에너지 분류

1. 총에너지(Gross Energy)
    사료가 완전연소(산화)함으로 생성된 열을 말한다.
2. 가소화 에너지(Digestible Energy)
    총에너지에서 분변 중으로 소실된 에너지를 빼면 가소화에너지가 된다.
3. 대사에너지(Metabolizable Energy)
    가소화에너지에서 오줌으로 소실된 에너지를 빼면 대사에너지가 된다.
    반추동물의 경우에는 주로 소화관에서 소실되는 메탄과 같은 가스를 빼면 된다.
4. 정미 에너지(Net Energy)
    ① 대사에너지에서 사료를 소화, 흡수 및 이용할 때 열로 소실된 에너지를 빼야 하며 이것은 열 증가 또는 사료의 특이동적작용이라고 한다.
    ② 정미 에너지는 유지를 위한 정미에너지와 생산을 위한 정미에너지로 구분한다.
    ③ 유지 정미에너지
    ④ 생산 정미에너지 : 생산(성장, 수유, 번식, 육체활동)은 유지에 사용된 후에도 정미에너지가 존재할 경우만 일어난다.

 에너지 요구량 결정

기초 에너지 요구량(BER : Basal Energy Requirement)은 체표면적 평방미터당 거의 1000kcal이다. 동물이 작으면 작을수록 단위 체중당 체표면적은 크다. 따라서 동물이 작으면 작을수록 단위 체중당 열손실과 BER은 더 크다. 단위체중당 표면적의 차이는 각 견종들 간에 아주 다양하다. 체중이 2.5kg인 개는 체중이 50kg인 개보다 kilogram당 300% 더 많은 표면적을 가지고 있다. 표면적을 결정하는데 있어서는 체중을 표면적으로 전환하는 표를 사용할 필요가 있다. 또는 체중과 신장 측정을 이용한 다소 비실용적인 방법을 사용할 필요가 있다. 그러나 체표면적은 체중(kg)의 0.75승과 깊은 관계가 있는데 그것을 대사 체장(metabolic body size)이라고 한다. 기초 대사율은 약 70(대사 kcal/day/kg) 즉, 70(Wtkg)이다. 비록 이 배합이 종 상호간의 BER 값을 합리적으로 제공해 주기는 하지만 개와 같이 체격의 변동이 큰 개체의 종들 내에서는 정확도가 떨어진다는 것을 알 수 있다. 또한 분수 멱지수는 사용하기에 불편하다. 보다 정확하고 사용하기 간편한 것으로 보이는 선형방정식이 나오게 되었다. 이 새로운 식을 이용할 경우, 예를들면 체중이 2kg 이상 나가는 개와 고양이에게 있어서 BER=30Wtkg+70이다.

이 방정식은 개의 MER(유지에너지요구량: Maintenance Energy Requirement)을 결정하기 위한 배합으로부터 나왔으며 여기서 개의 MER = 62.2Wtkg + 144.4이다. 개의 BER이 MER의 반이므로 BER = 31.1Wtkg + 72.2이며 또는 BER = 30Wtkg + 70으로 간단하게 표현할 수 있다. 이 식이 보통크기(2.7~5.0kg)의 가정용 고양이에 적용하면 50kcal/kg/day의 BER에 대한 평균값이 얻어진다(간접열량측정법으로 구하면 52.2kcal/kg/day의 값이 얻어진다).

표 3-3. 사료의 칼로리 농도와 섭취량 및 에너지 수준과의 관계

사료의 칼로리 농도수준(kcal/kg)	사료 섭취량	에너지 수준	비 고
낮을 경우	증가수준이 높음	한정된 위장의 용적으로 에너지 충족의 어려움	· 부피제한사료
높을 경우	일정량 섭취후 중지	위장의 수용량 포화이전에 에너지 충족가능	· 에너지 제한사료 · 기호성이 높을 경우 비만초래

다 자란 가정용 고양이의 체중은 거의 변동이 없기 때문에 고양이의 BER은 단순히 대사에너지 50 kcal/kg/day에 해당하는 것으로 생각된다. 아프거나 상처난 정상이 아닌 고양이의 에너지 요구량은 BER의 기능에 해당하는데 이는 이러한 동물들은 보통 열적중성 상태에서 또 실내 케이지에서 휴식하고 있기 때문이다. 질병에 대한 대사 부담을 제외하면 이러한 동물들은 거의 기초수준으로 에너지 소비를 하게 된다. 그러나 외과수술과 외상, 패혈증, 화상, 다양한 높은 대사는 BER이 어느정도는 증가된다. 이와 대조적으로 체중조절이나 성장과 분만, 수유, 스트레스, 여러 신체활동수준과 같은 다양한 생리상태에 대한 에너지 요구량은 유지에너지 요구량과 더 밀접하게 관련되어 있으며 따라서 MER로부터 얻어낼 수 있다.

제3장 에너지 대사

Ⅳ 사료 에너지 농도 결정

1. 에너지 단위의 의미

상업용 동물사료 규제를 담당하는 주요 기관들은 "사료의 에너지 함량은 대사에너지로 해야한다"고 지적한다. 그러나 애완용 사료는 에너지 함량을 굳이 언급할 필요는 없으며 이 성분은 일반적으로 유용하지가 못하다. 에너지 함량이 표시된다 하더라도 그것은 대사에너지 단위에서 표시되는 것은 아니다. 동물의 에너지 요구량을 동일한 단위로 표현한다면 특정한 에너지 단위가 급여량을 결정하는데 사용될 수 있다. 그러나 에너지를 표현하는 용어(총, 가소화, 대사, 정미에너지)가 제공되지 않은 제품정보를 사용해서는 안 된다. 만약 동물의 에너지 요구량이 대사에너지로서 결정되었고 사료의 칼로리 농도가 가소화 에너지로서 보고되었다면 대사에너지 함량을 평가할 수 있다.

2. 에너지 단위의 구분

사료의 단백질 함량이 더 높을수록 가소화에너지 함량과 대사에너지 함량 사이의 차이는 더 크다. 이것은 오줌을 통해 요소로서 손실되는 에너지 때문이다. 연소가스 생산에 의한 에너지 손실은 개와 고양이의 경우 무시해도 될 만한 양이다. 만약 사료의 칼로리 농도를 알 수 없다면 다음 공식을 사용하여 계산할 수 있다.

> 칼로리 농도 = 각 영양소에 의해 제공된 에너지 × 사료내 각 영양소 함량

단백질, 지방 또는 탄수화물이 완전히 산화되면 발생된 총 칼로리는 5.65, 9.4 그리고 4.15kcal/g이다. 그러나 소화되고 흡수되어 보유중인 이 에너지 영양소들의 일부분만이 대사에 이용 가능하다. 단백질이 에너지로 이용될 때 구성성분인 아미노산이 탈아미노화되고 암모니아가 간에서 이산화탄소와 결합되어 요소를 형성한다. 이 요소는 오줌으로 배설된다. 요소는 g당 총 5.4kcal의 총 에너지를 함유하고 있다. 이것은 단백질 에너지를 g당 5.65kcal에서 4.4kcal로 감소시킨다. 뇨(오줌) 에너지 손실이 원인이 될 경우 각 에너지 영양소가 제공하는 대사에너지가 이용 가능한 영양소 총 에너지이다.

일반적으로 각 영양소들의 정확한 소화율은 알려져 있지 않으며 먼저 소화율에 대한 평가가 이루어져야 한다. 단백질의 소화율은 91%이고 지방과 가용성 탄수화물의 소화율은

96%일 때 이 영양소들은 각각 흔히 사용하는 수치인 4, 9, 4 kcal/g의 대사에너지를 제공한다. 이 수치는 특정 음식을 섭취하는 사람에겐 정확한 수치다. 그러나 개와 고양이에 의해 소비되는 일반적인 품질의 애완용 사료에 있어서 에너지 영양소들의 소화율은 더 낮다.

각 영양소에 의해 공급되는 대사에너지 함량을 결정하기 위해서는 적절한 소화 factor를 사료내 에너지 영양소 함량에 곱해야 한다. 이러한 모든 제품들이 사료의 에너지 농도를 제시하고 있다.

표 3-4. 애완사료의 칼로리 농도 계산

영양소 종류	함량(%)	대사 에너지 영양소(kcal/g)	대사 에너지 사료(kcal/g)	비고
단백질(Protein)	30	4	1.2	※주의 ① 대사에너지는 편의상 탄수화물, 지방, 단백질을 각각 4, 9, 4kcal/g으로 계산하였음 ② 애완용 사료의 경우 사람이 먹는 음식보다 소화율이 낮다고 볼 때 대사에너지는 4, 9, 4kcal/g보다 낮을 것이다. ③ 가용탄수화물은 라벨규정상 일반적으로 표시하지 않으나 에너지를 계산할 경우 100에서 나머지 영양소들을 합한 값을 빼면 된다. ④ 만약 사료 100g당 ME를 구하고 싶으면 사료의 ME(kcal/g)에 100을 곱하면 된다
지방(Fat)	20	9	1.8	
섬유소(Fiber)	5	0	0	
수분(Moisture)	10	0	0	
회분(Ash)	4	0	0	
가용탄수화물(Nitrogen free extract)	31	4	1.24	
합계		-	4.24	

3. 성분분석과 라벨보증 수치

사료 영양소 함량을 결정하는 것은 실험실 분석을 통해서 가능하다. 어떤 사료 제조사들은 함량분석 정보를 제공한다. 또는 회사 실험실에서 사료샘플을 분석할 수가 있다. 만약 주어진 사료분석이 여의치 않다면 모든 애완용 사료 라벨의 규정에 필요한 보증 성분분석이 이용될 수 있다. 그러나 보증분석이 사료의 실제 분석과 똑같지는 않다. 단지 보증분석은 사료가 특정성분을 최소한 또는 최대한의 함량을 포함하고 있음을 나타낸다. 때때로 라벨보증이 제대로 이루어지지 않는다. 만약 라벨상의 보증 성분분석을 에너지 농도 계산에 이용한다면, 애완용 캔사료에는 최종 에너지 농도에 1.2를 곱하며 반습식과 건사료에는 1.1을 곱한다. 일반적으로 이 요인들은 수많은 수입사료의 라벨보증서상 칼로리 농도와 실험실분석 비교를 통하여 얻을 수가 있다. 이 factor들을 통해 보증 성분 분석상 계산한 에너지 농도의 정확도를 높일 수 있을 것이다. 왜냐면 애완용 사료는 일반적으로 라벨에 표시되어 있는 것보다 더 많은 단백질과 지방 그리고 더 낮은 수분, 섬유소, 그리고 회분을

제3장 에너지 대사

함유하고 있기 때문이다. 원료성분을 이런 식으로 표시하는 것은 제품이 라벨 보증을 충족시킨다는 것을 보증하기 위해서인 것이다.

V 사료 복용량 결정

사료 복용량을 계산하는 데에는 일반적으로 4단계를 고려해야 한다.

① 환축에 필요한 기초 대사율(BER)과 기타 다른 동물에 필요한 유지에너지 요구량(MER)을 계산한다.
② 평가된 에너지 요구량을 결정하기 위해 BER이나 MER을 적정한 factor로 곱한다.
③ 급여할 사료를 선택하여 에너지 농도를 결정한다.
④ 일일 사료 복용량을 얻기 위해 평가된 에너지 요구량을 사료의 에너지 농도로 나눈다.

급여하고자 하는 함량 평가의 샘플계산이 표 3-5에 나와 있다.

사료의 복용량을 평가할 수 있다 하더라도 사료의 이용효율은 개체에 따라 다양한데 그 이유는 생리적 온도, 생체활성 수준, 체형, 모질이 갈라지는 정도 그리고 외부환경의 차이 때문이다. 환경상태와 육체활동이 비슷할 때조차도 개체에 따라서 다양하다. 케이지나 비슷한 환경 여건 하에서 자란 성숙한 비번식견 및 고양이가 소비하는 식이 에너지 함량 조사에서 평균 소비에너지를 100%로 맞출 경우 개 120마리 중 95%에서 식이에너지 함량이 65%부터 135%까지 다양했다고 한다. 또한 76마리의 고양이중 95%에서 식이 에너지 함량은 61~139%까지 다양했다고 한다. 심지어 비슷한 환경조건 하에서도 유지를 위한 개와 고양이 사료요구량은 케이지 사육이나 비슷한 사양 조건에서 3배나 다양하다. 극단적인 경우는 배제하더라도 요구량은 두 배 이상이나 다양하다.

그러므로 계산한 사료 복용량은 추정치 혹은 복용 개시 시나 단기간에 며칠간 급여할 양으로서 생각해야 한다. 먼저 추정치로 시작하고 적정한 체형을 만들기 위해서 급여할 양을 조정해야 한다. 적정한 상태란 갈비뼈를 볼 수는 없지만 만져서 쉽게 느낄 수 있는 때이다. 빨리 성장하는 강아지는 보통 어느 정도 여위어 보인다. 그러나 비만고양이들은 표피과다나 복부지방이 축적되는 경향이 있다.

표 3-5. 사료의 급여량 계산

연습) 체중이 10kg이고 일일 필요한 유지에너지가(일일 체중 1kg당) 40kcal이며 성장중인 (요구량 증가 factor = 1.5) 5개월령된 강아지가 있다. 이 강아지에게 사료를 급여한다면 사료 급여량은 얼마나 되겠는가? 또 한 컵당 사료의 에너지 농도가 200kcal인 컵으로 급여한다면 급여할 컵의 부피는 얼마이겠는가?

풀이) ① 개의 체중에 유지에너지를 곱한다.
  10kg × 40kcal = 400kcal
② ①에 요구량 증가 factor 1.5를 곱한다.
  400kcal × 1.5 = 600kcal(급여해야 할 사료의 에너지농도)
③ 에너지 요구량을 사료의 에너지 농도로 나눈다.
  600kcal/200kcal = 3컵

문제) 체중이 3kg이고 일일 필요한 유지에너지가 25kcal이며 성장단계가 유지중(요구량 증가 factor=1)에 있는 고양이가 있다고 할 때 이 고양이에게 사료를 급여한다면 사료급여량은 얼마인가?
또 한 컵당 사료에너지 농도가 100kcal인 컵으로 급여시 급여할 컵의 양은 얼마인가?

에너지 불균형

성장하고 있는 강아지의 만성적 에너지 과다섭취는 대사성 뼈 질환의 악화에 대한 우려를 높일 수 있다. 또는 비만에 빨리 노출될 수 있다. 성견 및 고양이에 의한 과다 에너지 섭취는 비만을 일으킬 수 있다. 부적당한 에너지 섭취로 인해 보통 비에너지 영양소의 불충분한 섭취가 따르게 된다. 부적당한 에너지 섭취는 수유나 기타 높은 에너지가 필요한 기간에 아주 흔히 일어난다. 이와 같은 현상은 환축에서 흔하게 나타나며 만약 치료하지 않으면 질병이나 상처로부터의 회복을 지연시킬 수 있다.

개의 식이와 보살핌
(Dogs-Feeding and Care)

I. 서론

최상의 건강상태, 그리고 최대한의 수명과 번식을 위하여, 개는 그 생애를 통하여 알맞은 식이를 하며 보살펴져야 한다. 적당한 식이를 위해서는 영양학적인 기초적 이해, 이용 가능한 음식에 대한 지식, 그리고 생활사에 따른 다양한 생태에 맞는 적당한 식이관리의 적용이 필요하다.

영양학적인 요구, 권장되는 식이관리 프로그램, 그리고 일반적인 보살핌은 삶의 다양한 상황에 따라 다를 수 있으며 그리고 유지, 임신, 비유, 이유전후, 고아된 어린동물, 무기력, 노령, 신체적 쇠약, 심리적 스트레스 및 환경적 어려움을 포함하는 다양한 상황과 기능에 대해 다룰 수 있다. 이러한 각각의 상황 속에서 먹이의 종류와 영양학적 필요를 충족시키며 최상의 건강을 유지시키기 위한 식이방법과 식이에 직접적으로 관련하여 강아지를 돌보는 것뿐만 아니라 반려동물의 건강을 최상으로 유지시키기 위한 식이에 대해서도 이 장에서 다루고 있다.

II. 사료의 공급방법

세 가지의 사료공급 방법이 있다.
① 자유로운 급여(자유로운 선택에 따른 스스로의 식이형태)방법
② 시간 제한적 급여방법
③ 사료 제한적 급여방법

개와 고양이 영양학

자유로운 급여방법은 동물이 필요로 하는 것보다 많은 양의 음식을 주어 동물들이 필요로 할 때는 언제라도 먹고 싶은 만큼 먹을 수 있도록 하는 것이다. 시간 제한적 급식방법에서는 제한된 시간 내(일반적으로 5~30분)에 동물이 필요로 하는 양 이상의 충분한 사료를 제공하게 된다. 사료 제한적 급여방법은 동물이 사료를 제한하지 않을 때 먹을 수 있는 양보다 적은 양을 공급받게 된다. 두 종류의 사료공급 방법을 하루에 한 차례 혹은 그 이상에 걸쳐서 특정 횟수로 반복하게 된다.

각각의 사료공급 방법에는 장단점이 있다. 자유로운 급식방법의 주요 장점은 최소한의 노력과 생각 그리고 지식이 필요하다는 것이다. 언제나 신선한 사료를 이용할 수 있도록 하는 것이 매우 중요하다.

자유로운 급여방법은 또한 여러 다른 장점을 가지고 있다.

① 사료를 찾는 개의 울음소리를 잠재울 수 있다.
② 식분증을 억제할 수 있다.
③ 집단적 식이를 하는 경우, 섭식 경쟁에서 밀리는 개체도 충분한 섭취를 할 수 있다.

이러한 장점에도 불구하고 자유로운 급식방법은 몇몇의 단점이 있다. 만일 개가 식욕이 저하되었더라도 몇 일간 그런 증상을 발견하기가 어려운데, 두 마리 이상을 사육하는 경우에는 더 더욱이 어렵다. 반대로 음식이 언제나 충만해 있다면 몇몇 개(고양이)들은 과식을 하게 될 것이고 이로 인해 비만해지게 된다. 비만인 동물은 최상의 체중유지를 위해 필요한 양이 얼마이든 간에 고섬유 저칼로리성 식이를 하여야 한다. 고섬유저칼로리성 사료는 장관 내 포만감을 충족시키지만 저칼로리를 제공한다. 위장관내의 포만감은 중요한 만족 요소이다. 이러한 사료들은 동물들이 너무 많은 칼로리를 섭취하기 전에 위장관의 포만감이 발생하도록 하여 그들이 필요로 하는 에너지 요구량 이상을 섭취하지 못하도록 고안된 것이다. 자유로운 급식방법에 의해 사육되는 개의 개별적 식이 습관은 매우 다양할 수 있다. 어떤 개체는 소량의 사료를 하루에 여러 차례에 걸쳐 섭식하는 반면 어떤 개체들은 하루에 한번 또는 그보다 적은 횟수로 다량의 사료를 섭취한다.

성장, 비유, 스트레스, 격한 노동과 같이 증가된 칼로리가 요구되는 기간동안, 건사료로서 파운드당 1500kcal 이하의 대사성 에너지를 제공하는 사료는 일반적으로 용적 제한적 사료이다. 더 높은 칼로리를 함유하고 있는 사료라 할지라도 신체적 그리고 또는 정신적 스트레스의 정도에 따른 상황 속에서 용적 제한적 사료가 될 수 있다. 이러한 일이 발생했을 때, 개가 필요로 하는 에너지 요구량을 충족시키기 위한 충분한 사료를 섭취할 수 없다. 결과적으로 에너지 고갈로 인한 운동저하와 체중감소가 나타난다. 반대로 만일 에너지

함유량이 많고 기호성이 좋은 사료(전형적인 자견 사료처럼)로서 자유 급식의 형태로 사육된다면 몇몇 강아지들은 과식을 하게 될 테고 비만하게 될 것이다. 성장기에서의 비만은 평생에 걸친 비만의 소인이 되기 쉽다. 대형종의 자견에서 과식은 골격 질환 유발의 소인이 높다. 비록 많은 자견들이 이러한 문제를 유발하지 않은 채, 자유로운 급식의 형태로 사육되고 있을 지라도, 성견으로서의 체중의 90%정도 도달하기 전까지 가급적 자유로운 급식 방법을 사용하지 않는 것이 안전하다. 대신에 시간 제한적 급식방법이 권장된다.

자유급식의 방법으로 사육을 시작할 때 처음에는 통상적으로 사용되는 양을 급여하라. 급여한 사료가 모두 소진되고 개가 어느 정도 만족감을 나타내면 자유급식 방법을 위해 고안된 사료를 공급하라. 이러한 절차는 자유로운 급식방법에 익숙지 않은 개의 폭식을 방지하는데 도움이 된다. 비록 자유로운 급식 방법에 익숙하지 않은 대부분의 개들이 처음에는 과식을 하게 될지라도, 일단 그들이 사료가 언제나 먹을 수 있게 준비가 되어 있다는 사실을 깨우치게 되면 과식하는 행태를 멈추게 된다. 이러한 행동이 변화하는 동안은 언제라도 동물로부터 사료를 치우는 일이 없도록 해야 한다. 계속적으로 사료를 치우는 행위는 동물들로 하여금 자유로운 급여방법에 적응하도록 하는 것을 방해한다. 그러나 어떤 개들은 사료가 남아 있는 한 계속적으로 과식을 하므로 자유 급여를 할 수 없다.

자유롭게 사료를 공급하여 나타나는 사료 섭취에는 장단점이 모두 있다. 하루를 통하여 소량을 빈번하게 섭취하는 것은 식이에 의해 유도되는 열생산의 결과로서 큰 에너지의 손실을 낳게 되며 먹는 빈도수가 적을 때보다 총체적으로 더 큰 양의 사료를 섭취하게 된다. 그러나 소량의 사료를 자주 급여하는 것이 위장관계 혹은 간 기능부전, 췌장의 외분비선부전, 당뇨, 그리고 저혈당, 쇠약, 저체중, 식욕결핍 등의 어떤 원인과 같은 것으로 인하여 섭식하고, 소화하고, 흡수하고, 영양소를 이용하는 능력에 기능 결함이 있거나 사료 섭취의 증가가 필요한 동물에서는 도움이 된다. 이러한 동물들은 당 흡수 능력이 떨어지거나 혈당 조절능력이 없을 수 있다. 소량의 사료를 계속적으로 공급하는 것은 손상된 소화계 또는 일정한 혈당 조절능력이 결여된 상태에 부담을 줄여 줄 수 있다. 빈번한 사료공급은 또한 고에너지를 필요로 하는 정상적인 동물에서도 바람직하다. 6개월 이하의 토이종, 과도한 사역을 하는 개(높은 수준의 신체적 활동성), 극한의 기온적 환경에 노출된 개, 그리고 비유하는 어미 개들은 필요한 영양분을 충족시키기 위해 적어도 하루 세 번은 사료 공급을 해야 한다. 이러한 동물들은 정상적인 성견이 필요로 하는 것보다 단위 체중 당 1.5에서 4배에 해당하는 사료를 필요로 한다. 이러한 상황에서 사료 공급 횟수의 감소는 사료의 총 섭취량을 제한하게 된다. 정신적 스트레스 또는 극한 날씨의 환경에서 발생하는 것과 같은 다양한 식욕저하의 기간에 좀더 빈번한 사료의 공급은 적당한 사료섭취를 하는데 도움을 준다. 하루에 적어도 두 차례에 걸친 사료공급은 성장하는 강아지, 임신 마지막

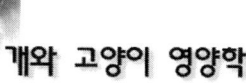
개와 고양이 영양학

달에 있는 암캐, 중정도의 일을 하는 사역견, 그리고 많은 소형의 개들(5kg이하)에서 필요한데, 이유로는 체중 단위당 증가된 칼로리를 필요로 하기 때문이다. 이러한 범주내의 개들은 필요한 에너지를 충족시키기에 하루에 한번의 사료공급은 충분하지 않을 수 있다. 아침 저녁에 각각 사료를 주는 방법이 추천된다. 비유, 사역, 스트레스와 같은 상황에 놓여 있지 않으면서 임상적으로 정상적인 대부분의 성견은 충분한 식욕을 가지고 있으며, 하루에 필요한 모든 사료의 양을 10분 동안의 한차례에 걸쳐 섭취할 수 있는 신체적 능력을 가지고 있다. 비록 이러한 상당수의 개들이 하루 한차례 먹는 것으로 아무런 이상소견을 나타내지 않는다 하더라도 가급적 여러 차례 걸쳐 섭식하는 것이 더 이롭다. 하루 한 차례 먹이는 방법은 급성 위확장에 의한 전위(GDV)를 일으킬 소인이 높다. 반대로 하루에 너무 자주 급여하므로 인해 계속적인 신장 과관류를 유발하여 신기능의 급속한 기능저하를 일으키는 단점을 나타낼 수 있다. 하루에 두 차례 먹이는 것이 그러한 문제들을 최소화하는 절충선이 될 것이다.

간식이라든지 사람의 식사시간에 음식부스러기들을 주지 말라. 이러한 음식의 과잉공급은 부적당한 또는 불균형적인 식이를 유발하며, 비만과 편식을 낳을 수 있으며, 좋지 못한 식사 습관을 가질 수 있다. 만일 음식조각을 먹게 될 경우라면, 너무 단 음식, 고깃국물, 뼈와 같은 것은 피하라. 가금류의 뼈, 날카롭게 부셔진 뼈와 같은 작은 뼈 조각들은 개의 입 또는 소화관에 걸릴 수 있다. 비록 뼈를 씹는 것이 치아를 청소하는 효과도 있긴 하지만 때로는 너무 큰 뼈로 인해 치아가 부러지는 손상을 입을 수 있다. 음식부스러기라든지 간식의 비율이 전체 섭취량의 25%가 넘지 말아야 하며 가급적 10%이상을 유지하지 않는 것이 바람직하다.

 ## III 급여량

필요한 개의 평균 영양소를 충족시키기 위한 사료의 양은 사료의 칼로리 밀도를 근거로 그 동물이 필요한 칼로리 양을 나누어 결정한다. 이러한 산정방식에 의하여 평균적인 품질의 시중 개사료의 다양한 형태(건사료, 습식사료, 캔)에 따라 적량을 산정하여 표 4-1에 작성하였다. 이러한 측정치, 또는 특정 제품의 생산자에 의해 표시된 측정치는 건강한 개에게 처음으로 적량을 공급하기 위한 기준을 삼는데 도움이 된다. 일반적으로 개체별로 그들이 필요로 하는 사료의 양은 매우 다양하다. 궁극적으로 사육하기 위한 사료의 적당량은

양이 얼마가 되든지 간에 최적의 체중과 상태를 유지하는 것이다. 최적의 체중과 상태란 늑골이 쉽게 드러나 보이지 않으나 촉진시 쉽게 느껴질 수 있으면서 두드러진 피하지방을 발견할 수 없는 상태를 말한다. 일반적으로 정상적인 체형은 위에서 내려다보았을 때 늑골강 아래(허리)쪽으로 좁아지는 형태를 갖추어야 한다. 엉덩이 위로 두껍지 않은 살갗과 잘 정연된 복부 또한 좋은 신체상태를 말해준다.

급여량이 설정되면 매주 체중을 재고, 월별로 평가되어져야 한다. 이전에 설정한 최적의 체중보다 5~10%이상 변화했다면 먹는 사료의 양의 변화로 뒷받침해야 한다. 먹는 양의 변화는 10%증가 이내로 해야 한다.

최적의 체중과 상태를 유지하기 위해 필요한 사료의 양은 다음과 같은 수많은 인자들에 의하여 영향을 받는다:

  ① 개체차
  ② 환경온도, 습도, 기류, 그리고 스트레스
  ③ 신체적 활동(사람에 의해 의도된 것이든, 또는 그렇지 않든 상관없이)
  ④ 생활사
  ⑤ 건강상태

심지어 같은 유전적 배경을 가지며, 비슷한 활동성이 있고, 그리고 같은 환경하의 개라고 할지라도 평균 최적의 체중을 유지하기 위해 필요로 되는 음식의 양이 50% 많거나 혹은 적은 차이가 나타날 수 있다. 중등도의 사역은 40%의 증량된 사료를 필요로 하며, 심한 사역은 그 이상을 더 필요로 한다. 온순한 개는 정상적으로 활발한 개보다 약 20% 적은 양의 사료가 요구되어 진다. 정상적인 개에서 25℃ 이상의 환경에서 매 1℃ 높아질 때마다 약 1~1.5%의 사료섭취가 감소하며 찬바람이 부는 8℃이하의 환경에서 매 1℃ 내려갈 때마다 약 3.5%의 사료섭취가 증가한다.

급여할 사료의 양을 결정하기 전에 개의 특이적 생활사 또는 상황에 맞는 적당한 사료가 선택되어 져야 한다(표 4-2).

표 4-1. 성견에서 생활유지를 위하여 필요한 중등급 사료의 1일양*

체중		건사료	습성사료		캔사료
(lb)	(kg)	(cup)**	(6oz package)	(cup)**	(15oz can)
4.4	2	0.75	0.5	1	0.5
11	5	1.25	1	1.5	1
22	10	2.0	1.75	2.75	1.5
33	15	3.0	2.5	3.75	2.0
44	20	3.75	3.25	4.75	2.75
66	30	5.5	4.5	7.0	4.0
88	40	7.25	6.0	9.25	5.0
110	50	9.0	7.5	11.5	6.25
154	70	12.5	10.25	15.75	8.75
220	100	17.5	14.5	22.25	12.25

* 필요로 하는 사료의 양은 개체에 따라 기준치 보다 50% 많거나 또는 적은 범위내에서 다양하게 변화할 수 있다.

** 8oz컵으로 중등급의 건사료를 3.5~5oz(85~100g)을 담을 수 있으며 컵당 약 350kcal를 제공하며, 중등급의 습성사료로는 3.5~5oz(100~150g)을 담을 수 있으며 컵당 약 275kcal를 제공한다. 이를 기준으로 더 높은 혹은 더 낮은 칼로리의 사료를 공급한다면 공급하는 양은 조정되어야 한다. 예를 들면 대부분의 건성사료는 8~20%의 지방을 함유하고 있으며 컵당 325~400kcal를 제공하며 사료에 지방함량이 높을수록 칼로리는 더욱 높아진다. 그러나 어떤 건사료는 20%이상의 지방을 함유하고 있으며 컵당 600kcal 가량을 제공한다. 반면, 어떤 사료들은 5~6%의 지방과 높은 섬유질성 내용물을 함유하며 컵당 200kcal를 제공한다.

IV  생활유지를 위한 식이와 보살핌

양질의 유지기 사료에 대하여 권장되는 영양성분을 표 4-2에 나타내고 있다. 50파운드(23kg)이하의 정상적인 성견에 대하여 양질의 유지식 형태의 캔, 습성사료, 또는 건성사료를 공급하라. 50파운드 이상의 정상적인 성견에게는 기본적으로 반드시 양질의 유지식 형태의 건사료를 공급하여야 한다. 건성사료는 대안적으로 사료비용을 절감하며 건강한 치아와 잇몸을 유지하는데 도움이 되며, 대형 품종에서는 비만방지에 도움을 준다. 대부분의 건사료는 저지방이며 따라서 낮은 칼로리 밀도를 나타내므로 대형견의 유지기 사료로 적당한데, 그 이유는 대형견에서는 소형견보다 체중단위당 더 적은 칼로리를 필요로 하기 때문이다. 만일 캔사료나 습성사료를 대형견에게 공급한다면 비만을 방지하기 위해서 양

을 제한해야 할 것이다.

비활동적이고 비만한 성견에게 비만을 방지하기 위해 적당히 제한된 에너지밀도를 가지며 증가된 섬유질을 함유하는 유지식 형태의 사료를 공급하라. 어떤 품종 혹은 어떤 상황에서 최적의 성견 체중에 도달한 이후로 이러한 종류의 사료를 공급할 것을 권장하고 있다. 비만방지는 성견 사육에 있어서 가장 중요한 목표이다.

표 4-2. 상황에 따라 권장되는 개사료의 조성성분

상 황	최소대사 에너지밀도 (kcal/g)[a]	건조사료로서의 영양소(%)[a]						
		소화도(%)[b]	단백질	지방	섬유질	칼슘[c]	인[c]	나트륨
메인터넌스	3.5[d]	>75[e]	15~25	>8	<5[d]	0.5~0.9	0.4~0.8	0.2~0.5
성장/임신/비유	3.9	>80	>29	≥17	<5	1.0~1.8	0.8~1.6	0.3~0.7
노령	3.75[d]	>80	14~21	>10	<4[d]	0.5~0.8	0.4~0.7	0.2~0.4
스트레스 (환경·심리·신체적)	4.2	≥82	>25	>23	≤4	0.8~1.5	0.6~1.2	0.3~0.6

a 건사료기준. 건사료의 영양소의 함량을 결정하기 위해서는 사료의 건조 내용물로 영양성분양(실험실적으로 구해진 값 - 만일 알 수 없는 상태라면 실험실 분석을 이용하여 구할 것)을 나눈다.
b %소화도 = (체중유지를 위해 필요한 건조사료의 무게 - 대변을 말린 무게) ÷ (체중유지를 위해 필요한 건사료의 무게)] × 100.
c 칼슘의 양은 인의 양보다 많아야 한다.
d 비만인 개는 저칼로리성이며 고섬유소성인 사료를 공급해야 한다.
e >는 더 크다는 것을 의미하며; <는 더 작다는 것을 의미하며; ≥는 더 크거나 같다는 것을 의미하고; ≤는 더 작거나 같다는 것을 의미한다.

어떤 성견에서는, 특별히 심하게 활동적이거나 스트레스(신체적, 심리적, 환경적으로)를 받는 성견에서는 일반적인 유지기 사료보다 더 높은 칼로리를 필요로 한다. 그러한 경우에는 스트레스/퍼포먼스 형태의 사료를 공급해야 한다(표 4-2).

성견이 된 이후 성장이나 비유를 목적으로 고안된 사료를 먹이지 않도록 하라. 이러한 사료는 일반적으로 성견 일반사료에 비해 높은 칼로리뿐만 아니라 고농도의 단백질과 칼슘 그리고 인과 같은 다양한 미네랄을 함유하고 있다. 성장/비유를 위한 사료에 의해 공급되는 과다한 양의 이러한 영양소는 단기간 동안만 제공한다면 생활보존성 사료로 크게 해롭지 않다. 그러나 무한정 공급한다면 해로울 수 있다. 이러한 과다한 에너지 농축성 사료는 비활동적 성견에게는 비만을 유발하는 위험에 노출시킨다. 앉아 있기 좋아하는 생활방식과 더불어 성장 후에도 이와 같은 사료의 섭식은 많은 개들에서 조기 비만을 유발할 수 있다. 에너지뿐만 아니라 과다한 단백질, 칼슘, 인의 섭취는 여러 질환을 일으키며,

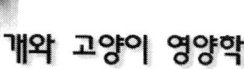 개와 고양이 영양학

유발할 소인이 높으며, 또는 악화시킨다. 성장하거나 비유하지 않는 개에게 성장하거나 비유에 맞춰진 사료를 과다하게 공급하면 신장노화를 촉진할 수 있으며 결국 신부전을 일으키는 중요한 위험 요소가 될 수 있다.

만일 개의 사료를 교체한다면 설사와 구토를 방지하기 위하여 몇 일간에 걸쳐 점차적으로 해야 한다. 또한 같은 사료라 하더라도 사료속의 조성성분이 다를 경우 소화기계 경련을 일으킬 수 있다.

 번식을 위한 식이와 보살핌

1. 영양학적 문제

임신전과 임신 중에 있어서 암캐의 영양불균형은 신생견 사망률의 20~30%에 해당하는 중요한 인자이다. 암캐의 임신과 비유로 필요로 하는 영양소의 커다란 변화가 있게 된다. 번식은 임신전과 임신 중에 체내에 축적된 영양분을 용출시킨다. 발정 전 소화력이 떨어지는 불균형적인 사료를 먹인 암캐는 체내에 충분한 아미노산, 미네랄, 비타민, 또는 에너지 등을 저장하지 못한다. 소화도가 떨어지는 저급사료는 저수태율, 태아이상을 나타내고, 그리고 유선의 변화를 초래하여 유즙의 감소 및 초유의 질적 저하와 양의 감소를 초래한다. 암캐에게 그러한 사료를 먹이므로 나타나는 임상증상은 다음과 같다.

① 정상상태에서 벗어난 이상상태가 종종 출산 때까지 발견되지 않고 지내게 된다. 임상증상으로는 지방축적의 감소, 근위축, 탈수 등이 나타난다. 체중감소는 출산에 따른 조직액의 손실이후 나타난다.
② 비유기 동안 계속적인 설사유발.
   필요한 영양분을 충족시키기 위하여 사료섭취량이 증가한다. 저급사료의 낮은 칼로리 이용도는 충분한 에너지 이용을 방해하며, 그로인한 과다한 사료의 섭취는 전체적인 사료 소화도를 떨어트려 설사를 유발한다.
③ "페이딩 퍼피" 증후군(fading-puppy syndrome)은 신생견은 태어날 당시 정상적일 수도, 그렇지 않을 수도 있다. 출산후 시간의 경과에 따라 신생자견을 검사했을 때 아래 증상 중, 한 가지 또는 그 이상의 것을 발견할 수 있다.

㉮ 지나치게 울부짖음
㉯ 음식을 잘 섭취하지 못함
㉰ 체중증가의 불량
㉱ 저체온증

어미 개는 이러한 신생견을 무시하거나 귀찮아하게 된다.

④ 무유증 혹은 저유증과 같은 비유문제.
  어미 개에서 이러한 상태는 신생자견의 성장장애를 유발시키게 된다. 또한 세균성 유방염의 경우에서는 산성 유즙이 생산되어 신생자견이 모유를 섭취할 경우 죽음을 일으키게 될 수 있다.
⑤ 빈혈은 어미 개와 자견 모두에서 공통적으로 나타나며 상당한 진단적 도움의 척도가 된다.

영양학적으로 관련된 임신/비유의 문제가 진단된다면 이러한 문제들은 다음 아래의 나타난 식이 행동의 하나 혹은 그 이상과 관련이 있을 수 있다.

① 암캐에게 불충분한 영양분의 공급.
  이러한 원인은 가장 흔한 것으로 임신의 마지막 단계와 비유기 동안에 증가된 사료가 공급되지 않을 때 발생하게 된다.
② 불균형적인 사료의 공급.
  이러한 형태의 식이는 특정 영양소의 결핍이 발생되는데 심지어 일반적인 성견의 유지사료 용도로도 결핍이 일어날 수 있다. 그러나 비유의 시기에는 훨씬 더 큰 필요 때문에 영양분의 결핍이 극명하게 드러난다.
③ 유지사료의 급여.
  이러한 사료의 급여가 번식률 저하의 가장 큰 이유 중의 하나이다. 비록 이러한 사료가 생활유지성 목적으로는 충분한 영양분을 공급할 수 있을지라도 임신 기간 동안 유지사료를 먹이는 것은 영양고갈을 일으키게 되며 비유기간동안 먹이는 것은 영양결핍을 일으킨다.

이러한 문제를 방지하기 위하여 임신과 비유에 대한 특별한 관리지침이 권장된다.

2. 교배전 식이와 보살핌

교배전 암캐는,

① 신체검사를 받아야 한다.
② 내외부 기생충에 대해 반드시 검사받고 치료받아야 한다.
③ 신생자견에게 최적의 면역력을 공급할 수 있도록 그 지역에서 발생할 수 있는 모든 잠재적인 질병에 대한 예방접종을 하도록 해야 한다.
④ 체중을 재고, 필요하다면 먹는 사료의 양을 조절하여 최적의 체중을 유지하라. 만일 체중이 기준보다 과하거나 못 미칠 경우 임신하는데 어려움을 겪을 수 있으며, 그로 인한 부작용이 신생자견에게 고스란히 전달되어 임신기간의 이상, 난산으로 이어지며, 출산 후에도 정상적인 초유나 유즙분비에 문제를 일으킬 수 있다.

교배 전, 암캐의 적혈구용적은 37% 이상을 유지하고 있어야 하며, 적혈구농도는 10g/dl 이상이어야 하고, 혈장단백질은 5g/dl 이상이어야 한다. 이러한 수치 이하의 결과는 부족한 영양상태를 나타내거나 질환이 있음을 암시한다. 이러한 문제가 발생하면 교배전에 교정되어야 한다. 이상적으로 말하자면, 모든 암캐는 교배전 브루셀라 감염에 대해 검사 받아야 하며, 이러한 질병에 대해 최근에 음성 판정을 받은 종견에 대해서만 교배가 이뤄지는 것이다. 만일 이전에 세균성 감염과 같은 교배성 혹은 산과적 질환이 있었다면 임신전 혹은 임신동안 세균배양과 감수성 검사가 발정초기에 이뤄지게 함으로서 적당한 항생요법을 교배전 하게 할 수 있다.

3. 임신기간 동안 식이와 보살핌

성장/비유를 위한 사료는 임신기간 내내 공급해도 좋지만 특별히 임신 마지막 3~4주와 비유기 동안 공급하는 것이 무엇보다 중요하다. 사료의 품질도 좋은 것이어야 한다. 첨가물(고기, 우유, 칼슘, 인, 또는 비타민)을 첨가하거나 표 4-2에서 언급되고 있는 조성성분을 갖추고 있는 양질의 사료이외는 다른 것을 먹이지 않도록 하라. 칼슘과 비타민 D의 첨가는 연조직의 석회화와 신생자견의 신체적 이상을 유발할 수 있으며 산욕급간의 예방에 그다지 도움이 되지 못한다. 임신한 암캐는 또한 그들의 사료 속에 수용성 탄수화물을 필요로 한다. 에너지원으로서 단순히 고기만을 함유하고 있는 사료와 같이, 탄수화물이 부족한 사료는 임신말기에 저혈당을 유발하며 태아의 사망률을 높인다.

임신기간동안 영양적 고갈은 신생태아의 면역능력을 억제한다. 임신한 동안 심각한 영양

실조는 그 임신에서 영향을 미칠 뿐만 아니라 출산된 강아지가 알맞은 영양 공급을 받는다 하더라도 그 신생자견의 다음 새끼까지 영향을 미치게 된다는 증거가 있다. 명백하게 세망내피계는 그것이 형성되고 성장하는 기간 동안 영양적, 대사적 결함에 의해서 심하게 손상을 받게 된다.

대부분의 개들은 임신 4주차에 식욕이 줄어든다. ; 어떤 경우에는 이러한 감소가 임신 3주차에 나타나고, 또 어떤 경우에는 5주차에 나타나기도 한다.

임신 35일령까지 2%, 40일령까지 5.5% 발육하였으며 40일령 이후에 태아가 급격하게 발육하였다.

태아성장의 30%이하는 임신 5~6주에 발생한다. 결과적으로 이 기간 동안에는 임신견의 체중이나 영양학적인 요구의 변화가 거의 없다. 그러나 임신 마지막 3~4주에 태아의 크기가 갑작스럽게 증가된다. 결과적으로 출산시까지 체중이 15~25% 증가하게 된다(그림 4-1). 번식을 위한 최적의 체중관리에 있어서 임신 첫 5~6주 동안은 평소에 먹이던 양만큼 먹이면 된다. 그 이후로 섭취량을 서서히 증가시켜 출산시까지 15~25%까지 증가된 사료량을 먹이도록 해야 한다. 이 시기동안 하루에 두 차례 혹은 자유로운 급식이 되도록 해야 한다. 임신 마지막 10일 동안 뱃속의 태아가 커진 상태에서는 복부가 팽창되어 하루에 필요한 총 양을 단지 하루 두 차례에 걸쳐 섭취하지 못할 수도 있다. 이러한 경우, 사료를 자주 급여하거나 자유로운 급식을 하도록 하라.

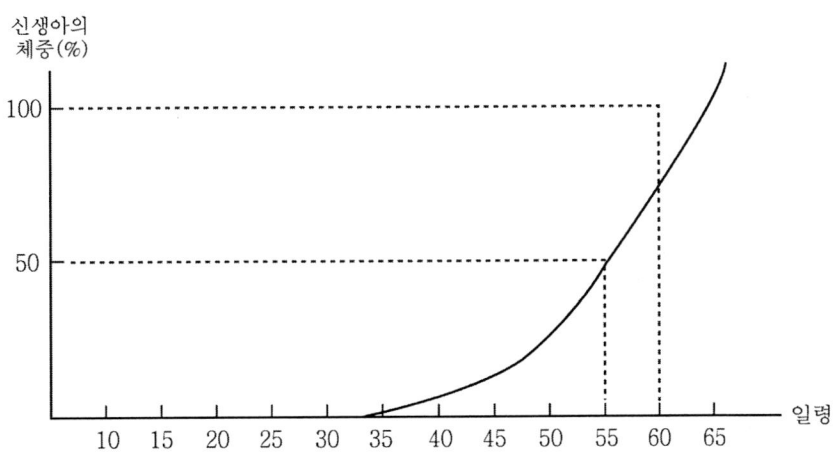

● 그림 4-1. 임신기간동안 태아의 발육

4. 출산 후 관리

출산 몇 일전 임신견의 배는 축 늘어지게 된다. 유선은 확장되고 분홍빛으로 변하게 되며 식욕이 감소하게 된다. 유즙이 분만 4~5일전부터 분비될 수 있다. 출산 12시간 전에 음식을 거부하게 되며, 직장온도가 적어도 1℃가량 떨어져서 37℃가 되면 12~8시간 후에 출산을 하게 된다.

알맞은 크기의 산후조리용 상자가 준비되어야 한다. 상자는 강아지들이 이유 할 때까지 지낼 수 있도록 충분히 커야한다. 상자가 위치할 장소에 따라 달라지기는 하겠지만 상자는 신생자견들이 넘어가지 못하도록 충분한 길이와 높이가 고려되어야 하고 바닥으로부터 찬 기운이나 습기가 스며들지 않게 위치해야 한다. 상자의 한쪽 면은 어미 개가 자유로이 상자를 드나들 수 있도록 충분히 낮아야 한다. 예민한 어미 개는 상자의 뚜껑이 닫혀 있을 때 편안함을 느끼게 된다.

분만상자에 카펫을 깔아주는 것은 훌륭한 침대 역할을 한다. 두개를 준비하여 하나를 청소하고 건조시키는 동안 다른 하나를 사용하면 된다. 신문지는 미끄러우므로 신생견들이 걸음을 배우기에 충분한 깔개가 되지 못한다. 두툼한 수건, 매트리스, 그리고 낡은 천조각 등 쉽게 빨 수 있고 폐기처분할 수 있다면 좋은 바닥 깔개로서의 역할을 한다. 1회용 기저귀는 토이견종의 강아지에게 매우 훌륭한 역할을 한다. 깔개는 너무 미끄럽지 않아서 어미 개가 새끼들을 쉽게 품안으로 끌어 모을 수 있어야 한다. 작은 신생자견들의 숨을 방해할 수 있을 정도의 푹신한 깔개는 피하는 것이 좋다.

분만하는 동안 태아가 나올 때마다 태반이 빠져 나와야 한다. 어미 개는 정상적으로 태아로부터 태막을 걷어내고, 탯줄을 절단하며, 태반을 먹으며, 그리고 태아를 핥아 건조시킨다. 만일 어미 개가 2분 이내에 태막을 걷어내지 못한다면 보호자가 신속히 도와주지 않을 경우 신생견이 질식사를 하게 된다. 그러나 신생태아가 위험한 상황이 아니라면 도와주지 않는 것이 더 낫다. 어떤 개들은 외부적인 도움을 싫어하며, 너무 많은 도움이 있게 될 경우 신생견을 돌보지 않게 될 것이다. 지나친 간섭으로 인해서 어떤 어미 개는 신경질적으로 변하며 신생태아를 핥아 건조시킬 때 지나친 열성을 보이며 자극한다. 이로 인해 신생태아를 보호하지 않을 경우 피부찰과상을 입게 된다.

어미 개가 모든 태반을 배출했는가를 반드시 확인하라. 태반정체는 일반적으로 자궁감염을 유발하고 전신독성을 유발하기 때문에 즉각적으로 제거되지 않으면 치명적 결과를 낳을 수 있다. 분만 후 암적색 혹은 적갈색의 분비물은 일반적으로 모든 태반이 배출되었다는 것을 의미한다. 밝은 적색의 분비물은 출혈을 나타낸다. 다른 색의 분비물, 특히 분만 후 48~72경에 나타나는 갈색 혹은 녹색의 분비물은 태반정체, 태아정체, 자궁감염을 의미한다. 이러한 문제들은 어미 개에서 무기력함과 분만 후 몇 일간 저조한 식욕과 함께 나타난다.

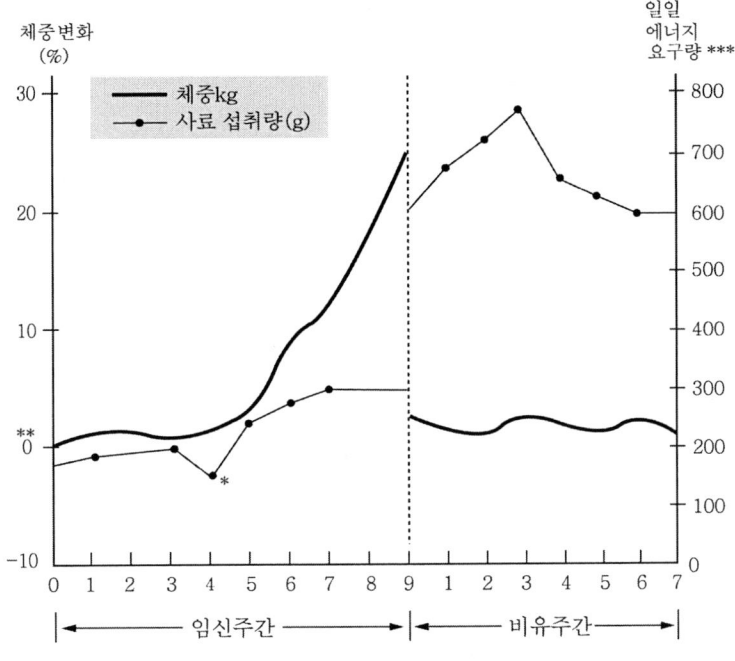

* 임신 후 약 4주경에 일시적인 사료섭취의 감소는 임신의 지표가 된다.
** 교배전 체중
*** 일일에너지 요구량

그림 4-2. 임신과 비유에서 체중과 사료섭취량

분만상자와 주변환경이 빈틈없을 정도로 깨끗하게 유지되어야 한다. 이렇게 하므로 기생충 감염과 세균과 바이러스 감염의 가능성을 줄이게 된다. 외부인의 출입이 자제되어야 하며, 신생태아가 2~3주령이 될 때까지 가급적 손을 대지 않는 것이 좋다. 신생태아는 혼자 먹고 자도록 내버려두어야 한다.

5. 비유기동안의 식이

양질의 음료수의 준비는 비유하는 어미 개의 알맞은 식이에 있어서 매우 중요하다. 비유기 동안 최적의 체중을 유지할 수 있게 충분한 음식을 먹이도록 하라. 분만 시 최적의 체중을 유지하고 있다면 평균적이거나 보다 많은 새끼를 낳은 어미 개는 비유기를 통하여 아래와 같은 사료량을 필요로 한다.

① 첫째 주 - 일반 생활유지를 위한 필요량의 1.5배
② 둘째 주 - 일반 생활유지를 위한 필요량의 2배
③ 셋째 주에서 이유기까지 - 일반 생활유지를 위한 필요량의 3배

어쨌거나 필요한 사료량은 태어난 신생태아의 수에 따라 달라진다. 비유극기(6주간의 비유기중 셋째 주)동안 생활유지에 필요한 에너지 이외에 하루당 새끼 한 마리의 체중(파운드)에 대해서 100kcal의 대사성 에너지가 필요하다. 이것은 어미 개가 생활유지를 위하여 필요한 양 이외에 새끼 한 마리당 25% 증가된 사료를 급여하면 된다. 예를 들어, 만일 임신전에 하루 생활유지량으로서 3컵의 건사료를 먹고 최적의 체중을 유지했으며, 그리고 지금 비유극기에 8마리의 새끼를 가지고 있다면, 그 어미개는 생활유지량으로 하루 3컵이 필요하고 비유를 위한 6컵(8마리 × 25%/마리) × (3컵/1일)을 합하면 하루에 총 9컵이 필요하게 된다. 그러나 비유기에는 가급적 많은 양을 먹도록 하기 위해서 자유로운 급식형태가 가장 바람직하다. 자유로운 급식형태는 또한 새끼들에게도 노출되어 있기 때문에 빠른 시기에 어린 강아지들이 고형사료에 접하게 할 수 있다. 만일 식사시간을 정하여 급여할 것 같으면 어미 개나 새끼가 먹을 수 있는 양을 적어도 하루에 세 차례에 걸쳐 급식하라. 비유기에 가장 큰 주안점은 분만견에게 충분한 에너지를 공급하여 신생자견들의 필요를 충족시킬 수 있도록 충분한 유즙을 생산하는 것이다. 예를 들어 보자: 28kg의 몸무게가 나가는 Labrador는 8마리의 새끼가 있는데 이들의 몸무게는 생후 4주령으로서 전부 합해서 12kg이다. 이 시기에 새끼들의 일일 에너지 요구량은 약 200kcal/kg이며, 이러한 에너지는 전적으로 어미 개의 유즙으로부터 획득한다. 그러므로 어미 개는 우유를 통하여 하루에 2400kcal를 생산해야 한다. 어미 개의 유즙은 리터당 1260kcal를 함유하고 있기 때문에 2400kcal÷1260kcal/1L = 1.9리터의 유즙이 필요하게 된다. 이러한 계산은 유즙의 모든 에너지가 새끼에 의해 100% 소화흡수 된다는 가정하에 성립한다. 만약 어미 개로부터의 비유가 75%의 소화흡수율을 가진다면 유즙을 통해 2400kcal를 생산하기 위해 음식으로부터 3200kcal(2400÷0.75)를 획득해야 한다. 게다가 어미 개 자신의 생활유지를 위한 1820kcal를 필요로 하기 때문에 총 5020kcal가 필요하고 이러한 양은 단순히 어미 개의 생활유지만을 위해 필요한 양에 비하면 2.75배가 된다.

에너지 요구량은 신생자견의 수에만 달려 있는 것이 아니라 신생자견의 크기와 어미 개의 기질에도 달려 있다. 작은 견종은 큰 견종에 비해 일정 체중당 더 많은 에너지를 요구량을 필요로 하며 예민하거나 정신적 스트레스를 받는 경우 에너지 소비는 더욱 증가한다. 양질의 성장/비유를 위한 고양이 사료의 공급은 비유기에 있는 작은 품종의 개에게 아주 적합

할 때가 있는데 왜냐하면 많은 종류의 고양이 사료가 강아지 것보다 더욱더 영양가가 높기 때문이다.

비유를 하는 동안 양질의 성장/비유 형태의 사료를 급여할 것을 명심하라(표 4-2). 비유는 사료의 질이 매우 중요시되는 생활사의 한 부분이다. 어미 개는 먹고, 소화하고, 흡수하고, 그리고 매우 많은 양의 영양분을 이용하여 충분한 유즙을 생산함으로서 여러 마리의 새끼들의 급속한 성장과 발육을 도울 수 있어야 한다. 많은 시중의 사료는 여러 마리의 새끼를 돌보는 어미 개의 필요를 충족시킬만한 충분한 영양분을 함유하고 있지 않다. 비록 모든 영양분에 대한 요구량은 늘었지만 에너지는 상당히 제한적이다. 자유급식을 하는 비유견은 체중을 유지할 수 있을 정도여야 된다. 만일 비유기간 내내 자유급식을 했음에도 불구하고 이유시기에 즈음해서 체중이 감소했다면 먹은 사료에 이용 가능한 칼로리가 충분히 함유되지 않았다는 것을 의미한다. 그러한 경우에는 칼로리가 높은 사료로 교체하는 것이 최선이다.

경우에 따라서 주의가 깊거나 경험이 없는 분만견은 분만 후 24~48시간 동안을 새끼들 곁에서 떠나지 않으려는 경우가 있다. 분만견의 이러한 분만 후 행동에 대해서 주의 깊게 관찰해야 하며, 필요하다면 음식과 물을 공급해야 한다.

평소에 얌전한 성격을 소유하던 암캐가 분만을 하여 어미가 되어 비유하는 동안에 정반대의 성격으로 변하거나 상당히 신경질적으로 변하게 된다. 이러한 태도의 변화는 약 둘째 주 혹은 셋째 주 사이에 시작된다. 날마다 250~500mg의 비타민 C를 공급하므로서 이러한 상태를 경감시킬 수 있다고 알려져 있다.

이유전과 이유동안 음식섭취를 제한하므로 유선의 과도한 확장을 예방할 수 있고 이로 인한 불쾌감을 유발하여 이유를 이끌 수 있다. 이러한 방법은 특별히 많은 새끼를 낳은 어미 개에서 도움이 된다. 이러한 방법을 통한 이유는 낮 동안 새끼들로부터 어미 개를 분리시키고, 어미 개로부터 음식을 제한하며, 반대로 어린 새끼들에게 음식을 가까이 하게 함으로서 가능할 수 있다.

Dog & Cat Nutrition

자견의 식이와 보살핌
(Puppy Feeding And Care)

I 신생아 보살핌

모든 신생 동물의 보살핌과 같이, 갓 태어난 강아지는 분만 직후 좋은 영양의 초유를 많이 먹는 것이 매우 중요하다. 태어나자마자 초유를 최대한 공급하여 수동 면역이 잘 갖추어지도록 해야 한다. 갓 태어난 강아지는 수동면역의 90%를 초유에서 얻고 그 나머지는 태반을 통하여 얻게 된다. 이러한 초유의 초기 공급은 면역력 이외에도 태아의 순환을 돕는 것에도 중요한 역할을 한다. 충분히 섭취를 하지 못하면 순환 부전 상태를 야기하게 된다. 페이딩퍼피컴프렉스(Fading - puppy complex = 정상적으로 태어나서 전신 쇠약, 체온 하강, 감염, 선천적 이상 등에 의해서 수일 내 사망하는 증후군)는 감염성인 것과 비감염성(심폐부전 등)으로 나눌 수 있다. 따라서 초기의 초유 공급은 이러한 증후군이 되는 것을 막을 수 있다. 신생견을 어미 개의 젖꼭지에 붙여두는 것은 적절한 초유 공급에 도움을 준다.

첫 몇 주 동안, 강아지는 단지 먹고 자기만 한다. 잠을 자는 많은 시간 동안 강아지는 온몸을 뒤틀고 반사적인 운동을 한다. 이러한 운동은 정상적인 근육 성장에 아주 중요하다. 강아지는 젖을 심하게 빨고 젖꼭지 쟁탈전을 벌인다. 태어나서 바로는 눈과 귀가 닫혀있다. 눈은 10일에서 16일 사이에 뜨게 되고, 귀는 15~17일 사이 기능을 시작하게 된다. 호흡은 태어나서 24시간까지는 분당 8~18번 정도에서 5주까지 15~35번으로 증가하게 된다. 심박은 태어난 첫날에는 분당 120~250번 정도에서 5주경에는 220번 정도에 이르게 된다. 이러한 수치는 증가하여 성장한 개의 경우 호흡수는 분당 10~30번, 심박수는 분당 80~140번 정도에 이르게 된다.

강아지의 몸은 태어나서 첫 2주 동안은 34.5~36℃로 유지된다. 첫 6일 동안은 추위에 대한 떨림의 반응이 아직 생기지 않는다. 따라서 체온을 유지하는 것은 외부 기온으로 어미 개의 체온 같은 것이 중요하다. 또한 강아지들끼리 몸을 쌓고 있는 행동이 표면적을 줄여 체온을 뺏기지 않게 한다. 이 시기에는 이 체온에 대한 떨림 반사가 없는 것이 생존에 도움을 주는데, 체온을 유지하기 위한 에너지 소비를 막아서 어미 개가 먹이를 먹고 올 때까지 견딜 수 있게 해준다. 강아지의 체온은 주변 기온이 30℃ 이하일 때 급격이 떨어지는데, 가벼운 저체온증은 치명적이지 않지만, 저체온증이 심한 경우는 점점 더 무기력해지고 반사반응이 줄어든다. 젖을 물려고는 하나 빨지 못하고 심박수는 느려지고 직장체온은 15~20℃까지 떨어진다. 심한 저체온증에서는 호흡수가 줄어 거의 관찰 할 수 없게 된다. 심박도 계속 느려지고 반사도 느리다. 이러한 강아지는 먹지 못해서 결국 사망하게 된다. 하지만 심한 저체온증이라도 30℃까지 체온을 올려주면 재생시킬 수 있다.

저체온증은 식욕을 없게 하여 생존할 수 있는 확률이 줄어들게 한다. 더욱이 페이딩퍼피컴프렉스(fading-puppy complex)의 심폐 증후군을 야기하는 원인 중의 하나이다. 또한 병원체가 쉽게 감염이 되도록 하여 감염성 fading-puppy complex가 일어나게 한다. 어미 개가 강아지를 돌보지 않게 되는 것도 강아지의 체온이 떨어졌을 때 일어나는데 이는 어미 개의 체온으로 보호되지 않거나 동배 강아지들과 떨어져 있음으로 해서 더욱 저체온증을 가속화시키게 된다.

태어나서 6일에 이르면 강아지는 몸을 떠는 능력을 가지게 되어 스스로 체온을 유지하기 시작한다. 2~4주 사이에 체온은 36~37℃에 이르게 되고 4주 후에는 성견의 체온에 이르게 된다. 약 18일경쯤 걷게 되는데 이러한 운동이 체온을 상승시키고 유지하게 된다. 어미 개와 동배 강아지들과 같이 있는 강아지는 첫 몇 주간은 주변 온도가 21℃ 정도는 되어야 한다. 만약 어미 개와 동배 강아지들과 떨어져 있는 경우라면 첫 주에는 30℃ 2~3주에는 27℃ 4~5주에는 24℃를 유지해야 한다.

신생 강아지는 피하지방이 거의 없다. 에너지원은 거의 글리코겐(glycogen)인데 출생 후 빨리 고갈되고 며칠 간의 보살핌 후에는 보충이 되어진다. 만약 적절히 영양 보충이 되어지지 못한다면, 곧 탈수, 추위, 쇠약이 진행되어 생존률은 급격히 떨어진다. 이러한 문제를 막기 위해서 몸무게가 늘지 않는다면 따뜻한 환경에서 몸무게를 확인하고 추가적인 영양분을 공급해야 한다.

강아지를 잘 관리하는 법 중의 하나는 몸무게 측정이다. 첫 주는 매일 측정을 하고 1달까지는 3일에 한번 정도 측정한다. 정기적인 몸무게 측정은 그램 단위로 하게 된다. 점진적인 체중의 증가와 양호한 변 상태는 건강 상태가 좋고 적절한 식이가 공급되고 있다는 것이다. 태어난 날부터 체중이 늘기 시작해서 하루하루 체중이 늘어간다. 초기 체중이 7~10일이면 두 배로 증가하고 이유를 하는 6주에 이르면 6~10배의 몸무게가 된다. 정확한 계산은

1~2g/day/lb(2~4g/day/kg)로 얻을 수 있다. 예로 20kg인 강아지의 경우 5개월까지 매일 40~80g의 증가가 있어야 한다. 몸무게 측정은 정기적으로 해서 적당한 성장률을 유지하는지 확인해야한다. 만약 그렇지 못하다면 더 질이 좋은 영양 공급원이나 보조적인 영양 공급이 필요하다. 대부분의 개들은 약 4개월이면 성견 체중의 50%에 이르게 된다. 빠른 성장률은 약 6개월까지 진행되고, 성견 체중은 1년 정도에 다다르게 된다. 대형견의 경우 약 18개월까지 느리지만 지속적인 성장을 보이고 2살에 이를 때까지 완전한 성장에 이르지 못하는 경우도 있다.

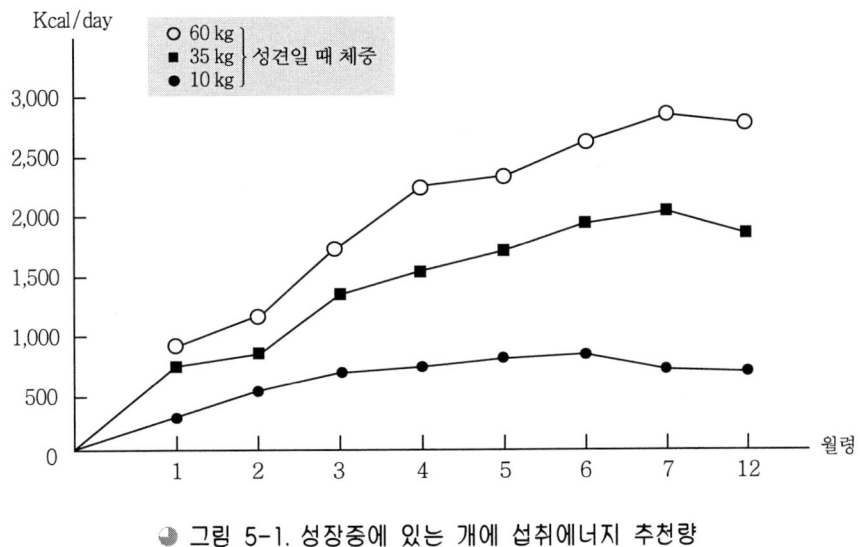

● 그림 5-1. 성장중에 있는 개에 섭취에너지 추천량

보살피는 동안 모든 강아지들이 어미 개의 보살핌을 받고 있는지 확인해야 한다. 만약 한 마리가 무리에서 떨어져 나온다면 젖꼭지를 물도록 도와주어야 한다. 강아지에게 어미 개의 젖을 먹는 것은 가장 중요한 것이다. 어미 개가 건강하고 영양상태가 좋다면 분만 후 문제점은 거의 없다. 약 3주까지는 어미 개 혼자서도 강아지들을 충분히 영양적인 관리를 할 수 있다. 만약 강아지가 계속 울고 체중이 늘지 않는다면 충분한 젖을 먹지 못하고 있는 것이다.

젖량이 불충분한 경우의 강아지 보살핌

어미 개가 충분한 젖을 주지 못하는 경우 강아지는 충분한 체중을 얻지 못한다. 이러한 경우는 다음의 지침에 따라라.

① 어미 개의 신체검사를 하여 원인이 될 수 있는 것을 제거하고 질병이 있다면 치료해라.
② 어미 개가 충분한 양질의 영양을 보충하고 있는지 확인하고 건식 사료를 주고 있다면 물을 섞어서 주면 먹는 량을 증가시킬 수 있다. 젖과 섞어서 주지 말고 물과 섞어서 주어야 한다. 사료가 습기를 먹어서 부드러워질 정도로만 주고 죽이 되도록 주지 않도록 한다. 건사료 한 컵당 1테이블스푼 정도를 첨가하면 도움을 줄 수 있지만 이 이상은 주지 않도록 한다.

이러한 과정이 충분한 젖의 생성을 유도하지 못하면 강아지에게 보충 음식을 주어야 한다.

II. 이유와 이유 후의 강아지 식이 관리

1) 이유

이유를 위한 식이 관리는 3주부터 시작해야 한다. 하지만 필요하다면 눈을 뜨자 바로 시작할 수 있다. 대부분 경우 약 4주에 이르면 어미 개의 건사료에 대해서 강아지들은 관심을 가진다. 좋은 현상으로 이 때 걸쭉한 죽에 물을 좀더 혼합하여 주면 쉽게 먹을 수 있다. 죽을 입술에 묻혀 두면 혀로 핥아먹기 시작한다. 점진적으로 물의 함량을 줄여 나가면서 건사료로 바꾸게 된다. 죽을 만들 때 묽고 싱겁게 만들지 말고 걸쭉한 정도가 좋다. 우유를 사용하는 것은 좋지 않다. 우유는 견유보다 락토스 함유량이 높아 설사나 탈수를 야기할 수 있다. 대개 6~7주 정도에 이유는 일어나지만 일부 어미 개는 약 4주경이 이르면 이유를 시작한다. 따라서 이 때쯤 건사료를 먹을 수 있어야 한다.

4~6주 전의 이유와 한배로부터의 격리는 행동 문제를 일으킬 수 있다. 하지만 전혀 사람의 손길이 닿지 않은 10주 이상의 강아지도 좋은 성격을 가지지 못한다. 사람에 대해서 적대적이거나 다루기가 힘들고 공격적일 수 있다. 이러한 행동의 문제를 최소화하기 위해서는 이유는 6주 전에는 시작하지 않는 것이 좋고 4~10주경에는 사람의 손길이 가서 친해지는 것이 좋다.

2) 성장을 위한 식이 관리

이유를 한 강아지에게 먹여지는 음식은 성장에 맞추어야 한다. 어떤 경우에도 칼슘은 1.8%, 인은 1.6%를 넘는 용량으로 먹여서는 안 된다. 너무 많은 함유량은 강아지에게 해롭다. 단지 선택된 사료만을 먹여라. 고기, 달걀 등 여러 음식들은 편식과 영양적인 불균형을 야기한다.

부드럽고 소화가 잘되는 음식을 먹이는 것은 6주전의 이유 강아지에게 매우 중요하다. 만약 건사료를 먹이는 경우 물을 섞어서 부드럽게 하여 먹여라. 이렇게 하면 사료를 부드럽게 할 뿐 아니라 기호성도 증가하게 된다.

보호자는 강아지가 성장기에 충분한 음식을 섭취하도록 신경 써야 한다. 강아지는 양질의 사료를 먹는 경우 적은 량의 음식으로 충분하지만 저급사료를 먹는 경우 충분한 영양을 섭취하기 위해서는 많은 량의 사료를 먹어야만 한다.

음식 소비량이 늘어날수록, 소화율은 감소하는데 강아지를 위해서 사료를 선택시 고려해야 하는 점이다. 만약 낮은 소화율의 저급 사료를 먹는 다면 많은 량의 사료를 먹게 되고 더욱 소화율을 감소시킨다. 보호자는 강아지가 얼마나 많이 먹는 가에 중점을 두지 말고 음식의 효율에 중점을 두어야 한다.

강아지가 유지용 사료나 저급 사료 등 저칼로리 사료를 먹게 되는 경우 특히 대형견에서 문제가 생기게 된다. 이런 경우, 낮은 칼로리 때문에 적절한 성장에 필요한 필요량을 채울 수 없다. 결과적으로 강아지들은 느린 성장에 배만 부른 항아리 배를 하게 되고 전염성 질환에 취약해 진다. 좋은 질의 사료를 먹이는 것은 이러한 문제를 예방하기 위해서 필요하다.

영양 상태가 좋고 튼튼한 강아지는 질병에 대해서 저항성이 강하고 장내 기생충에 대한 제거 능력도 강하다. 아미노산, 비타민, 에너지의 부족은 동물의 자연 방어 기능과 면역력을 감소시킨다. 식이단백 결핍은 골격계의 질병과도 상관이 있는데 단백질 함유량이 20%인 사료를 먹인 경우 고관절 이형성의 발생률이 높아진다(정상 단백질 권장량은 29%).

개와 고양이 영양학

III 성장을 위한 식이 과정

이유한 강아지의 급식의 목표는 평균 몸무게를 유지해야 하는 것이다. 건강과 수명의 측면에서 적절한 성장률은 아마 평균 성장률 일 것이다. 최대 체중을 얻기 위한 과다급식은 피해야만 한다. 약간 적은 량의 소량 급식이 더 좋다. 소량의 급식은 치명적인 영향 없이 천천히 성장하게 한다는 것을 보여주었다. 하지만 너무 심한 소량 급식은 성장을 더디게 해서 왜소하게 만들게 된다. 소량 급식은 여러 동물에서 수명을 연장하게 만들었으며 개에서 마찬가지이다. 이유시부터 10개월까지 음식을 제한하는 것은 수명을 연장하는 효과를 주는 것으로 많이 보고되었다. 식이의 단백질 함유는 문제가 되지 않는다. 단지 소비된 음식의 량이 중요한 것으로 보고 있다. 성장기 동안 약간 적은 량의 식이와 반대로 많은 량의 급식은 비만을 야기하고 골격의 문제를 야기한다.

성장기 동안의 과다 영양은 결국 많은 강아지에서 비만으로 이어진다. 성장기에서의 비만의 발생은 지방 세포의 크기와 수 증가에 의한 것이다. 성장하는 동물은 동화기의 기간으로 쉽게 체세포 수가 증가한다. 성견에서의 비만은 지방세포의 수라기 보다는 크기의 증가로 인한 것이다. 나이와 관계없이 체중 감소는 지방세포의 수를 감소시키는 것이 아니라 크기를 줄이는 것이다. 그래서 성장기의 과도한 지방의 증가는 전체 지방 수를 증가시키고 평생 동안 비만하게 된다. 비만은 여러 심각한 문제와 관련이 있다. 활동의 제한, 번식력, 수명, 삶의 질 등과 관련이 있다고 할 수 있다. 성견에서의 비만의 해로운 점은 평생 동안 건강을 위협하는 요소를 안고 산다는 것이다.

개의 몇 종류는 비만하기 쉬운 경향이 있다. 모든 강아지의 보호자들 중에서 특히 살찐 강아지를 선호하는 분들은 성장 중의 비만을 피하기 위해서 상담을 받아야만 한다. 그리고 추천된 식이를 공급을 해야 한다. 성장기 동안의 과식은 비만의 위험만 높이고 성장 크기와 근골격의 발달을 유도하지는 않는 다는 것이다. 사실, 과식을 한 강아지는 비만으로 인해 골격계 질환의 빈도가 높아진다.

성장기의 과식은 대형견에서 비만을 보이지 않을 수 있지만 성장률을 가속화시켜 여러 심각한 골격계의 문제를 일으키게 한다. 고관절 이형성(hip dysplasia), 해리성 골관절염 osteochodritis), 비절하수(dropped hock), 평발(splayed feet), 사지 왜곡 기형(angular limb deformities), 팔꿈치 관절 아탈구(elbow subluxation), 흔들림 증후군(wobbler syndrome), 파행(lameness) 등이 예이다. 하지만 강아지의 골격계의 성장을 평가하는 것은 주의를 요한

다. 거의 모든 강아지들에서 특히 대형견에서 비절의 하수는 보이며, 관절의 과다 성장이 정상적으로 보일 수 있다. 중등도 골간단의 확장은 성장기 동안의 생리적인 과정이고 뼈의 길이 생장의 과정이다. 대형견종에서 빠른 성장기간 동안 골간단의 확장은 때론 구루병과 구별하기 힘든 경우가 많다. 생리적인 확장은 되돌아오게 되고 성장 후에는 골격계의 문제를 나타내지 않는다. 추가적인 미네랄, 비타민 등은 골간단의 생리적인 확장을 변화시키지 않는다. 하지만 병리적인 것뿐 아니라 생리적인 골 변화는 음식의 공급 감소에서 줄어들고 성장률이 줄어든다.

최고의 성장률을 얻을 수 있는 적절한 양의 모든 영양소를 갖춘 양질의 사료의 과식은 골격계의 문제를 야기한다. 더 크고 더 빠르게 성장하는 강아지는 과식으로 인해서 더 쉽게 골격계의 질환을 얻는다. 이유 후 높은 칼로리 음식을 먹은 강아지들은 같은 사료를 적게 먹은 강아지에 비해서 더 높은 비율로 더 일찍 더 심한 고관절 이형성을 보인다. 그레이트덴에서의 자유 급식은 같은 사료로 량을 1/3 줄여서 급여한 경우에 비해서 골관절염이 높은 빈도로 나타났다. 이러한 연구들은 성장기 동안의 음식량의 조절은 성견에서의 체형의 크기를 감소시키지 않고 자유 급식의 경우에서 보여 주었던 비만이나 골격계 문제 등을 줄일 수 있다는 것을 보여준다.

최고의 성장기에서 강아지들은 맛 좋은 사료를 자유 공급한 경우, 체중의 5.5~7% 정도를 먹게 된다. 이 사료들은 모두 소화 장기를 거치게 된다. 식이의 에너지량의 증가는 더 많은 칼로리를 가지게 된다. 칼로리 섭취가 증가함에 따라, 성장률과 지방 축적이 증가하고 각각 골격계의 문제와 비만을 야기한다. 과도한 성장률과 비만을 제어하는 2가지 방법은 먹이는 량을 제한하고 과다 성장률이 되지 않도록 하는 것이다. 과다 성장률을 제어하고 지방 축적이 되지 않도록 하는 몇 가지 형태의 사료가 있다. 하지만 이러한 사료들은 몇 가지 문제를 일으킬 수 있다. 아래는 이러한 사료에 대한 설명과 문제점에 관한 글이다.

① 보통의 질을 가진 사료와 같은 부적절한 대사 칼로리를 가진 사료.
　강아지들의 위장관은 이러한 사료를 소화해서 충분한 에너지를 얻기 힘들기 때문에 성장률 과다나 비만은 되지 않는다. 하지만 에너지의 부족 때문에 강아지는 계속 먹게 되어서 위장관은 언제나 가득 차 있게 된다. 이때 항상 활동성이 좋은 강아지의 위간 인대가 늘어나게 된다. 이러한 경우 급성위확장에 의한 전위(Acute gastric dilatation-volulus)가 발생될 확률이 높다.

② 많은 미네랄을 가진 사료. 어떤 식이 미네랄의 과다 섭취는 다른 미네랄의 흡수를 막아서 이차적인 미네랄 결핍을 일으킨다.
　이러한 사료는 성장을 느리게 하고 결과적으로 피부의 문제, 고환변성, 면역부전, 저갑상선증, 골격계 문제를 일으킨다. 또한 이러한 사료는 성숙한 개의 경우 급성

개와 고양이 영양학

위확장에 의한 전위(GDV)를 일으키는 위험성을 증가시킨다.
③ 부적절한 아미노산을 가진 사료. 이 사료는 결과적으로 단백질의 양, 소화력, 질에서 부적절한 사료이다.
이러한 사료는 성장을 더디게 하고 면역력을 떨어뜨리고 피모의 질을 좋지 않게 하며, 상처치유를 느리게 하고 근육 형성을 더디게 한다.

양과 관련 없이 최고 성장률을 얻을 수 없는 사료를 먹일 때의 문제와 최고의 성장률을 얻을 수 있으나 자유 급식을 할 때의 문제 때문에 강아지는 적절한 성장률로 성장하기 위해서는 최고의 성장률을 얻을 수 있는 사료를 성견이 되었을 때의 몸무게의 80~90%에 이를 때까지는 자유급식을 하지 않고 조절을 해서 먹여야 한다. 자유급식 대신, 하루에 두 번 시간을 정해서 먹이는 것이 좋다. 6개월까지는 하루 3번 정도 급식을 하고 12개월까지는 2번 급식을 한다. 대형견의 경우 18개월까지 2번은 급식을 해야 한다. 매일 대사에너지의 섭취는 유지 용량의 2배 정도를 3개월까지 유지하면 되고 점차 줄여나가야 한다.

 **Ⅳ 성장기 동안의 보조 영양제**

성장하는 강아지들은 단지 질 좋은 사료만으로 충분하다. 질 좋은 사료는 영양적으로 균형이 잡혀있고 비타민, 단백질, 미네랄이 성장에 필요한 량을 모두 충족시킨다. 추가적인 단백질, 비타민, 미네랄은 음식에서 영양의 균형을 깨뜨릴 수 있다.

만약 보호자나 수의사가 어떤 상표의 사료가 영양적인 불균형을 보이는 증상을 나타낸 경우를 보았다면 대신할 수 있는 보조 영양제를 찾는 것이 아니라 좀 더 좋은 질의 영양이 적절한 사료를 공급해야 한다. 하지만 사료가 적당한 균형을 갖춘 경우라고 판정된다면 사료의 양을 조절해 주어야 한다. 과식은 균형 있는 사료를 과다 영양으로 되게 한다.

골격계의 문제는 과도한 에너지의 섭취 뿐 아니라 부적절한 단백질, 칼슘, 인, 비타민 A, D의 부족 등으로 발생 할 수 있다. 성장하는 강아지의 필요량 보다 많은 량의 단백질은 고관절이형성 등의 골격계의 문제를 일으킨다.

가장 흔한 오해는 대부분의 개의 골격계의 질병은 부적절한 칼슘과 비타민 D 부족으로 일

어난다는 생각이다. 모든 종과 생리적인 상황에서 최적의 칼슘/인의 비율은 인 1에 칼슘 1.1~1.4 비율이었다.

과도한 칼슘의 공급은 고칼슘혈증, 저인혈증, 고칼시토닌혈증을 야기하여 뼈의 흡수를 지연시키고, 연골성숙, 뼈성숙, 뼈의 재구성이나 성장 판의 연골과 관절의 내연골 골화 과정을 방해한다. 이러한 골격계의 변화는 결과적으로 골연골증을 야기하고 지연된 연골의 성장과 전지를 휘게 하거나, 흔들림 증후군, 지연된 성장과 크기를 보이게 된다. 그레이트덴의 강아지에서 이런 결과를 보였는데, 약 3.3%의 칼슘이 함유된 사료를 먹인 경우였다. 대부분의 판매되고 있는 사료 내의 함류량은 1.2~2.5%정도이다. 하지만 때론 3%에 이르는 함유량을 가진 경우도 있다. 비대성 골질병, 고관절 이형성, 흔들림 증후군, 호산구성 범골염, 골연골염, 해면골의 유합 부전 등을 보일 수 있다.

비타민 C 부족은 개의 골격계의 질병의 문제를 야기할 수 있고, 비타민 C 공급은 뼈와 관절의 문제를 줄이는데 도움이 될 수 있다.

과도한 칼슘의 섭취는 인, 철, 아연, 구리의 흡수를 감소시키고, 이러한 미네랄의 결핍을 야기한다. 칼슘의 과도 섭취에 의한 아연의 결핍은 흔하게 일어나는 잘못된 관리에 의한 질병이다. 칼슘 보조제를 너무 많이 먹이거나, 높은 칼슘 농도를 가진 질이 좋지 않은 사료를 먹인 경우 볼 수 있다. 이런 경우 피부의 각질이 심해지고 비듬이 많이 생긴다. 이러한 아연 결핍은 피모의 탈색을 일으키게 한다. 이러한 강아지들은 정상적인 아연 공급을 받은 경우보다 크기가 작은 경우가 많다. 아연 결핍은 고환의 변성을 일으켜 생식기계의 능력을 저하시킨다. 또한 치유를 늦게 하고, 단백질 이용을 어렵게 하고, 신경계의 능력을 저하시키고, 면역력을 떨어지게 하고 골격계의 이상을 초래한다.

과도한 칼슘의 공급은 성장을 느리게 하고 억제한다.

지속된 칼슘의 과다 섭취는 과식과 같이 고창을 잘 일으킨다. 이 질병은 가슴이 깊고 큰 종을 가진 보호자가 가장 근심하는 질병 중 하나이다. 대부분 이런 대형견의 경우 저급 사료를 많이 먹고 임신이나 성장기, 수유기에 칼슘을 보조제로 공급하게 된다. 지속된 칼슘 과다 섭취가 고창을 일으키는 원인으로 주요한 영향을 준다.

칼슘의 섭취는 가스트린의 분비를 자극하기 때문에 지속적인 칼슘의 과다 섭취는 가스트린의 분비를 증가시킨다. 가스트린은 위식도의 긴장성을 증가시키고 위에서 음식이 내려가는 부분이 유문부 괄약근의 긴장성을 증가시킨다. 계속적인 가스트린의 분비는 유문부 위점막의 증식을 또한 야기한다. 이러한 위 점막의 증식과 비대는 고창을 보이는 개에서 흔히 보이는 증상이다. 위 점막의 증식과 증가된 괄약근의 긴장성은 위를 비우는 것을

개와 고양이 영양학

방해하여 고창이 되기 쉽도록 한다. 임신 기간 동안 펜타 가스트린의 공급은 어미 개와 강아지의 점막하직의 섬유화와 위의 근육층의 비대를 야기했다. 따라서 칼슘의 임신기 과다 공급은 분만 후에라도 고창에 걸리기 쉬운 상태를 만들 수 있다. 이러한 영향은 성장기에 칼슘을 과다 섭취하는 경우 더욱 심하다.

 이유 후의 관리

영양 외에 건강하고 바른 육체적인 성장을 하기 위해서 다른 요소들이 있다. 적절한 운동과 예방접종, 기생충 구제 등을 들 수 있다. 강아지의 정신적인 발달과 훈련도 매우 중요한 부분이다. 새롭게 이유한 강아지가 엄마와 형제로부터 떨어져 새로운 집에 적응을 해야 하는 경우 꽤 많은 시간을 필요로 한다. 특히 그 집에 다른 강아지가 있는 경우 처음 4~8시간 동안은 마주치지 않게 하여 새로 적응해야 하는 강아지가 다른 개의 억압 없이 환경에 적응할 기회를 주어야 한다. 그렇게 해야 기존의 개도 영역에 대한 방어가 줄어든다.

동물 행동학자들은 개들이 처음으로 마주쳤을 때, 최소의 간섭을 한 상태에서 지켜보아야 한다고 말한다. 만약 서로 가깝게 평화롭게 산다면 종속 관계가 성립된 것이다. 하지만 사람이 이러한 관계에 자꾸 끼어들면 서열을 정하는데 문제를 일으켜 개들의 사회의 안정을 얻을 수 없다.

보통 집에 있던 개는 공격적인 행동을 보이며 자신의 위치를 확인하도록 한다. 강아지의 입이나 목을 물고 바닥에 밀친다. 으르릉 거리면서 귀를 세우고 입술을 실룩거린다. 눈으로 의사를 표시하면서 강아지 위에 잠깐 서 있는다. 이 행동은 정상적인 사회화 행동이며 방해하지 말아야 한다.

모든 개들은 동시에 먹이면서 다른 장소에서 먹여야 한다. 우위에 있는 개는 다른 개의 밥그릇부터 먼저 비울 것이다. 이러한 긴장감은 장난감과 개껌 등에서도 보인다. 이러한 기간 동안 보호자는 최소의 간섭만을 해야 한다. 마주치는 상황에서 기존의 개는 계속 고통을 가할 것이다. 때로는 새로 온 강아지가 화도 내보고 으르릉 거리기도 하지만 소용없다는 것을 배워야만 한다. 만약 보호자가 강아지의 소리에 놀라서 집에 있던 강아지의 훈련 과정을 막으면 사회화의 과정을 점점 어렵게 하는 것이다.

일단 서열이 정해지면 우위의 동물은 먼저 반겨주고, 먼저 먹을 것을 주고, 앞에서 걷게 하며, 차와 집과 다른 장소에 먼저 들어가도록 하고 먼저 귀여워 해주고, 먼저 놀아주어야 한다.

어린 강아지가 처음 집에 오면 상자를 신문과 부드러운 모포 같은 것으로 깔아주고, 따뜻한 곳에 둔다. 이틀 동안은 따뜻한 물병과 소리나는 시계를 같이 놔두면 강아지는 어미의 품에 있는 것으로 여겨 편안하게 자기 때문에 가족들이 시끄러움 없이 잠을 잘 수 있을 것이다.

집에서 길들이기에서 가장 중요한 것은 다음과 같다: 1) 감금, 2) 규칙적인 생활, 3)간단한 칭찬, 너무 지나치거나 모든 일에 칭찬을 하는 것은 좋지 않다. 4)벌주지 않기. 이러한 훈련에 가장 적절한 기간은 6~8주 정도 되었을 때이다. 하지만 성숙한 개에서도 가능하다. 우선 케이지를 준비한다. 크기는 누웠을 때 다리를 뻗을 수 있는 정도는 되어야 한다. 강아지가 소변이나 대변을 보고 싶으면 짖거나 끙끙거릴 것이다. 그러면 원하는 장소에 데리고 가서 소변이나 대변을 보면 칭찬을 해준다. 만약 케이지에 있지 않을 때는 계속 지켜보고 있다 돌거나, 쿵쿵거리거나 쪼그리고 앉는 등의 조금이라도 이상한 행동을 하면 원하는 장소로 데려가야 한다.

항상 같은 장소에서 대소변을 보도록 가르쳐야 한다. 개들은 장소의 촉감을 느끼기 때문에 한가지로 정하는 것이 좋다. 실내에서는 신문이 좋고 실외에서는 풀이나 아스팔트 등이 좋은 장소가 된다. 강아지는 언제 누워서 잠들지 모르므로, 케이지에 넣어둔다. 이렇게 해야 깨어나 끙끙거리기 전까지는 관찰하지 않아도 된다. 강아지는 보통 깨어나거나 먹고 난 후 15~30분, 잠들기 전 15~30분전 화장실을 간다. 이 때 가능한 원하는 장소에 데려가고 같은 시간 때를 이용하는 것이 좋다. 1주일이면 많이 개선되고 2~4주 정도면 완전히 훈련에 적응한다.

이 방법의 좋은 점은 개를 병원에 입원시키거나 위탁을 할 때, 두려움을 적게 느끼는 것과 가족들이 없을 때 주변을 어지럽히는 행동을 하지 않는 다는 것이다. 하지만 케이지를 떠나려 하지 않으려는 경우 그 자리에서 소변과 대변을 모두 해결하게 되어 보금자리를 더럽히지 않으려는 본성을 잃어버리게 되는 경우가 발생할 수 있다.

Dog & Cat Nutrition

CHAPTER 6 고아 강아지의 식이와 보살핌

I 급식

제품화된 초유가 어린 강아지와 고양이에게 선호되어 진다(표 6-1). 각 젖의 성분을 비교하면 유당(lactose)의 함량의 차이가 많다(표 6-2). 우유의 경우 개와 고양이의 것과 비교하여 약 3배가 많이 들어 있다. 어린 강아지, 고양이에게 많은 량의 우유를 먹이면 유당 불내성 때문에 더 쉽게 설사를 하게 된다. 또한 개의 젖은 우유보다 많은 량의 단백질을 함유하고 있으며 고양이의 젖은 1/3정도 더 많이 함유하고 있다. 염소젖은 오히려 우유에 비해 좋지는 않은 것같다.

표 6-1. 제품화된 고아를 위한 분유

강아지용
  1. 에스비락과 유니락.
  2. 건조우유를 20%로 희석한 것, 설사가 있으면 다른 분유 먹일 것.
  3. 캔으로 된 강아지 음식을 물과 2:1로 섞어 간 것.
  4. 우유 1컵, 샐러드 기름 1티스푼, 유아 비타민 1방울을 섞은 것.

고양이용
  1. KMR.
  2. 0.5컵 우유와 계란 노른자 1개, 비타민 1방울을 섞은 것.

고아에게 권장되는 먹이는 량은 표 6-3과 같다. 이러한 양은 태어나서 하루에 체중의 10~15%에서 점점 증가하여 20~25%까지 증가한다. 하루에 네 번 이상 먹어야 하며, 배가 부르도록 먹이되 너무 팽창되지 않도록 한다. 배가 부른 정도는 때론 먹는 량 기준표를 보고 결정하라. 처음 며칠 간은 조금 적게 주고 며칠 지나면서 양을 늘려 주는 것이 좋다. 충분한 음식을 먹여야 한다. 첫 몇 주 동안 강아지는 단지 먹고 자기만 한다. 만약 계속 운다면, 배고프거나

개와 고양이 영양학

춥거나 둘 중의 하나다. 고양이와 강아지의 정상 분만 체중과 성장률이 표 6-4에 나와 있다.

표 6-2. 각 우유의 영양적인 함유량

영양(Nutrient)	% 사료로서의 영양(% 건물로서의 영양)				
	암캐의 젖	우유	무가당연유 + 물	고양이의 젖	염소의 젖
습도(Moisture)	77.2(0)	87.6(0)	80(0)	81.5(0)	87(0)
건물(Dry Matter)	22.8(100)	12.4(100)	20(100)	18.5(100)	13(100)
단백질(Protein)	8.1(35.5)	3.3(26.6)	5.32(26.6)	8.1(43.8)	3.3(25.4)
지방(Fat)	9.8(43.0)	3.8(30.6)	6.12(30.6)	5.1(27.6)	4.5(34.5)
유당(Lactose)	3.5(15.4)	4.7(37.9)	7.58(37.9)	6.9(37.3)	4.0(30.8)
칼슘(Calcium)	0.28(1.23)	0.12(0.97)	0.19(0.97)	0.035(0.19)	0.13(1.0)
인(Phosphorus)	0.22(0.96)	0.10(0.77)	0.15(0.77)	0.07(0.38)	0.11(0.85)
대사에너지(ME) kcal/100g	126	61	98	97	65
유당mg/kcal ME	28	77	77	71	62

표 6-3. 고아를 위한 분유 용량

나이(주령)	용량(ml/100g BW/day)
1	13
2	17
3	20
4	22

- 하루에 네 번 나누어 먹일 것
- 3주에 이르면 고형 음식을 먹이도록 노력할 것

표 6-4. 정상적인 강아지와 고양이의 몸무게와 성장률

강아지	분만시 몸무게(g)
포메라니언	120
미니어쳐 슈나우져	180
비글	280
코커스파니엘	280
저먼 셰퍼드	400
그레이트 덴	450~550
고양이	90~110

- 강아지는 첫 5달 동안 성견 몸무게의 2~4g/day/kg, 고양이는 50~100g/주 성장한다.

고아를 먹일 때 항상 따뜻하게 해서 모든 기구는 소독을 철저히 하여 먹여야 한다. 스푼이나 떨어뜨려 먹이는 것은 오연성 폐렴을 야기할 수 있다. 젖꼭지가 있는 전용 젖병을 사용

제 6장 고아 강아지의 식이와 보살핌

하도록 하는 것이 좋다. 구멍은 불에 달군 바늘로 뚫을 수 있으며, 흐르지 않을 정도로 구멍을 내야하며 젖꼭지를 짜는 경우 천천히 나오도록 하는 것이 좋다. 강아지나 고양이의 입에 넣고 손으로 짜서 먹이지는 말아야 한다. 이것 또한 오연성 폐렴을 일으킬 수 있다.

보다 더 효율적으로 급여하기 위해서 급여 튜브(feeding tube)가 이용된다.

 ## II 고아를 위한 집

새로 태어난 강아지와 고양이는 첫 주에는 변온동물과 같아서 스스로 체온을 조절할 수 없으며, 약 1달까지는 스스로 체온을 조절하는 기능이 떨어진다. 4주까지는 다 자랐을 때와 비교하여 1~5℃ 낮을 수 있다. 이는 주변의 기온에 따라 다르다. 만약 엄마와 동배들과 떨어져 있는 경우 주위 온도를 첫 주에는 30℃를 유지해야 하고, 2~3주 동안은 27℃, 4~5주 동안은 24℃를 유지해야 한다. 체온이 30도 이하로 떨어지는 경우는 면역력의 심한 감소를 보인다. 하지만 주변 온도가 37~39℃에 이르면 탈수로 인한 심장이나 호흡기에 무리를 주게 되어 위험하다.

적절한 집은 상자에 전기 장판을 반 정도만 설치하여 너무 더우면 움직였다 추우면 따스한 곳으로 움직이도록 해주어야 한다. 전체적으로 너무 덥게 등을 켜주거나 전부 패드를 깔아 주는 것은 좋지 않다. 추가적인 담요나 거적을 넣어 주면 좋다.

 ## III 고아의 행동적인 양상

고아로 자란 어떤 고양이와 강아지들은 성격적인 이상을 보인다. 엄마와 같이 있지 못하고 인공 포유를 하게 되면, 다른 강아지들을 무서워하고 공격적이게 된다. 심리적인 문제로 교배 등을 거부하고 오히려 사람에게 그들의 성적인 행동을 보이게 된다. 사람에게 너무 의지하다 보니 혼자 남겨지면 두려움을 느끼게 된다. 이러한 성격의 이상은 파괴적인 행동을 가져오고, 짖고, 끙끙거리고 자해를 하기도 한다. 이러한 문제는 고아에게서 뿐 아니라

너무 이른 시기(4~6주)에 어미로부터 떨어지는 경우도 해당된다.

엄마 고양이와 다른 동배 고양이들과의 접촉 없이 자란 어린 고양이도 행동의 이상을 보일 수 있다. 정상적인 탐구 행동이 제한되기 때문이다. 이러한 고양이들은 육체적 억압에 수동적이고, 소리에 민감하게 반응하고, 다른 동물과의 사회관계를 형성하지 못한다. 비정상적인 행동의 발달은 동배의 고양이나 대리모를 이용하여 줄일 수 있다.

고아가 된 강아지와 고양이를 기르는 첫 번째 방법은 어린 새끼를 기르고 있는 다른 엄마에게 데려가는 것이다. 이것이 불가능하다면 사람의 손으로 기르는 것인데, 적어도 첫 4~6주 동안은 다른 어린 동물들과 접촉을 많이 하도록 노력해야 한다. 젖은 먹을 수 없더라도 따스함과 엄마의 보살핌은 도움이 된다. 다른 동물과 사람들과의 접촉이 없이 혼자 크는 것은 가장 좋지 않다.

 아픈 강아지와 고양이의 급여와 보살핌

분만에서 살아난 강아지 중 28%가 첫 주에 사망한다. 그 후 10%가 2주째에 사망하게 된다. 신생 고양이의 사망률도 유사해서 약 10~49%에 이른다. 엄마에 눌려져서, 노출되어서, 굶어서 죽는 것이 가장 많은 이유이다. 눌려져서 죽는 경우 너무 좁은 공간이나 경험이 없는 엄마, 비만인 경우 등이 해당된다. 다른 가장 큰 이유는 Fading-puppy complex(정상적으로 태어나서 전신쇠약, 체온하강, 감염, 선천적 이상 등에 의해서 수일 내 사망하는 증후군)에 의해서 일어난다.

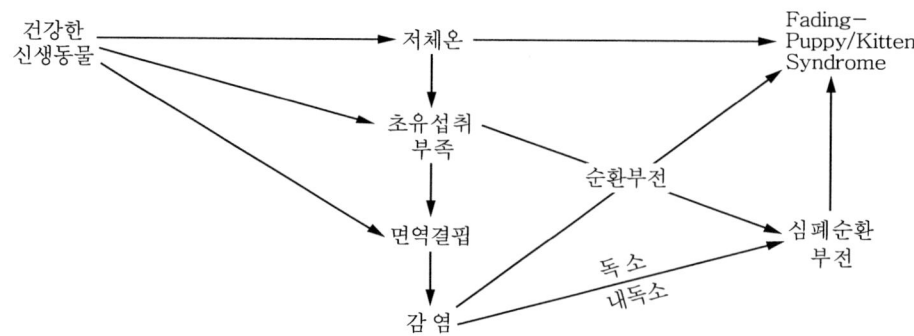

● 그림 6-1. Fading Pyppy/Kitten Syndrome의 원인들

앞의 그림과 같이 여러 요인들의 작용에 의해서 이러한 증후군을 일으킨다. 고양이에서는 페이딩-키티 증후군(Fading-kitty syndrome)라 할 수 있다. 저체온증이 된 경우 다른 어린 아기보다 병원균에 취약하게 된다.

페이딩 퍼피/키틴 증후군

신생아는 약 90%의 면역력을 초유에서 얻는다. 따라서 저체온이나 충분한 초유의 공급이 없으면 감염이 잘 일어난다. 초기의 충분한 초유의 공급은 초기의 수분의 보충이 분만 후 순환에 중요하기 때문에 매우 중요하다. 부적절한 공급은 결국, 순환부전으로 이어져 심폐 부전으로 이어진다. 동시 감염은 또한 심폐기능을 떨어지게 한다. 모든 노력이 초유를 먹여 적절한 면역과 순환이 이루어지도록 하는데 들여야 한다. 종종 신생아가 초유를 먹지 못하는데 원인은 조산이거나, 약하거나 저 체온일 때이다. 또 젖이 나오지 않는 경우도 있는데, 유선이 덜 발달하거나 부종, 유방염, 자궁염, 패혈증 등에서 보인다. 이러한 경우 고아의 경우와 마찬가지로 분유를 공급해서 충분한 영양을 공급해야 한다.

신생아기 동안 대부분의 질병은 탈수, 저혈당, 저체온을 특징으로 한다. 어떤 원인에 상관없이, 아픈 신생아의 관리는 이러한 3가지 요소를 교정해야만 한다.

신생아를 따뜻하게 유지해서 저체온증을 막아야 한다. 직장체온이 34.5℃ 이하라면 신생아는 젖을 빨지 못하게 되거나 빤다 하더라도 먹지 못한다. 이러한 신생아는 계속 울고 교정하지 못하면 몇 시간 이내에 죽는다. 너무 빨리 체온을 올리면 산소 요구량이 너무 많아져, 심박량이 호흡의 능력을 초과할 수 있다. 가능하다면 산소 포화도를 40%로 유지하면 좋다. 저 체온의 정도에 따라 1~3시간 정도 교정을 한다. 어미 개는 저 체온인 강아지는 돌보지 않으나 따뜻해지면 쉽게 다시 돌본다.

저혈당과 탈수는 신생아를 먹지 못하게 한다. 이러한 상태는 피하에 5% 포도당과 Ringer's lactate 용액을 체중 30g당 1ml 정도 주사하면 막을 수 있다. 신생아가 반응을 할 때까지 매 15~30분마다 영양 전해질을 체중 30g당 1ml를 먹여라. 체온이 35도가 되기 전에는 분유를 먹이지 말아야 한다.

신생아는 때때로 저프로트롬빈혈증(hypoprothrombinemia; 비타민 K결핍의 주요증상) 증상을 보이게 되는데 이것은 Vit. K_1을 주사하여 교정해야 한다.

고양이의 식이와 돌보기
(Cats – Feeding and Care)

고양이의 건강과 삶의 질의 향상, 수명연장을 위해서는 적절한 사양과 보살핌이 반드시 필요하다. 적절한 사양관리를 위해서는 다음의 사항들이 요구된다.

① 고양이에게 필요한 영양소의 기초이해
② 다양한 고양이 식품이 함유하고 있는 영양소의 장·단점 및 제공이 가능한 식품정보
③ 각각의 life cycle 단계에서 조심해야할 사항들

주의할 사항

칼슘, 인, 비타민 A & D 같은 특별한 영양소를 제공하는 보충식은 가끔 필요한데, 특히 성장기나 번식기에 그러하다. 그러나 불행하게도 잘못된 정보로 인해 오히려 고양이를 해롭게 할 수도 있다. 만약 저질 또는 영양학적으로 결핍된 고양이 사료를 급여했다면, 단지 보충식으로 결핍부분이 교정되는 경향은 높지 않다. 저소화성이나 특정 영양소의 과다가 저질사료의 가장 일반적인 문제이다. 그러므로 부족한 부분을 보충하는 것보다는 양질의 사료로 교체하는 것이 현명하고, 그 후 불필요하게 사료를 바꾸지 않는 것이 좋다.

비타민 A & D 중독은 결핍보다 더욱 일반적인데, 왜냐하면 이러한 비타민을 불필요하게 보충한다거나 생선기름에 많이 포함되어 있기 때문이다. 대부분의 과다한 미네랄은 다른 미네랄의 흡수를 감소시키고, 결과적으로 식이 내 미네랄 불균형을 일으킨다. B-complex 비타민과 비타민 C & E 같은 보충식의 고양이에 대한 유해성은 알려지지 않았지만, 정상적인 고양이에게 유익한 양을 초과하였을 경우에 대한 연구결과는 아직 없다.

고양이 사양에서 나타나는 일반적인 실수는 단독음식을 급여하는 것이다. 종종 고양이 음식으로 고기, 생선 또는 간이나 신장 같은 동물의 장기를 갈아서 주는 경우가 있는데, 이런 고양이는 그러한 음식을 더 선호하고 그 외의 음식은 거부하게 된다. 물론 모두가 균형 잡힌 식이를 위한 훌륭한 단백질원이지만, 영양학적으로 매우 불균형하고, 영양학적 질환 발생을 증가시킨다. 그러므로 이러한 단백질원은 고양이 전체 식이의 25% 이상을 차지해서는 안되며, 10% 이하를 유지하는 것이 더 좋다. 고기, 간, 신장은 칼슘함량이 매우 낮으며, 만약 과다섭취하게 되면 영양학적으로 속발성 부갑상선기능항진증을 일으

개와 고양이 영양학

켜 골격기형을 야기할 것이다. 어떤 물고기의 내장은 티아민을 파괴하는 효소인 thiaminase를 함유하고 있다. 이로 인한 비타민 B_1 소실은 소뇌 피질의 괴사를 일으켜 경련과 뇌손상을 유발하여, Chastek 마비라고 불리는 상태를 일으킨다. 이러한 효소는 가열하게 되면 파괴된다. 어떤 물고기 기름은 과다한 불포화지방산을 함유하나, 비타민 E와 같은 항산화물질의 함유량은 낮다. 이러한 불균형은 췌장염을 야기한다.

우유는 종종 고양이에게 급여되는데, 훌륭한 음식이고 설사를 유발하지 않는다. 만약 설사를 일으킨다면 우유량을 감소시켜 먹인다. 어떤 고양이들은 이유 후에 milk sugar lactose를 소화하기에 충분한 량의 lactase 갖지 못하기도 한다. 만약 고양이가 소화할 수 있는 량보다 많은 lactose 이상을 먹었을 경우에는 설사를 일으킨다.

뼈는 고양이에게 급여하지 않아야 한다. 닭과 물고기 뼈는 부서져서 인두와 위장관을 손상시킬 수 있다. 큰 뼈의 경우에는 씹을 때 이빨이 부러질 수 있다. 개사료를 고양이에게 급여하는 것이 가장 일반적인 실수 중에 하나이다. 아마도 개사료가 저렴하기 때문일 것이며, 이러한 문제는 개와 고양이를 함께 키우는 가정에서 주로 나타난다. 대부분의 고양이 사료는 지방과 단백질 함량이 개사료보다 높아 기호도가 더 높다. 그러므로 개와 고양이를 함께 키울 경우에는 개가 고양이 사료를 먹게 될 것이고, 고양이는 어쩔 수 없이 개사료를 먹게 된다. 이렇게 되면 보호자들은 고양이 사료급여를 포기할지도 모른다. 이러한 경우에 고양이는 심각한 영양학적인 문제를 일으키게 된다. 앞에서 설명했듯이, 고양이는 개와 다른 몇 가지 중요한 대사적 차이점을 갖고 있다. 이러한 차이점에 의해서 나타나는 고양이의 문제점들은 동물성 사료원료를 많이 포함하고, 식물성 원료를 적게 포함시킴으로써 예방하고 교정할 수 있다. 이것은 곧 적당한 양의 동물성 원료를 음식에 포함시켜야 한다는 것을 의미한다. 개 사료가 고양이에게 영양학적 문제를 일으키는 이유는 다음과 같다.

① 고양이는 개보다 많은 단백질 요구량을 갖는다.
② 고양이 사료에는 타우린이 요구되는 반면에 개는 그렇지 않다. 부적절한 타우린 함량은 고양이에서 중심망막의 퇴행과 실명을 야기한다.
③ 고양이는 지방산인 linoleic acid를 arachidonic acid로 전환할 수 없지만 개는 가능하다. 그러므로 고양이들은 동물조직 내에만 존재하는 arachidonic acid의 전구체를 소비해야 한다. 만약 고양이가 이러한 영양소를 섭취를 하지 못하면, 피모의 윤기가 없어지고 심각하게 결핍되었을 경우에는 기아상태가 되고 반점형 피부염으로 발달하게 된다.
④ 고양이는 식물 내에 들어있는 β-carotene을 비타민 A로 전환할 수 없으므로, 비타민 A의 전구체로 소비해야 하는데 이는 동물조직 내에만 존재한다.

⑤ 고양이는 아미노산인 tryptophan을 비타민 B, 니아신으로 전환할 수 없다. 그러므로 고양이는 식이를 통해서 니아신을 공급받아야 한다.
⑥ 고양이는 pyridoxine 요구량이 높다.

 고양이 해부, 생리 이해

고양이의 행동적, 해부학적, 생리학적 그리고 대사적인 특성을 살펴보는 것은 고양이의 영양학적 특성을 이해하는데 도움이 된다. 고양이는 작은 개가 아니다. 고양이와 개는 둘 다 생태학적으로 육식동물에 속하지만, 고양이는 전형적인 육식동물의 식이행동을 나타내는 반면에 개는 잡식동물의 행동양식을 나타낸다. 개의 잡식성은 와이오밍주의(미국 Wyoming) 코요테는 양떼를 습격하는 반면에, 남부 캘리포니아의 코요테는 메론, 복숭아, 살구, 포도, 자두, 체리 등을 약탈하는 것으로 증명할 수 있다.

고양이는 단독사냥을 하지만, 개는 무리 지어 사냥을 한다. 큰 고양이는 물릴 정도로 내장을 포함한 먹잇감의 전부를 먹지는 않는다. 이것은 고양이와 유사한 식이습성을 보이는 야생의 개 또는 늑대무리와 비교된다. 사실, 먹잇감의 내장은 늑대가 가장 먼저 먹는 부분 중 하나이다. 초식동물이 일반적인 먹잇감이기 때문에 이러한 먹잇감의 위장관계의 내용물은 일반적으로 식물에서 유래된다. 따라서 초식동물의 내장을 먹는 동물은 어느 정도의 식물성 물질을 섭취하게 된다. 또한 코요테는 초식동물의 배설물을 먹는다고 보고되어 있으며, 가축화된 개들도 그러하다. 대조적으로, 사자는 일반적으로 내부장기를 먹지 않는다. 그러나 어쩔 수 없는 경우에, 사자는 소화되지 않은 식물들을 토해내 버리기도 한다. 야생이나 가축화된 고양이는 일반적으로 먹잇감의 머리를 먼저 먹고 내장은 남겨둔다.

다음은 고양이의 육식성을 뒷받침하는 독특한 해부학적 구조를 설명한 것이다.

① 이빨과 턱

고양이는 개보다 전구치와 구치의 수가 적으며, 절치는 더욱 자르는데 특성화되어 있다. 고양이의 턱은 latero-medial & cranio-caudal 방향으로 움직이는데 한계가 있다. 그러므로 고양이는 음식물을 잘 분쇄하지는 않으며, 단지 음식물을 자르고 분배한다. 고양이는 동물의 조직을 먹고 살아가도록 디자인되어 있다. 개의 잘 발달된 이빨과 턱의 움직임은 식물조직을 포함하는 다양한 식이습성을 뒷받침하는 것이다.

② 얼굴구조

고양이의 눈은 특히 사냥에 잘 적응되어 있다. 얼굴 정면에 위치하여 움직임에 매우 민감하다. 귀는 정면을 향하고 있다. 고양이는 특별한 얼굴의 촉각 털을 갖고 있어, 야간의 사냥과 눈을 보호하는 기능에 도움을 준다.

③ 사지

고양이는 먹이를 보정하기 위해 디자인된 견인할 수 있는 발톱을 갖고 있다. 개의 발톱은 단지 먹이를 잡는데 있어서 부수적인 역할만을 한다.

고양이는 또한 개와 구별되는 육식동물의 몇 가지 생리학적, 대사적인 특성을 갖고 있다.

1) 에너지 대사

고양이의 에너지 대사는 흥미롭게도 반추류와 비슷한 부분이 있다.

예를 들면

㉮ 대부분 동물의 간은 두개의 활성 효소시스템인 hexokinase와 glucokinase 갖고 있는데, 당을 glucose-6-phosphate로 전환하는 효소이다(이러한 전환은 간이 당을 사용하기 위해서 필수적이다). glucokinase 시스템은 간이 간문맥으로부터 많은 양의 당을 공급받을 때 작동한다. 야생 고양이와 반츄류의 먹이에는 소량의 용해성 탄수화물만이 포함되어 있다. 그러므로 이러한 먹잇감을 먹을 때, 고양이나 반츄류의 간문맥 시스템은 소량의 흡수성 당만을 간으로 전달하게 된다. 고양이와 반츄류는 간의 glucokinase 활성이 매우 낮다. 사람, 개, 쥐와 같은 잡식동물은 높은 glucokinase 활성을 갖는다.

㉯ 고양이와 반추류는 이유하기 전에는 자연적으로 용해성 탄수화물을 받아들이지만, 성장 후에는 혈당유지를 위해서 원발적으로 glucogenic amino acid, propioinic acid, lactic acid, glycerol로부터의 당신생에 의존하도록 디자인되어 있다. 잡식동물에서 최대의 당신생은 흡수후 상태에서 (post-absorptive) 일어난다. 고양이와 반츄류의 당신생은 식사 후에 즉각적인 흡수단계에서 일어난다. 반추류의 당신생은 원발적으로 propionic acid로부터 일어나는 반면에 고양이는 glucogenic amino acid로부터 생산된다.

2) 단백질 대사

고양이는 개보다 유지를 위한 단백질 요구량이 높다. 성장기 고양이의 단백질 요구량은 개의 요구량 보다 50% 이상 높은 반면에, 성장 후에는 두 배 이상 높아진다. 고양이의 단백질 요구량이 높은 것은 특정 아미노산의 요구량이 높기 때문은 아니다. 대신에, 이것은 아미노산을 아미노산 그룹에서 제거하는 간의 높은 효소활성에 의해서 일어나는데, 그래서 결국 케토산이 에너지 또는 단백질 생산을 위해서 사용될 수 있다. 잡식 또는 초식동물과 다르게, 고양이는 저단백식이를 섭취할 때 이러한 효소의 활성을 감소시킬 수 없다. 이것은 고양이의 동물성 식이에 대한 강한 집착이 저단백식이에 대한 적응력 발달을 부족하게 만들었기 때문으로 보인다. 결과적으로 이러한 효소 시스템은 언제나 활성상태이므로, 고정된 양의 식이단백질이 항상 에너지를 위해 이화되고 있는 것이다. 고양이 간의 당신생 효소는 영구적으로 활동 상태에 있다. 게다가 신선한 먹잇감에는 존재하는 변형된 당신생 경로도 고양이에서 활동한다. 이러한 경로는 당의 전구체인 serine을 사용한다. serine은 비필수아미노산으로 근육, 우유, 달걀에 많은 양이 포함되어 있다. 고양이는 또한 특별한 두개의 아미노산이 필요하다.

㉮ Arginine : 고양이에서 arginine 결핍은 매우 극적인 반응을 나타낸다. arginine이 결여된 식이를 급여하면 한 시간 이내에 hyperammonemia를 일으킨다. 2~5시간이 지나면 심각한 암모니아 중독증상을 나타내며 죽을 수도 있다. 고양이가 arginine 결핍에 매우 민감한 이유는 urea cycle에서 arginine으로 전환되는 충분한 양의 ornithine 또는 citrulline를 합성할 수 없기 때문이다. 그러므로 arginine 결핍 사료를 먹은 고양이는 높은 활성 단백질 이화효소로 인해 간에서 암모니아가 생성되지만, arginine이 없는 urea cycle은 암모니아를 urea로 전환하지 못하고, 결국 암모니아 중독을 일으키게 된다. 야생에서 고양이의 먹잇감인 동물조직은 높은 단백질을 포함하기 때문에 단백질 함량이 다양한 먹이를 먹는 종에 비해서 단백질 대사의 진화가 떨어진다. 그러나 arginine 결핍은 실험적으로 결핍된 사료를 급여하지 않았다면 거의 일어나지 않는다.

㉯ Taurine : Taurine은 고양이에서 식이적으로 요구되는 β-amino sulfonic acid 인데, 왜냐하면 다른 동물들에 비해 cystine으로부터 충분한 양을 합성하지 못하기 때문이다. 만성적인 taurine 결핍은 central retinal degeneration, 실명을 야기할 수 있다. 식물은 타우린의 원료로 좋지 않다.

3) 지방 대사

고양이는 식이지방을 높은 수준으로 활용하고 소화하는 능력을 갖고 있다. 그들은 특히 arachidonic acid를 필요로 하는데, 개처럼 linoleic acid로부터 만들 수 없었기 때문이다. 그러나 고양이가 가축화되면서 linoleic acid에서 arachidonic acid로 전환하는 능력이 부족하지 않게 발달되었다. 사자, 가자미, 모기도 arachidonic acid 합성하는 능력이 좋지 않다. 이러한 대사적 특성은 육식동물의 전형적인 성질이다.

4) 비타민 대사는 다음과 같이 개와 구별된다.

① 고양이는 tryptophan을 niacin으로 전환하지 못하므로, 고양이의 niacin 요구량은 개의 4배이다. 동물조직은 niacin 함량이 높다.

② 모든 transaminase의 prosthetic group은 pyridoxine(vitamin B_6)이다. 고양이처럼 신선한 고기를 먹는 동물은 식이단백질로부터 주요한 에너지를 얻는다. 이러한 동물들은 높은 transaminase 활성을 갖기 때문에, 잡식동물보다 요구량이 더 높다. 고양이의 pyridoxine 요구량은 개의 4배이다.

③ 비타민 A는 자연 상태의 동물조직에 함유되어 있다. 비타민 A 전구체는 식물로부터 합성된다. 잡식성과 초식성 동물은 β-carotene이 비타민 A로 전환되나, 고양이는 이러한 능력이 부족하다.

고양이의 수분 필요량 또한 개와 구별되는데, 이는 고양이의 식습관 때문만이 아니라, 극한 환경에서 적응해 왔기 때문이다. 현대의 가축화된 고양이는 북아프리카에 서식하는 소사막 고양이인 아프리카 야생 고양이로부터 진화되었다고 보여 진다. 사막에서 서식하는 동물의 후예인 가축고양이는 농축된 형태의 오줌을 배출하여, 결과적으로 물의 섭취가 적어도 살아남을 수 있게 되었다. 그러나 수분유지를 위한 이러한 적응 때문에, 고양이 하부요도계 질환(FLUTD)에 민감하게 되었다. 고양이의 약한 갈욕은 오줌의 스트루바이트 결정체의 결정화를 예방하기 위한 충분한 수분섭취를 방해한다. 만약 일반적으로 시판되는 고양이 건사료를 급여한다면, 고양이는 건사료 그람당 1.5~2ml의 물을 섭취하는 것이다. 이러한 비율은(2:1) 육식동물의 먹잇감이 포함하는 수분비율에(67%) 가깝다. 그러므로 고양이에게 캔사료를 급여하게 되면 매우 적은 량의 물을 마실 것이다. 캔사료는 3:1 water/dry 비율을(물 75%) 갖는다. 그러나 고양이는 밤낮으로 물을 마시는 반면에 개들은 정상적으로 낮에만 물을 마신다. 고양이가 어떤 것을 먹고, 어떻게 먹는 지와 상관없이 모든 고양이는 언제나 쉽게 물을 먹을 수 있도록 해주어야 한다. 수분분배 검사 같은 진단적 검사를 실시하거나, 질병관리, 외과수술 전을 제외하고는 고양이가 언제나 물을 먹을 수 있도록 해주어야 한다. 어떤 고양이는 매일 매일의 신선한 물만을 좋아하고, 어떤 녀석은 며칠씩 그릇에 담아둔 물을 더 선호한다. 이러한 특성은 물을 많이 먹도록 유도하는데 이용하기도 한다. 물 섭취량의 증가는 오줌을 통한 수분배출량 증가를 일으켜서 FLUTD 위험도를 감소시킨다.

제7장 고양이의 식이와 돌보기

Ⅱ 식이 급여 방법

급식에는 자유급식, 시간제한형 식사급여, 음식제한 식사급여의 3가지 방법이 있다. 자유급식시에는 고양이가 소비하는 양보다 더 많은 양을 언제나 먹을 수 있도록 급여해야 한다. 그러므로 고양이는 원하는 만큼 언제든지 먹을 수 있게 된다. 시간제한적 식이 급여는 일반적으로 5~30분정도의 시간이내에 음식물을 소비하도록 더 많은 양을 급여하는 방법이다. 반면에 음식제한 식이급여는 원래의 소비량보다 적게 음식을 급여하는 것이다. 두 가지 급여 방법 둘 다 하루에 한번 또는 두 번 정도 횟수를 반복해야 한다. 어떤 사람들은 한 가지 방법으로만 급여하기도 하며, 어떤 이들은 3가지 급여방법을 혼합하여 사용하기도 하는데, 건조 또는 반건조사료는(soft moist food) 자유급식하고, 캔사료 등 특별한 음식은 식사시간에 맞추어 급여한다. 각각의 급여방법은 장단점을 갖고 있다. 자유급식의 가장 큰 장점은 보호자의 일거리가 가장 적고, 고양이에 대한 많은 지식이나 생각이 필요하지 않으며, 또한 고양이가 충분한 양의 음식을 먹을 수 있다는 것이다. 만약 비만이 문제가 되거나 캔사료만을 먹으려 하는 경우가 아니라면, 자유급식은 일반적으로 가장 쉽고 좋은 방법이다.

야생에서 사냥하는 개들은 일반적으로 먹잇감을 게걸스럽게 먹고, 그들의 식사행동은 다른 개나 사람의 존재에 영향을 받을 수 있다(inhibited-type eaters). 고양이는 단독사냥을 하며, 일반적으로 혼자 먹는다. 그 결과 대부분의 고양이들은 게걸스럽지 먹지 않으며, 다른 탐식자들에게 영향을 받지 않고, 식사가 항상 가능할 때 조금씩 자주 뜯어먹는다. 자유급식을 하는 대부분의 고양이들은 음식의 형태와 상관없이 하루 종일 먹기도 한다. 한 연구에서 20마리의 고양이에게 건사료 또는 캔사료를 자유급식 하였는데, 낮 동안의 5~8시간에 그 양을 소비하였으며 밤에도 동일한 양을 소비하였고, 다른 기간에 비해 여름에는 오후동안은 소비량이 50% 감소하였다. 이러한 섭취빈도는 20마리 고양이 각각에서 나타났고, 건사료와 캔사료를 급여하는 고양이에서 몇 가지 차이를 보였다. 다른 연구결과에서는 자유급여시에 24시간동안 10~20회 정도 사료를 먹는다고 보고하였다. 이것은 자연상태에서의 식이패턴과 유사하게 나타났다. 쥐는 가축 고양이의 일반적인 먹이로 30kcal의 열량을 제공한다. 만약 3.5kg 고양이가 하루에 필요한 대사에너지가 300kcal라면, 최소한 쥐 10마리가 필요하고, 그러므로 하루에 10번 식사를 하게 되는 것이다.

만약 한 고양이가 더 많이 먹는다면, 식기를 따로 준비해서 서로 먼 곳에 위치하게 한다. 만약 개가 있다면 고양이의 식기는 고양이만 닿을 수 있는 장소에 놓아야 한다. 대부분의

개와 고양이 영양학

고양이들, 특히 암고양이는 변덕스러운 탐식자임으로 하루 또는 며칠 동안 소량의 사료를 먹고 그 후에는 많은 양을 소비하기도 한다. 만약 소량의 사료를 소비하는 기간 동안에 식이가 바뀐다면 사료 소비량의 감소가 확실히 일어나게 되는데, 이는 고양이가 전에 먹은 선호하던 사료를 찾을 수 없기 때문이다. 대부분의 건강하고, 성숙한 수유중 아닌 고양이는 하루 한 끼 식사로도 필요를 양질의 고양이 사료를 통해서 충분히 소비할 수 있다. 그러나 비만이 아니라면, 자유급식이 권장된다. 자유급식 또는 하루에 최소 3회 이상 급여하는 방법은 성장, 번식, 수유와 같이 필요한 칼로리가 증가되는 기간 동안에 선호된다. 위장관계의 능력이 제한적이기 때문에, 이러한 고양이는 하루에 한 번의 급식이나 저에너지사료를 급여시에는 필요량을 충분히 소비하지 못할 수도 있다. 수유기 또는 성장기 동안에는 칼로리를 과도하게 섭취하여도 고양이에서 문제를 일으키지 않는다. 소화율과 칼로리가 높은 사료를 자주 먹도록 하는 것은 소장이나 간기능 이상, 췌장분비부전, 쇠약, 몸무게 미달, 식욕부진의 문제를 갖고 있는 고양이에게 유익하다.

이러한 급여방법과 상관없이 규칙적인 스케쥴로 식사를 급여하는 것이 가장 좋으며, 사람이 먹는 음식(table scrap)과 일정성분만 포함하는 고양이 음식(ration type)은 피하는 것이 좋다. Table scrap은 다른 보조식품처럼 균형된 식이를 불균형하게 만든다. ration type food는 몇 가지의 에너지와 단백질을 공급하는 사료 함유물을 포함하는 것이다. 참치나 단독적인 음식을 과도하게 포함하는 고양이 사료들은 고양이의 식이의 25% 이상을 포함되어서는 안 된다. 한 가지 원료로 구성된 고양이 음식들은 일정 음식만을 선호하도록 하여 그 이외의 사료를 거부하게 만든다. 만약 고양이가 영양학적으로 완벽하게 조절되었다 할지라도, 한 가지 음식만 선호하는 것은 바람직하지 못하다. 이것은 질병관리 등 다른 상황에서 사료의 교체가 필요할 때 이를 매우 어렵게 만든다. 일정 사료만 선호하는 것은 다양한 단백질과 칼로리 원천을 포함하는 ration type food를 함께 급여함으로써 예방한다. 만약 ration-type food를 급여한다면 각각의 생산물이 사료성분의 다양함을 만족하는지를 확인하기 전에는 먹이지 않는다.

 먹이의 양

고양이가 요구하는 평균사료양은 고양이의 칼로리 요구량과 식이내 칼로리 밀도에 의해서 결정할 수 있다. 이러한 수치는 개체별 초기 사료량이나 그룹 내의 필요한 사료량을 결정하

는데 도움이 된다. 이러한 급여량 또는 특정 사료생산회사에서 명시하는 사료량은 다른 종류의 사료에는 적용해서는 안된다. 적당한 몸무게를 유지하는데 필요한 사료량은 고양이에 따라서 매우 다양하다. 고양이의 적당한 몸무게와 몸 상태를 유지하기 위해 필요한 양이 얼마든지 간에 그에 적합한 양을 급여해야 한다. 만약 늑골이 보이지 않고 피하지방이 과도하지 않다면, 몸무게와 건강상태는 적절하다고 할 수 있다. 대부분의 고양이는 과도한 지방이 하복부를 따라 쌓이게 되어 마치 앞치마를 두른 것처럼 나타난다. 성장기의 고양이는 급여량이 성립되었을 때 몸무게가 매주 늘어나야만 한다. 적절한 급여량이 성립된 후에는 고양이의 몸무게는 매달 모니터 해야 한다. 사료량이 변화할 때 이상적인 몸무게에서 5~10% 변화가 나타난다. 만약 적절한 양의 양질의 고양이 사료섭취가 가능하고 입맛이 까다롭지 않다면, 대부분의 고양이들은 자발적으로 그들의 에너지 섭취량을 조절하여 적당량을 먹을 것이다. 그러므로 비만한 고양이가 아니라면 사료량을 제한하지 않는다.

 유지

비만하지 않고 번식상태가 아닌 성숙한 고양이는 양질의 maintenance dry, soft, can 사료를 자유급여 또는 식사시간 때 급여해야 한다. 만약 제한급식 방법을 사용한다면 식사시간이 2시간을 넘지 않을 경우에 최소량을 하루에 두 번 급여하는 것이 권장된다. 만약 비만이 문제라면 적절히 균형 잡힌 고섬유 저칼로리 음식을 급여해야 한다. 이러한 음식은 건조사료내에 15% 이상의 섬유소와 10% 미만의 지방을 포함할 것이다.

치석의 정도는 고양이에 따라서 매우 다양하다. 만약 치석이 문제라면, 이를 닦아주고 건사료를 먹어야 한다. 건사료의 마찰효과가 치석을 감소시킨다. 만약 요도결석, 방광염, FLUTD가 문제되거나 걱정된다면, 대사에너지의 100kcal당 마그네슘이 20mg 이하이고, 오줌의 pH를 6.4 이하로 유지하는 식이를 급여해야 한다. 이러한 형태의 식이는 고양이에서 이러한 질병을 예방한다.

적절한 식이에 뿐만 아니라, 다른 요인들 또한 고양이의 건강과 삶의 질을 유지하는데 매우 중요하다. 장모종의 고양이는 잦은 털 손질이 권장된다. 이것은 가구에 털이 묻는 것을 예방해주고, 구토와 장폐색을 일으킬 수 있는 hairball 생성을 감소시킨다. 장모종의 고양이에게 가장 좋은 방법은 빗질이다. 대부분의 고양이는 목욕이 필요하지 않다. protective natural oil로 목욕시킨다. 만약 씻겨야 한다면, 옥수수녹말을 피모에 분무하여

개와 고양이 영양학

빗질하는 정도가 일반적으로 적당하다. 만약 목욕이 필요하다면 따뜻한 물을 사용하여 따뜻한 방에서 고양이용 순한 샴푸를 이용한다. 만약 고양이가 물을 싫어한다면, 고양이가 타고 올라가도록 목욕통에 window screen을 설치하는 것이 도움이 된다.

고양이는 발톱갈이용 기둥이 필요하다. 고양이는 그들의 발톱을 날카롭게 하기 위해서 많은 연습을 한다. 부드러운 나무를 제공해야 하며, 나무를 카펫으로 덮는 것은 좋지 않다. 많은 고양이들은 발톱갈기용 기둥을 덮고 있는 카펫과 집안의 카펫을 구별하지 못할 것이다. 또한 고양이들은 매년 검진을 받아야 하며, 추가접종, 이빨 닦기, 외부·내부기생충 구제가 필요하다.

V. 번식과 성장

1) 번식과 임신기간 동안의 식이와 돌보기

교배하기 전 암컷에게 추가접종을 실시하여 좋은 면역상태를 유지하는 것은 매우 중요하다. 이것은 자묘의 전염성 질환 예방에 매우 큰 도움이 된다. 또한 교배하기 전 좋은 건강상태를 유지하기 위해서 내·외부 기생충을 구제하는 것도 중요하다. 암컷은 완전히 성숙해야 하며, 적당한 몸무게를 갖고 있어야 하는데, 이 시기가 보통 10~12개월령이다. 일반적으로 교배는 적어도 두 번째 발정기까지 기다리는 것이 더 좋다. 암컷이 완전히 성숙하기 전에 임신하는 것은 어미의 몸 크기를 감소시킬 수 있다. 교배하기 전에는 양질의 maintenance-type cat food를 급여해야 한다.

임신기간은 58~70일로 다양하지만 보통 63~65일(9주) 정도이다. 몸집이 큰 품종일수록 임신기간이 70일에 가깝다. 태아는 일반적으로 임신 3~4주령에 촉진할 수 있다. 번식시 급여하는 식이는 임신기간 내내 급여해야하며, 특히 임신 3~4주 동안이 중요하다. 임신기간 동안에 점차적으로 필요한 사료량이 증가되어, 분만시에는 어미의 신체조직의 사용을 예방하기 위해서 사료양이 25% 이상 증가해야 한다. 암캐와는 달리 암고양이는 임신기간 동안에 체중이 직선으로 증가한다. 암고양이의 임신초기의 체중증가는 체지방증가에 의해 나타나는 것인데, 암캐와는 달리 분만 후에 즉시 임신전 체중으로 돌아오지 않기 때문이다. 이러한 체지방은 큰 새끼들에게 도움이 되는데. 아마도 유즙생산에 필요한 에너지를 제공하는데 필수적인 것으로 보인다. 양질의 사료뿐만 아니라 이러한 여분의 지방이 없다면, 어미고양이는 새끼들을 키우기 위한 충분한 모유를 생산하지 못할 것이다.

제7장 고양이의 식이와 돌보기

임신 마지막 주 동안에 대부분의 고양이들은 불안한 증상을 보인다. 동시에 어미고양이가 고양이 집에 들어가려고 하지 않는다면, 분만 상자에 친숙해지도록 고양이를 매일 유도해야 한다. 분만 상자는 마분지 등으로 만들 수 있다. 상자는 어미고양이가 몸을 쭉 펴거나 일어서 앉기에 충분한 크기여야 한다. 입구는 바닥에서 3~5인치 정도로 잘라서 고양이의 출입이 가능하도록 해야 하지만 새끼들은 안에 있도록 해야 한다. 상자의 위쪽은 한쪽 부분만 부착하게 만들면 쉽게 열 수 있어 접근이 용이하게 되며 상자내부를 어둡게 해주기도 한다. 바닥은 깔개, 담요 등으로 덮어야 한다. 상자는 조용하고 따뜻하며, 가족들의 일상적인 활동으로부터 떨어져 있는 장소에 두어야 한다.

2) 분만 동안의 돌보기

암고양이는 분만하는 동안에 혼자 두어야 한다. 진통하는 동안에 주변을 걸어 다니거나 물을 먹기도 한다. 만약 어미가 2시간동안 진통을 하는데도 새끼가 보이지 않을 경우에는 수의사에게 보여야 한다. 정상적으로 4마리의 새끼가 태어나는데 2~3시간이 소요된다. 태반은 각각의 새끼들의 탯줄에 부착되어 있다. 어미고양이는 새끼를 둘러싸고 있는 태낭을 찢어내고, 이빨로 탯줄을 물어뜯어 후산물을 먹는다. 어미는 일반적으로 새끼의 콧구멍의 점액을 닦아주고 핥아서 새끼를 건조시킨다. 이러한 절차를 수행하지 않는 어미는 거의 드물지만, 방해를 받을 경우에는 이러한 행위를 멈출 수 있다. 어떤 암컷은 출산과정 중에 사람이 지나치게 간섭을 하면 자신의 새끼를 잡아먹기도 하며, 특히 새끼를 사람이 만져서 체취를 남겼을 때 더욱 그러하다.

분만하는 동안에 모든 후산물이 빠져나왔는지 확인해야 한다. 남아있는 후산물은 일반적으로 자궁감염과 전신성 독혈증을 일으키기도 하는데, 만약 적절한 치료를 받지 못한다면 치명적일 수 있다. 분만후의 검붉거나 적갈색 삼출물은 일반적으로 모든 후산물이 배출된 것을 의미한다. 밝은 적색 삼출물은 출혈을 나타내는 지표이다. 특히 갈색 또는 녹색 삼출물은 일반적으로 분만후 48~72시간정도 나타나는데, 이는 새끼나 후산물 남아있다거나 자궁감염을 지시한다. 이러한 경우에는 어미는 종종 먹지 않고 기면증상을 나타낸다.

3) 신생 고양이 돌보기

새로 태어난 새끼고양이들은 면역을 향상시키고 감염성 질환에 저항성을 갖기 위해서 짧은 시간동안에 초유를 받아들인다. 초기에 적절한 양의 초유를 섭취하는 것이 매우 중요한데, 이는 postnatal circulatory volume에 현저한 기여를 하기 때문이다. 초유섭취의 부족은 순환부전을 야기할 수 있다. fading kitten complex는 종종 두 가지 원인에 의해서 나타난다(감염성, 비감염성). 그러므로 적절한 시기의 초유섭취는 fading kitten complex 예방하는데 도움이 된다. 초유섭취를 확실하게 하기 위해서 출산직후에 곧바로 어미의 젖꼭지를 물도록

개와 고양이 영양학

새끼를 잡아준다. 감염을 막기 위해서도 출산직후 적절한 양의 초유섭취가 더욱 중요하다. 그러므로 적절한 초유섭취에 더하여, 새끼고양이의 환경을 청결하게 유지해주어야 한다. 새끼 고양이들은 1차 접종 후 1주일이 경과할 때까지 다른 고양이들과 격리시켜야하는데, 이러한 절차는 기생충 감염과 세균이나 바이러스 질환의 감소에 큰 도움이 된다.

생후 며칠 후부터 새끼고양이는 매일 몇 분 동안만 만져주어야 한다. 이것은 생리학적으로나 심리학적으로나 유익하다. 이러한 매일의 최소한의 핸들링을 제외하고, 먹고 자는 데에는 단독적으로 놔두어야 한다. 새끼고양이의 눈은 생후 10~16일 사이에 뜰 것이고, 귀는 15~17일 사이에 기능하기 시작한다. 생후 2주 이내의 정상체온은 35도이다. 새끼 고양이는 생후 6일 동안에는 몸을 떠는 반응이 없으므로, 정상체온의 유지를 위해서 어미고양이 등의 외부적인 열원에 의존해야 한다. 새끼 고양이의 체온은 환경온도가 30도 이하면 급격하게 떨어진다. 만약 보온이 없다면 급속히 저체온증이 되어, 대사가 감소하여 죽게 된다. 생후 6일령의 새끼 고양이들은 몸을 떨어 자율적으로 체온 조절이 가능하게 된다. 생후 2~4주 사이의 체온은 36~37도로 올라간다. 4주후에는 성묘의 체온과 가까워진다. 2~3주령에 걷기 시작하는데, 이는 자극과 높은 체온을 유지하는데 도움이 된다. 환경온도는 첫 몇 주 동안에는 21도 정도로 유지해야한다.

신생고양이는 피하지방이 거의 없다. 그들의 에너지원은 대부분 glycogen 인데, 출생 직후 즉시 소비되고, 며칠 동안은 체내에 저장되지 않는다. 만약 이 시기에 새끼고양이들이 적절한 자양물을 받지 못한다면, 곧 탈수되고, 체온이 떨어지고 쇠약해져서 생존이 위협받게 된다. 신생고양이의 죽음을 예방하기 위해서 환경온도를 따듯하게 유지해야 하고, 매일의 체중증가를 체크하여 체중이 늘지 않으면 보조식이를 급여해야 한다. 출생후 체중증가는 첫 2주 동안에는 매일 측정을 하고, 한 달이 될 때까지 3일 간격으로 체크하는 것이 좋은 관리방법이다. 그 후에도 주기적인 체중체크가 필요하다. 안정된 체중증가와 정상적인 분변은 적절한 식이와 좋은 건강상태를 나타내는 가장 좋은 지표이다. 새끼고양이의 출생시 몸무게는 90~110g 이고, 5~6개월령까지 매주 50~100g씩 증가한다. 성장률은 일반적으로 성숙에 가까워지는 10~14개월령에 느려지지만, 개체에 따라서 다양하다. 새끼고양이의 부모가 몸체가 더 크고, 많은 칼로리를 소모하면, 새끼들의 성장률도 더 바르다. 수컷이 더 빠르게 자라고 암컷보다 더 크게 자란다.

4) 수유묘의 먹이 급여와 새끼 고양이 돌보기

수유하는 동안에는 최고품질의 성장/수유용 고양이 사료를 가능한한 많이 먹이는 것이 새끼와 어미 둘 다에게 매우 중요하다. 이것은 어미의 적절한 모유생산과 새끼고양이의 적절한 성장에 중요하다. 한 연구에서 12% 지방을 포함하는 leading-sellin kitten diet와 21%

지방을 포함하는 고양이 건사료를 비교한 결과

① 출생시 몸무게가 10% 증가
② 새끼고양이 생존율 40% 증가
③ 새끼고양이의 몸무게 증가율 향상
   - 출생에서 이유까지 30% 증가
   - 6~22주령에 17% 증가

게다가 지방함량이 높은 식이를 먹은 다섯 마리 고양이들은 피부, 피모, 외형, 자세, 골격과 근육발달 등에서 보다 나은 신체적인 조건을 갖게 되었다. 이러한 결과들은 고양이의 번식과 유지 사이에서 극적인 영양학적 차이점을 보여주는 것이다. 성묘사료는 번식 중에는 부적절하다. 임신기간 동안의 영양학적인 결핍은 자묘의 면역형성을 방해할 수 있다. 임신기간 동안의 심각한 영양부족은 태아뿐만 아니라, 생후에 적절한 관리를 받았음에도 불구하고 성장에 부정적인 영향을 줄 수 있다. 그들의 세망내피계는 임신중 장기형성과 발달기간동안에 영양학적, 대사적으로 교란 당하여 매우 손상 받기 쉽다.

수유중인 암컷은 유지에너지의 2~3배 이상의 식이에너지가 요구되므로, 더 많은 음식이 필요하다. 적절한 영양소가 없어도 모유생산은 감소될 것이다. 모유 부족은 새끼의 죽음의 가장 일반적인 원인이다. 적당량의 모유를 섭취하지 못하면, 새끼들은 울고, 배가 수축하고 불안해하며, 정상적인 하루의 10~15g 체중증가를 이루지 못한다. 새끼들의 지나친 울음은 배가 고프거나 춥거나 또는 둘 다를 의미하기도 한다. 만약 어미가 모유를 생산중이라면, 젖꼭지를 부드럽게 짜보았을 때 젖이 사출될 것이다. 만약 새끼들이 충분히 모유를 섭취하지 못한다면, 고양이 젖병을 이용한 보충식이가 필요하다.

새끼고양이들은 3주령이면 고형사료를 먹기 시작하도록 유도해야 한다. 이것은 고형사료를 우유와 섞어서 죽처럼 만들어 먹임으로써 성공할 수 있다. 고형사료를 죽처럼 만들기 위해서 물기가 너무 많지 않도록 우유를 첨가한다. 콧구멍에 들어가지 않도록 조심하면서, 새끼의 입술에 묽은 죽을 조금 묻혀준다. 새끼고양이들은 입술에 묻은 죽을 핥아먹음으로써 이러한 맛에 친숙해지기 시작한다. 죽을 먹기 시작하면 새끼고양이가 고형사료만을 먹을 때까지 우유의 비율을 점차적으로 감소시킨다. 수유기간과 성장기 동안에는 자유급식이나 최소 3회 정도의 급식을 통해서 어미와 새끼들이 먹고 싶은 만큼 먹도록 해주어야 한다.

5) 이유기 동안의 식이와 돌보기

어미는 일반적으로 6~10주령이 될 때 새끼들의 이유를 시작한다. 부득이한 경우가 아니라면, 8~10주령, 적어도 6주령이 될 때까지는 이유하지 않는 것이 좋다. 2주령에 이유시킨 고양이들은 학습능력이 떨어지고, 의심이 많으며 조심스럽고 공격적이다. 6주령과 12주령에 이유 했을 시에는 행동학적 차이가 적다. 수유한지 8~10주에는 대부분 어미의 모유생산이 감소하므로, 이유로 인한 불편함이 덜하다. 그러나 만약 고양이가 이전의 수유과정에서 과도한 유선확대로 인한 불편함이 없었다면, 어미의 사료 섭취량을 제한함으로써 모유를 감소시킬 수 있다. 낮에는 새끼와 어미를 격리시키고 밤에는 다시 만나게 하고 사료는 제한한다. 모든 새끼들을 완벽하게 이유시킨 다음날 어미는 점차적으로 증가시켜서 이유 후의 며칠 동안에는 어미의 유지용량만큼 사료를 급여한다.

6) 이유 후 새끼 고양이 돌보기

이유 후에 새끼들은 양질의 성장/수유용 사료를 지속적으로 급여해야 한다. 만약 저질의 소화가 잘 안 되는 사료를 급여한다면, 높은 섭취율이 결국에는 음식의 소화능력을 감소시킬 것이다. 그러므로 새끼고양이는 필요한 영양소를 제공받지 못하게 된다. 새끼들은 배불뚝이 외형을 보이고, 성장률은 감소되고 근육과 골격의 발달이 불량하며, 전염성 질환에 대한 저항성이 감소되며 종종 설사를 할 것이다. 양질의 사료를 급여함으로써 이러한 문제를 제거할 수 있다. 그러나 단순하게 이러한 요소들이 그 사료가 성장을 뒷받침하는데 적절한지는 확신할 수 없는데, 왜냐하면 사료에 포함된 영양소의 양은 기호도, 영양소 이용도, 단백질의 질에 대해서 말해주지 않기 때문이다. 그러므로 이러한 영양소의 수준은 영양학적으로 성장에 적합한지를 급여검사를 통해서 확신하게 된다. 성장에 필요한 평균적인 사료양은 새끼고양이들에게는 제한하지 않는다. 어떤 음식을 급여해도 이들은 모두 소비할 것이다. 과도한 칼로리 섭취와 과도한 성장률 또는 비만은 성장중의 고양이에서는 문제되지 않는다. ration-type food의 선택이 가장 좋다. 한번 식사를 선택하면 단지 그 식이만 먹으려고 고집하게 된다. 고기, 사람이 먹는 음식 또는 다른 아이템의 보충은 식이적인 불균형과 까다로운 식습관을 만들 수 있다.

단백질, 미네랄, 비타민의 보충은 필수적이지 않으며, 사실상 금기이다. 양질의 성장/수유용 고양이 사료는 영양학적으로 균형이 잘 잡혀 있다. 그들은 고양이의 성장에 필요한 적절한 수준의 모든 영양소를 갖고 있다. 기타의 단백질이나 미네랄, 비타민의 보충은 단지 사료내의 영양균형을 혼란시킬 뿐이다. 만약 특정 브랜드의 사료만을 소비하여 고양이가 영양학적인 불균형을 보인다면, 부족한 것을 보충하는 방법보다는 영양학적으로 균형 잡힌 사료로 교체하는 것이 더 현명하다. 질병예방을 목적으로 비타민과 미네랄을 보충하는 것은 불필요하고 오히려 해로울 수 있다.

Dog & Cat Nutrition

CHAPTER 8 노령의 개, 고양이와 특수견의 식이

I. 노령의 개와 고양이의 식이

노령의 개 또는 고양이의 식이와 보호의 목적은 삶의 질을 개선하고 연장시키는 것이다.

이러한 목적을 성취하기 위해서는

① 현재의 질환들을 개선하라
② 질환의 임상적 증상을 제거하거나 줄이도록 하라
③ 질환의 악화와 진행을 억제하거나 늦추도록 하라
④ 최적의 체중을 유지하라

적당한 식이와 운동은 상기의 목적을 달성하기 위해 중요한 요인이다. 적당한 신체적 활동은 탄력 있는 근육과 균형 잡힌 몸매를 위해서, 또한 원활한 혈액순환과 노폐물제거에 있어서 노령의 동물들에게 아주 중요하다

개의 평균수명은 12년이며 고양이는 평균 14년 정도이다. 개는 29년까지, 고양이는 36년까지 살았다는 보고가 있다. 수명은 더 좋은 보살핌으로, 특별히 나이든 경우 알맞은 영양공급을 함으로써 연장될 수 있다. 실례로 알맞게 식이가 되고 제한된 공간에서 보살펴진 16살된 고양이를 신체적으로 비교했을 때 길들여지지 않고 야생적으로 떠돌아다니는 8살된 고양이와 같은 건강상태를 보인다.

1년된 개와 고양이는 15살된 사람의 생리적 상태와 같고, 2살된 경우는 사람의 24살과 같으며 그 이후 1년씩 더할수록 사람의 4년에 해당하는 생리적 나이에 해당한다. 예를 들어, 9살된 개 또는 고양이의 경우 52살된 사람과 같다. 즉, 처음 2년에 대해서는 24살+(9년－2)×4 = 24+28 = 52. 그러나 큰 품종의 개는 좀 더 천천히 성숙하며 수명도 더 짧다. 대형견 품종의 경우, 좀 더 정확한 사람나이에 해당하는 추정치는 1살된 경우 사람의 12살

121

개와 고양이 영양학

에 해당하며 그 이후 1살씩 더할수록 사람의 7살에 해당한다. 영양학적 목적에 대하여는 대부분의 고양이와 개는 7살 정도에서 고려되어지며, 대형견의 경우는 5살 정도이다.

표 8-1에서 보는 바와 같이 노령동물은 신체에 많은 변화를 겪게 되는데, 이로 인해 영양과다 혹은 결핍과 갑작스런 먹이의 변화에 대한 내성감소 뿐만 아니라 특정 영양성분의 이용도가 변화되게 된다. 노령의 동물들은 덜 활동적이기 때문에 더 적은 칼로리가 요구된다. 냄새, 맛, 구강, 그리고 소화기의 변화 때문에 음식은 입맛에 맞도록 되어야 하며 소화되기 쉬워야 한다. 노령의 동물들에서는 신장과 심장의 변화들로 인해 단백질, 인, 소금 섭취의 감소가 상당히 중요하다. 노령화됨으로써 소화기와 대사활동의 변화 때문에, 그리고 노화방지를 위하여 증가된 비타민 A. B_1, B_6, B_{12} 그리고 E가 요구된다. 증가된 불포화 지방산과 아연의 섭취는 노령의 개와 고양이의 피부와 피모를 유지시키는데 도움을 준다. 증가된 식이성 라이신(lysine)은 조직의 라이신을 보충시켜 면역성을 유지시킨다. 비타민 C(50~100mg/day/dog, 구강투여)의 투여는 늙고 관절질환이 있는 개에서 도움이 될 수 있다. 노령의 사람과는 달리 노령의 개는 어린 강아지들만큼 혹은 그 이상으로 칼슘과 인을 소화시키며 보유하고 있다.

이러한 변화된 영양학적 필요를 맞추기 위해 고안된 사료가 나이든 개에게 공급되어야 한다. 대부분의 개사료는 성장하는 강아지 위주로 제조되었으며 노령의 개가 필요한 변화된 영양성분을 함유하지 않고 있다. 개 또는 고양이는 적당한 몸무게를 유지해야 한다는 것을 명심하라. 나이가 들어감에 따라서 에너지 요구가 감소하기 때문에 비만은 많은 나이든 반려동물에게서 종종 문제가 되고 있다. 비만은 비활동성 개들을 위하여 고안된 유지사료(maintenance diet)와 같은 적당히 높은 섬유질과 적당히 제한된 단백질, 나트륨, 인을 함유한 사료를 급여함으로써 억제 될 수 있다. 반대로 몇몇 노령의 개와 고양이들은 식욕저하와 소화흡수력의 저하로 인해 체중의 손실이 일어날 수 있다. 이러한 동물들은 노령의 동물들을 위하여 입맛에 맞게 고안된 고칼로리 사료를 자주 급여하여야 한다. 나이를 먹어감에 따라서 냄새와 맛에 대한 감각이 저하된다. 이러한 상태는 음식 섭취를 저하시키고 이로 인해 통조림 혹은 습성사료 내지는 강한 냄새를 풍기며 따뜻하게 덥힌 사료의 공급이 필요할 수도 있다.

청결한 구강의 유지는 적당한 음식 섭취와 소화력을 높이는데 중요하다. 칫솔을 이용하여 양치질 혹은 천을 이용한 치아 청소는 상당한 도움이 된다. 만일 약간의 치석이 끼어있거나 치태가 존재한다면, 또는 치은염이 존재한다면 2% 요드딩크(iodine tincture)로 치아와 잇몸을 도포하라(단 개만 적용할 것. 고양이는 적용 안됨). 그래도 개선이 되지 않으면 스켈링을 해 주어야한다.

제 8장 노령의 개, 고양이와 특수견의 식이

타액분비의 감소로 인해 음식 섭취량이 줄어들 수도 있다. 만일 노령의 반려동물의 구강이 건조하다면 안약으로 사용되는 2% 필로카핀(pilocarpine)용액 2방울을 음식에 첨가하라. 이것은 음식에 의한 폐색예방에 도움이 된다. 만일 음식을 먹는 동안 동물의 음식이 식도에 저류된다면 앞다리를 강하게 움직여줌으로서 정체된 음식물을 내려가게 한다.

만일 동물이 음식을 내려 보내지 못하거나, 지나치게 무기력하다면 병원의 처방을 받아서 조치해 주어야 한다. 만일 동물이 추위에 매우 민감한 증상을 보이면서 털이 얇아지는 등의 갑상선기능저하를 보이면 갑상선 기능에 관한 평가를 받아야 한다. 만일 갑상선 기능이 저하되어 있다면 처방을 받아서 치료해야한다. 갑상선기능저하증의 치료약의 사용에 있어서 노령의 개는 종종 어린 강아지들보다 2~4배의 용량이 더 필요하다. 만일 노령의 개가 신기능의 감소로 인해 요실금이 있지만 다뇨가 아니라면 병원에서 처방을 받아서 매일 2~3회 투약하는 것이 도움이 된다.

노령의 개와 고양이에서 죽음의 주된 비사고적 원인들은 암, 신부전, 심부전이다. 그러므로 모든 노령의 동물들은 주기적으로 이러한 질환들에 대해 주의 깊게 검사를 해야 한다. 통상적으로 이러한 검사는 매년 신체검사와 함께 이뤄져야 한다.

초기검사와 적당한 영양관리는 신장 손상의 진행을 늦추거나 방지할 수 있다. 노령의 개와 고양이에서 신기능의 감소를 검사하는데 가장 초기의 테스트중 하나인 수분제한시험을 해야 한다. 만일 이 테스트 결과가 비정상으로 나왔다면 신부전에 대한 적당한 영양학적 관리가 이뤄져야 한다. 신부전에 대한 영양학적 관리의 양상은 저나트륨, 저인, 저단백과 관련된 식이이다. 그러나 이러한 권고사항과는 달리 노령의 개는 고단백의 식이를 공급할 것을 제시하고 있다. 왜냐하면 ① 노령의 개들이 어리고 젊은 개들보다 같은 시간내에 있어서 손실된 단백질을 보충하기 위하여 고단백이 필요하며, ② 신부전이 있는 동물에서 단백질 요구량이 더 크며, ③ 증가된 단백질 섭취는 신혈류와 사구체 여과율을 증가시키며 그리고 이러한 현상들은 신기능이 감소된 동물에서는 감소하며, ④ 아미노산인 트립토판이 대뇌활동과 기능에 필요하며, 그리고 ⑤ 아미노산인 아르기닌의 신장으로부터의 생산이 노령의 동물들의 신기능감소로 인해 줄어들기 때문이다. 이러한 다섯 가지의 근거가 잘 입증되고 있으며 노령의 개에게 고단백의 식이를 공급하는 것에 대한 충분한 근거를 제시하는 것으로 여겨진다. 그러나 이러한 진술들은 전후상황에 근거하여 나온 것이다. 이러한 진술들이 단백질 섭취에 따른 신체 연구자료와 신부전의 진행에 근거하여 고찰했을 때, 검사상의 결론은 제한된다. 그러나 적당한 양의 고도의 생물학적 가치가 있는 단백질을 포함하는 식이가 노령의 개와 고양이에게 주어져야 한다는 것이다.

개와 고양이 영양학

노령의 개가 젊은 개들보다 같은 시간동안 체내 단백질 교체를 위해서 고단백의 섭취가 필요하다는 것은 노령 동물들의 단백질 필요와는 관계가 없다. 대신에 노령의 동물들은 식이적 부족이나 과잉을 완충할 수 있는 능력이 부족하다는 뜻이다. 신부전이 있는 개(고양이도 마찬가지로)는 더 많은 단백질을 필요로 하지만 필요이상의 단백질에 대한 완충능력이 부족하다. 고품질이면서 높은 소화력을 갖춘 단백질을 감소시킨(개에서 고형분으로 10~16% 그리고 고양이에서 26~28%) 식이가 노령동물에서 진행성신기능저하를 늦추기 위한 처방으로 제시되고 있다. 또한 제한된 단백질의 섭취가 수명을 증가시킨다. 게다가 증가된 단백질 섭취의 결과로 개에서 종종 발생하는 것으로 알려진 증가된 신장관류는 신장 손상과 진행성 신부전을 일으키는 것으로 알려졌다.

한편으로 세로토닌은 신경전달물질로서 만일 결핍된다면 대뇌의 활동과 기능에 문제를 일으키게 될 것이다. 이것은 고단백을 섭취하므로 즉 다량의 트립토판을 섭취하는 것이 노령의 개와 고양이의 즉각적 신체적 활동성, 주의력, 그리고 반응을 개선할 수 있다는 이론의 근간이 된다.

동물에게 필요한 많은 양의 아르기닌은 신장에서 합성된다. 그러므로 노령의 동물에서 주로 존재하는 것처럼 신기능이 감소된 동물에서 아르기닌 생산이 감소될 수 있으며 이로 인해 식이적으로 많은 아르기닌이 필요하다.

개와 고양이의 비사고적 죽음의 세 번째로 가장 흔한 원인인 심부전은 운동내성을 감소시키며 폐성 또는 말초성부종을 유발하며, 복수를 나타낸다. 이러한 증상들, 혹은 심기능이 저하되는 어떤 증상이 나타난다면 나트륨이 제한된 식이를 공급하여야 한다.

요약하자면, 많은 연구자료가 노령의 동물에서 단백질, 인, 나트륨의 섭취의 감소가 유익하다는 근거를 뒷받침한다. 임상적인 신부전이 발생하기 전 이러한 영양소들의 섭취를 감소시킴으로써 신기능이 저하로부터 신부전의 발생까지의 유발을 예방하는데 도움이 된다. 이러한 영양소가 제한된 사료를 노령의 동물들에게 권장하는 것은 전염병에 이환되도록 하여 약물로 치료하기보다 전염병 발생을 예방하기 위하여 백신을 접종하도록 하는 일과 같은 아주 명백하고 당연한 일이다. 예방이 최선의 치료이다. 이러한 진리는 신부전과 같이 일단손상이 일어나면 좀처럼 회복될 수 없는 노령의 동물들에 자주 일어나는 질병들에 대해서는 더욱 맞는 말이다.

제 8 장 노령의 개, 고양이와 특수견의 식이

표 8-1. 연령증가와 함께 발생하는 변화들

대사계
    갈증의 감소 ------------------ 탈수
    체온조절의 감소 ------------- 열 혹은 추위에 대한 내성의 감소
    면역능의 감소 --------------- 감염질환에 대한 감수성 증가
    약물대사율의 감소 ----------- 약물내성의 감소
    수면의 양과 깊이의 감소 ------ 과민반응
    활동성과 대사의 감소(~20%) --- 필요에너지 감소로 인한 비만

감각계
    후각 감소 ------------------ 줄어든 음식 섭취는 체중감소와
    미각 감소 ------------------ 전신상태 쇠약을 나타낸다.
    청각 감소
    시각 감소

구강
    치석, 치주질환, 치주염, 그리고 치아 소실. 타액분비감소. 치은증식과 과민반응, 구강궤양. 이러한 변화들은 부적절한 식이와 변비, 구토, 또는 줄어든 식욕을 나타낸다.

소화기계
    감소된 간기능, 장흡수, 장운동은 변비를 일으킬 수 있다. 무산증. 고창증

내분비계
    기초대사율을 감소시키는 갑상선기능 감소. 뇌하수체의 위축, 낭포, 그리고 섬유화.
    부신의 섬유화. 당뇨병을 일으키는 췌장성내분비 기능의 감소.

외피계
    탄력성 소실, 비후, 건조, 가는 털, 메마른 코, 과민반응으로 인한 피부 발적

비뇨기계
    총체적 신기능·혈류와 사구체 여과율·기능적 네프론의 감소는 남아있는 기능적 네프론에서의
    이러한 기능적 부담을 증가시키고, 결국 계속적인 네프론 손상은 다음, 다뇨, 뇨실금, 야뇨증을 유발.
    전립선 비대.

생식기계
    고환 종양과 위축. 유선결절과 종양. 생식주기의 연장, 성욕의 감소, 그리고 임신율의 감소.
    증식성 낭포성 자궁내막염

근골격계
    근육의 양과 볼륨의 감소. 골피질이 얇아지고 부서지기 쉬움으로 골절 다발. 골관절염.
    괴혈병 증상. 척추디스크 질환. 척추강직. 후지 보행실조.

심혈관계
    심박출량의 감소, 말초저항의 증가, 고혈압 등으로 인한 울혈성 심부전. 판막비후. 관상동맥경화와 심근괴사. 혈관내 초자, 칼슘, 그리고 섬유의 증가와 교원질 감소. 적혈구, 혈색소, 그리고 혈장 알부민의 감소와 글로블린과 섬유소원의 증가.

호흡기계
    폐쇄성 폐질환과 만성 기관지염이 일반적. 폐실질용적과 효율의 감소, 그리고 폐무게, 호흡율, 잔기호흡용량의 감소. 탄력섬유가 섬유화조직으로 대치됨으로써 나타나는 섬유화와 폐기종의 발생.

신경계
    신경전달물질의 변화. 뇌, 신경, 신경얼기, 신경절, 그리고 척수 등의 세포수의 감소. 자극에 대한 감소된 반응과 기억력과 감각의 부분적 소실(시각, 청각, 미각 그리고 후각)발생. 비후된 뇌막과 경막의 골화로 인한 불안정감과 부위감각상실(지남력상실).

---

* 어떤 생물학적 상태에 따라 많은 개체적 다양성이 존재한다. 노령의 어떤 개체의 동물은 이런 변화중 단지 몇 개만 보일 수 있으며, 이런 변화가 일어나는 연령과 심각성은 아주 다양하다. 이런 변화들 중 몇몇은 반대효과를 가지고 있다. 예를 들면, 한편의 동물에선 감소된 대사율과 감소된 갑상선 기능저하로 비만이 일어나는 반면, 다른 한편에선 냄새감각, 맛 또는 갈증, 타액분비 및 소화계 기능의 감소와 치아와 구강의 이상으로 음식섭취가 줄어 체중이 줄어드는 현상이 나타난다.

개와 고양이 영양학

Ⅱ 힘든 신체적 운동, 또는 환경적이거나 심리적인 스트레스를 위한 식이

사역하는 개들은 다음과 같은 다양한 스트레스의 상황에 놓여지게 된다.

① 기온의 극단(극한, 극서)
② 경주
③ 사냥
④ 경찰 그리고 보초 임무
⑤ 맹인안내
⑥ 전시회 참여

이러한 스트레스는 개에게서 비에너지적 영양소뿐만 아니라 에너지적 영양소의 요구를 높인다. 이러한 다른 상황은 다양한 신체적이고 심리적인 스트레스를 유발한다. 어쨌거나 이렇게 다채로운 형태의 스트레스에 대한 이상적인 사료는 비슷한 영양적 윤곽을 가지고 있어야만 한다. 심리적으로 스트레스를 받은 개는 일반적으로 더 많은 영양소를 필요로 한다. 종종 그러한 개들은 어느 정도의 식욕저하가 나타나고, 그러므로 음식섭취가 제한된다. 신체적으로 스트레스를 받은 개는 훨씬 더 큰 영양분을 필요로 하지만 일반적으로 정상적이거나 약간 상승된 식욕이 있게 된다. 그러나 소화흡수 될 수 있는 건사료의 양은 위장관계 용적에 의해 제한되어 있으며 과다한 건사료의 섭취는 최상의 신체활동을 방해한다. 따라서 입맛에 맞고, 영양분이 농축되고, 고도로 소화되기 쉬운 사료가 심리적, 신체적 스트레스를 받는 동물에게 바람직하다.

1) 스트레스/퍼포먼스 식이

스트레스/퍼포먼스 사료는 건사료로써 파운드당 최소한 1900kcal(4.2kcal/g)의 소화될 수 있는 에너지를 포함하고 있어야 하며 소화되기 쉽고 같은 영양분을 가지고 있어야 한다. 어떤 시중의 스트레스/퍼포먼스 사료는 건사료로서 파운드당 2300kcal(5.1kcal/g)이상을 포함하고 있다. 고에너지를 함유하기 위해서, 이러한 사료들은 지방 함유량(건조상태에서 23%이상)이 높으며 82%이상 소화흡수 될 수 있어야 한다. 지방은 높은 에너지를 함유하고 있으며 소화되기 쉽고, 다른 영양소들에 비해서 2.5배 이상의 칼로리를 제공한다.

제 8 장 노령의 개, 고양이와 특수견의 식이

표 8-2. 썰매 끄는 개에서의 적혈구용적

사료	이용가능한 에너지의 %				적혈구용적(%)
	단백질	지방	탄수화물	총계	
시중사료	23	57	20	100	35*
실험적사료	28	69	3	100	40*

* 차이는 사료와 관계가 있을 수도, 없을 수도 있다. 만일 차이가 사료 때문이라면 이 세 가지 영양소 중의 어떤 것 또는 다른 부분에서의 차이 때문일 수 있다. 더 높은 적혈구용적은 증가된 조혈작용, 감소된 적혈구 파괴 또는 소실, 또는 심한 탈수 때문에 나타날 수 있다. 더 높은 적혈구용적은 신체적 활동성에 유익할 수도, 해로울 수도, 아무런 효과가 없을 수도 있다.

탄수화물의 섭취가 지구력에 부정적인 상관관계가 있다. 이런 상관관계는 직접적으로 식이적 탄수화물이 부정적인 영향을 미친다기보다는 질이 저하된 사료로부터 탄수화물이 지방을 대신한다는 사실에 근거한다.

적당한 수분의 섭취는 가장 중요한 식이성 고려사항이다. 이것은 극한 또는 극서의 기온의 환경에서 일하는 개들에게는 특히 그러하다. 땀을 통한 수분손실은 개에서는 아주 적으며, 심지어 더운 환경에서 체온조절을 하는 개들에서도 마찬가지다. 그러나 상당량의 수분이 혀와 상부와 하부호흡기의 표면으로부터 증발에 의해 손실된다. 게다가, 호흡을 통한 수분손실은 운동시 10~20배까지 증가할 수 있다. 열을 식히기 위해 개들은 기본적으로 수분을 방출한다.

아주 경미한 탈수도 순환계의 불안정, 운동능력 감소, 체력저하, 신허혈, 그리고 고열을 포함하는 치명적 효과를 나타내는 것으로 나타났다. 증가한 열조절의 과부하로 최대 유산소성 활동이 유지될 수 있는 기간이 상당히 감소된다. 운동하는 동안 과다한 체온의 생성은 극지방에서 썰매를 끄는 개들의 활동성을 제한시킬 수 있다. 심한 운동은 혈장량의 증가로 헤마토크리트(hematocrit)가 감소하여 스포츠 빈혈을 일으킨다.

외부적으로 수분을 얻는 방법이외에, 신체는 운동과 관련된 중등도의 탈수를 보충하기 위한 여러 가지 기전을 가지고 있으므로 해서 탈수의 치명적인 영향을 피하게 된다.

수분섭취는 자주 이루어져야 하며 특히 고온에서 일하는 개에게는 특히 그러하다. 동물들이 운동하기에 앞서 수분을 섭취하도록 권장되어 진다. 만일 탈수가 발생한다면 갈증을 느끼는 감각이 감소될 수 있으며, 따라서 동물은 음수하기를 거부하고, 나아가 탈수가 가중되며 결과적으로 활동성을 저하시킨다. 시원한 물(4~10℃, 40~50°F)이 더 선호되어진다. 찬물이 더운물 보다 입맛에 더 맞을 뿐만 아니라 위로부터 더 빨리 내려간다. 찬물은 몸을 식히는데 도움을 준다. 건조사료의 흡수율은 82% 이상이어야 한다. 흡수력이 떨어지는 사

개와 고양이 영양학

료는 낮은 영양분을 제공할 뿐만 아니라 증가된 위장관용적으로 인해 신체적 활동성을 위한 추가적인 에너지의 보충이 필요하다.

2) 극한적 환경에서의 식이

극한의 날씨 상태는 다양한 영양학적인 고려를 하게 한다. 북극의 기온에서는 보통의 개들이 일반적 사료로부터 얻을 수 있는 양보다 많은 칼로리를 요구한다. 급속한 열손실에도 불구하고 개들은 대사율을 증진시켜 열생산(그리고 에너지 이용도)을 증가시키므로 정상 체온을 유지할 수 있다. 극한의 추운환경(영하의 바람이 부는 요인)에서 체중유지를 위한 대사성 에너지 섭취의 70~80% 증가는 이상한 일이 아니다. 집밖에서 생활하는 개들에서 영하의 환경에 놓일 수가 있는데, 그런 영하의 환경에서 음식 섭취량은 약 25% 증가해야만 한다.

식이적 에너지 요구는 또한 고온다습한 환경에서 증가한다. 열대성 기후는 체온을 식히는 데 필요한 칼로리를 증가시키며 먹고자하는 욕구는 감소시킨다. 그러므로 적은 사료량에 많은 칼로리가 필요하다. 열대성 기후에서 60~80파운드의 경비견은 체중을 유지하기 위하여 하루에 체중 kg당 140kcal를 필요로 하는 반면 비슷한 크기의 온대성 기후에서는 평균 55~60kcal를 필요로 한다. 글리코겐 저장이 열대기후에서 일하는 개들에서 훨씬 더 빠르게 고갈됨을 발견했다. 열대지방의 경비견에게 정당한 에너지섭취를 공급하기 위하여는 음식 속의 칼로리가 건사료로서 파운드당 2000kcal의 대사할 수 있는 양을 보유해야 한다. 고지방사료는 특별히 저지방이며 고단백인 사료와 비교했을 때 열생산이 적으므로 이론적으로 열대성 기후에 더 적합하다. 또한 수분 공급은 앞에서 언급했듯이 계속적으로 보충되어야 한다.

3) 경주견의 식이

경주견은 단거리(그레이하운드)와 장거리(썰매견)로 나뉠 수 있다. 그레이하운드는 단거리 전력질주를 위해 유전적으로 선택되어 왔으며, 결과적으로 다른 품종들보다 빠른 수축의 해당근육 섬유가 많은 부분을 차지하고 있다. 이런 동물들은 짧고, 강력하며, 무산소적 활동에 적합하며, 30~40초 동안 평균 36~38mph(mil per hour)의 속도를 낼 수 있다. 썰매 끄는 개는 장거리를 운동할 수 있으므로 지구력 요하는 운동선수로 요약될 수 있다. 썰매 끄는 개는 25~30마일을 평균 약 20mph로 달리며 다음날에도 이와 같은 능력을 재현할 수 있다. 사람에서 단거리 선수와 같이 폭발적 힘을 요하는 육상선수들은 식이 보다는 훈련에 더 큰 비중을 둔다. 이와 같은 중요성은 단거리 선수의 개에서도 마찬가지이다. 어쨌거나 단거리 선수의 개는 높은 흡수율의 탄수화물(건사료 기준으로 25~30%)을 적당량 함유하고 있는 스트레스-퍼포먼스 사료를 먹어야 한다. 사료 선택과 식이 관리는 지구

력 활동을 하는데 있어서 특히 중요하다. 지구력을 요하는 개들 또한 스트레스/퍼포먼스 형태의 사료를 섭취하여야 한다.

근육과 간에 저장된 글리코겐은 단거리 선수의 운동력과 장거리 선수의 지구력에 중요한 결정적 요소이다. 이러한 연관성 때문에 글리코겐 저장으로 알려진 기전이 많은 주목을 받고 있다. 이러한 기전으로 인해 저당된 글리코겐은 심한 운동과 탄수화물 섭취의 제한으로 인해 가장 먼저 고갈되며, 휴식과 고탄수화물의 섭취로 인해 재충전된다.

요약하자면, 모든 종류의 경주견은 스트레스/퍼포먼스 사료를 훈련과 경주하는 내내 섭식하여야 한다. 썰매 끄는 개는 체구유지를 위해 3~4배의 사료를 소비하는 반면 단거리 경주견은 상당히 적은 양(1~2배)을 필요로 한다. 급작스런 사료 교체나 공급은 지양되어야 한다. 부적당한 과인슐린혈증을 피하기 위하여 경주견은 경주 전 0.25~4시간 동안은 절식해야 하며 경주 후 글리코겐과 단백질을 재보충하기 위해 4시간 안에 음식 섭취를 하는 것이 이상적이다. 지속적인 음수가 이뤄질 수 있도록 허용하고 특별히 더운 날씨에는 더욱 그러하다. 지구력을 요하는 경주견은 소량의 음식(하루 필요량의 10% 이하)섭취와 경주 전 15분 이후와 경기도중 간헐적인 음수를 하도록 하며, 사료로는 평소 경주견이 익숙한 종류의 스트레스/퍼포먼스 사료를 공급하는 것이 좋다. 그러나 운동도중 음식을 섭취하는 것은 2시간 혹은 그 이상 계속해서 운동을 하는 경우를 제외하고는 운동성에 좋은 영향을 끼치지 못한다. 경주 중에 음식을 섭취하는 것은 많은 상황에서 좋은 행동이 되지 못한다. 그러나 경주 후 처음 4시간 안에 음식섭취를 하는 것은 지친 개에게 글리코겐 재충전과 최상의 단백질 반응을 일으키며 가능하게 하며 크게 문제되지 않는다.

4) 사냥견의 식이

현대의 사냥개들은 오랜 활동으로 심한 스트레스에 빠지게 된다. 계절적이고 간헐적인 사냥활동으로 인해 그들은 종종 전신상태가 저하되고 섭식 상태가 나빠진다. 상당수의 이런 동물들이 애완동물이거나 집에서 키워지며 매년 단지 몇 번의 주말만 사냥을 한다. 그러므로 대부분의 시간동안 그들은 스트레스/퍼포먼스사료를 필요로 하지 않는다. 그러나 이러한 동물들은 사냥계절 동안은 메인터넌스 사료에서 스트레스/퍼포먼스사료로 교체하여 썰매 끄는 개와 같은 식으로 다루도록 권장된다. 섭취량은 그 개가 행하는 운동량과 비례해야 한다.

먹이를 주는 시간과 횟수는 경주견 보다도 사냥견에서 훨씬 더 중요할 수 있다. 사냥견의 저혈당증(기능적 저혈당증)은 사냥시작 후 1~2시간쯤 과도한 활동을 한 상태에서 자주 보인다.

요약하자면, 힘든 일을 하는 사냥견은 검사에 앞서 1~3주 가량 그리고 사냥에 앞서 적어도 3주 가량은 반드시 스트레스/퍼포먼스 사료를 먹도록 해야 한다. 그들은 사냥터로 나가기 적어도 4시간 전에 이 사료로 일상적인 양을 먹어야 한다. 사냥 시작 전 즉시(15분 안으로), 그리고 기회가 날 때(대략 2시간마다 휴식시간과 점심 등) 마다 음수와 소량(대략 하루 필요량의 10%)의 스트레스/퍼포먼스 사료를 먹도록 해야 한다. 운동 중에 많은 양의 음식을 먹이는 것은 고창증을 유발할 소인이 높다. 하루 필요량의 나머지 양은 사냥이 끝난 1~4시간 후 먹이도록 하라.

5) 그 밖의 사역견의 식이

경찰 및 경비견, 안내견, 청각장애인을 위한 개들, 그리고 전시회견들은 경주견 또는 사냥견들과 비교했을 때 다양한 환경온도와 장기화된 심리적 스트레스, 그리고 적은 운동량에 대한 스트레스를 경험하게 될 수 있다. 결과적으로 이러한 개들은 다른 사역견들 보다 더 큰 식욕억제가 있게 된다. 그러므로 그들은 매우 맛이 있으며, 소화되기 쉽고, 영양가가 높은 스트레스/퍼포먼스 사료를 필요로 한다. 이러한 개들은 체중유지에 요구되는 양이 폭넓게 변화할 것이며 최상의 컨디션을 유지하도록 먹이를 공급하여야 한다. 비록 이러한 개들이 심하게 운동하지 않을지라도 신체 유지에 필요한 양 이상을 필요로 할 수도 있다. 상황, 극한의 온도, 경주견, 혹은 사냥견에 따라 다양하게 적용할 수 있다. 다시 한 번 말하지만 음수 부족은 식욕에 부정적인 영향을 끼치게 되므로 적당한 수분섭취는 중요한 요인이 된다. 입맛에 영향을 끼칠 수 있는 요인들에 대한 고찰은 심리적으로 스트레스를 받은 개에게서 음식 섭취를 보전시키는데 도움이 될 수 있다.

CHAPTER 9 비만 (Obesity)

I 개요

1. 비만의 개요

경제 발전에 따른 식생활 개선과 맞벌이 부부의 증가 및 개인주의의 확산으로 인하여 애완동물이 실내에서 생활하는 경우가 많아지면서 비만이 많아지는 경향이 있다. 개와 고양이의 칼로리 과잉 섭취로 인한 체지방 증가는 비만으로 이어진다. 서구에서 개와 고양이의 과체중을 포함한 비만에 해당되는 경우는 25~30%에 달한다. 국내에서는 약간 살이 있는 것을 건강하다고 생각하는 경향이 있어 더 높을 듯하다. 애완동물의 적정 체중, 과체중, 비만 여부를 확인해야 하는데 그 이유는 비만으로 인한 여러 가지 건강상의 문제가 되기 때문이다.

2. 비만의 정의

비만은 체내 지방이 과다 축적된 상태이며 체지방의 증가로 체중이 증가한 상태이다. 비만의 어원은 라틴어의 adeps(지방)와 abedo(다식)에서 유래된다. 즉 음식물을 많이 먹어 에너지의 섭취량이 많은 반면 에너지의 소모량이 적어 남아있는 에너지가 지방으로 전환되는 것이다. 그러나 체중의 증가는 조직이나 체액의 증가에 의해서도 될 수 있다. 운동선수의 근육 발달, 질병에 의한 복수나 흉수 등의 체액 증가에 의한 체중 증가는 비만과 관련이 없다. 개와 고양이의 체중 증가는 체지방의 증가에 의한 비만이 가장 주된 원인이다.

비만의 구분은 학자에 따라 차이가 있지만 적정 체중의 1~9% 증가는 정상, 11~19% 증가는 과체중, 20% 이상 증가는 비만으로 판정한다. 비만으로 인한 질병의 위험은 과체중 상태에서부터 영향이 있기 때문에 이때부터 체중감량을 할 필요가 있다. 적정 체중 이하의 상태는 마른 상태이다. 비만의 판정에 지방 조직의 비율에 의해 판정하기도 한다. 개와 고양이에서는 적정 체중에서 체지방이 15~20%이면 정상이다.

3. 비만의 형태와 생리

비만은 단순히 칼로리의 과잉 섭취에 의해 이루어지기도 하지만 쿠싱 증후군(cushing syndrome), 갑상선 기능저하, 인슐린 비의존성 당뇨병과 같은 내분비 이상이나 시상 하부의 이상에 의한 비만이 발생하기도 한다.

개에 비하여 고양이는 지방이 여러 곳에 저장된다. 고양이는 대부분을 피하에 저장하고 복측 복강, 안면부, 복강 내에도 저장한다. 개는 대부분 가슴과 배, 꼬리의 피부에 저장하고 복강 내에도 저장한다.

지방세포의 형태에 의한 비만의 구분은 지방세포 증식형 비만, 지방세포 비대형 비만, 혼합형 비만이 있다.

① 지방세포 증식형 비만(hyperplastic obesity) : 성장기에 많이 발생하고 지방세포의 숫자가 많아진다.
② 지방세포 비대형 비만(hypertropic obesity) : 성장 후에 많이 발생하고 지방세포의 크기가 커진다.
③ 혼합형 비만(hyperplastic and hypertropic obesity) : 성장기의 비만이 성장 후의 비만으로 이어지는 형태로 지방세포의 숫자와 크기가 증가한다.

지방세포의 발달은 성장기에는 지방세포의 수가 증가하고 칼로리의 과잉 섭취로 지방 세포의 크기가 증가한다. 지방세포의 크기가 최대치가 되면 지방세포의 수가 다시 증가하게 된다. 지방의 감소로 인하여 지방세포의 크기는 감소할지라도 지방세포의 숫자는 감소되지 않기 때문에 성장기의 비만은 성장 후의 비만으로 이어질 가능성이 높다. 지방세포의 크기는 20배 증가할 수 있고 지방세포의 숫자는 몇 천 배까지 증가할 수 있으므로 주의가 필요하다.

그림 9-1은 지방 세포의 발달을 나타낸 모식도이다.

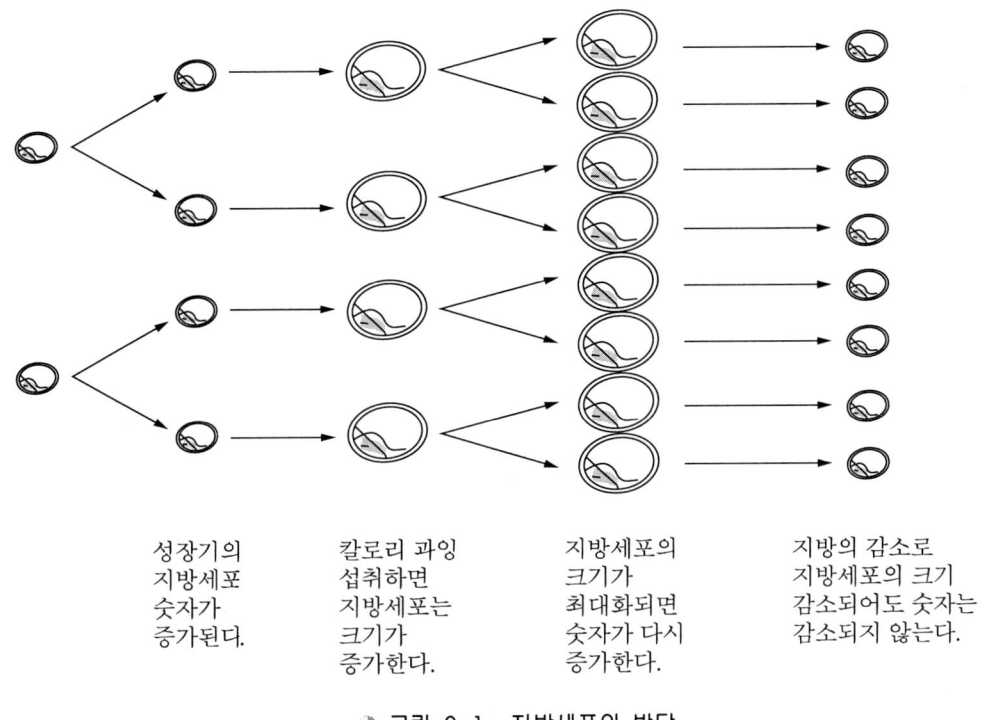

그림 9-1. 지방세포의 발달

4. 비만으로 인한 위험 요인

지방 조직이 과다 축적되면 개와 고양이의 건강과 장수에 영향을 미친다. 비만은 개와 고양이의 외상성 및 퇴행성 관절염을 증가시키고, 울혈성 심부전 형태의 심혈관계 질환이 증가하고 혈압이 상승하며, 진성 당뇨병을 유발하거나 더 악화시킨다. 고양이에서는 식욕 부진 상태에서 특발성 지방간증이 생길 수 있다. 체중 과다인 개에서 방광의 이행세포암이 생기기 쉽다. 개와 고양이에서 마취제는 지방조직에 침착되기 때문에 마취에 의한 사고가 발생할 위험성이 높다. 비만에 의한 이상은 호흡곤란, 번식 장애, 난산, 피부질환, 면역기능의 감소 등을 들 수 있다.

내분비에 의한 이상 증세가 나타날 수 있다. 부신이나 갑상선의 이상과 당뇨병은 내분비 이상에 의한 질병으로 대부분 치료할 수 있다. 당뇨병은 비만의 원인이 되기도 하고 결과가 되기도 한다.

 개와 고양이 영양학

Ⅱ 진단

1. 동물의 진단

체내 구성 성분을 측정하는 방법은 자기공명단층촬영(Magnetic Resonance Imaging ; MRI), Computed Tomography(CT), 중성자 비활성(Neutron Activation), 초음파 등 여러 가지가 있으나 수의 분야에서는 사용되지 않고 있다. 개와 고양이의 체형을 평가하는 것은 체중 감소에 효과적으로 사용할 수 있다. 상대 체중(Relative Body Weight; RBW), 신체 상태(Body Condition Score; BCS), 신체질량지수(Body Mass Index; BMI)의 계산에 의해 정상, 과체중, 비만을 판단한다.

애완동물의 비만 정도는 체지방 비율(%BF)로 측정한다. 보통 신체 상태(Body Condition Score)와 신체질량지수(Body Mass Index)에 의한 계산하는데 비용이 적게 들고 방해 요소가 적다.

1) 상대 체중(Relative Body Weight ; RBW)

상대 체중은 적정 체중에 대한 현재의 체중의 비율을 말한다. 적정 체중은 1.00이나 100% 이다. RBW는 정상 체중 보다 가벼우면 1보다 작고 정상 체중 보다 무거우면 1보다 크다. 개와 고양이에서 1.10과 1.20 이상은 비만에 속한다.

개와 고양이의 적정 체중은 차이가 있지만 완전히 성장한 후에 확인한다. 대부분의 개와 고양이의 성장은 12개월경에 다 성장하고 대형견은 20개월경까지 성장한다. 각 품종의 적정 체중은 차이가 있으며 대부분의 고양이의 정상 체중은 3.2~4.5kg이다.

2) 신체 상태(Body Condition Score ; BCS)

BCS는 애완동물의 체지방의 평가에 의해 이루어지며 단백질의 저장량은 골격과 체중으로 되기 때문이다. 여원 상태는 BCS가 1이며 늑골이 쉽게 촉진되며 지방이 덮여있지 않으며 뼈와 피부 사이의 조직이 거의 없고 아랫배와 옆구리가 많이 들어간 상태다. 저체중 상태는 BCS가 2이며 늑골이 쉽게 촉진되며 지방이 조금 덮여 있으며 뼈와 피부 사이의 조직이 약간 있고 아랫배와 옆구리가 조금 들어간 상태다. 정상 상태는 BCS가 3이며 늑골이 쉽게 촉진되지만 지방은 조금만 촉진되며 육안으로는 늑골이 관찰되지 않는다. 아랫배와 옆구리가 조금 들어간 상태이며 복강내 지방은 잘 만져지지 않는다. 과체중 상태는 BCS가 4이

며 늑골이 어렵게 촉진되며 지방이 많이 촉진된다. 육안으로는 늑골이 관찰되지 않는다. 아랫배와 옆구리가 조금 부풀은 상태이며 복강내 지방은 조금 만져진다. 비만 상태는 BCS가 5이며 지방이 많아 늑골이 촉진되지 않고 육안으로도 관찰되지 않는다. 아랫배가 많이 처지고 옆구리가 많이 부풀은 상태이며 복강 촉진이 어렵게 되는 상태다. 5개의 단계에서 정상 체중의 범위는 2.5~3.5이다.

BCS는 지방을 제외한 조직에 대한 지방의 비율을 말하며 개와 고양이에서의 정상적인 체지방 비율은 15~25%이다. BCS가 3인 경우 체지방 비율은 20% 정도이다. 4는 30%, 5는 40% 정도이다. 실제로 BCS와 체지방 비율은 4~5% 정도의 오차가 있을 수 있다.

3) 체지방(Body fat) 비율 측정

사람에서 체지방 비율을 측정하는 방법은 여러 가지가 있다. 신체질량지수(Body Mass Index; BMI, 카우프지수), 수중 체중법, 피하지방 두께법, 임피던스법 등이 사용되고 있다. 개와 고양이의 체지방 비율을 정확하게 측정하기가 매우 어렵다. 신체질량지수(Body Mass Index)가 쉽고 객관적으로 신뢰할 수 있는 체지방 비율을 측정하는 방법이다.

최근에는 Dual Energy X-ray Absorptiometry(DEXA) 방법이 사용되고 있으나 비용이 비싸기 때문에 사용되기 어렵고 BCS 상태를 파악하여 비만의 정도를 측정한다.

4) 동물 평가 결론

BCS와 상대체중은 체중을 감소시킬 필요가 있을 때 필요하다. 상대체중은 하루 필요 식이량을 계산하는데 필요하다. 최종적으로 체형 계측 계산법에 의해 체지방 비율을 계산하여 상대체중 및 BCS와 비교하여 체중의 증가 정도를 판단한다. 표 9-1은 RBW, BCS, 체지방을 비교한 것이다. 방사선이나 초음파는 피하와 복강 내에 존재하는 지방의 과다 여부를 확인할 수 있다. 그러나 방사선 진단 단독으로 비만을 진단할 수 없다.

표 9-1 RBW, BCS, 체지방의 비교

	야윔	저체중	정상	과체중	비만
RBW	0.8(80%)	0.9(90%)	1.0(100%)	1.1(110%)	1.2(120%)
BCS	1	2	3	4	5
체지방	5% 이하	5~15%	16~25%	26~35%	35% 이상

5) 비만 요인

비만은 필요량 보다 많은 에너지를 섭취했을 경우 발생한다. 즉 에너지의 섭취 증가나 에너지 소비량 감소에 의한다. 가장 좋은 것은 체형을 유지하기 위해 필요한 양의 에너지를

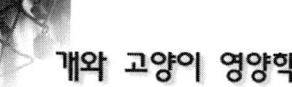

개와 고양이 영양학

섭취하고 그 이상 사용하는 것이다. 품종, 성, 나이, 활동량, 식이의 종류에 따라 에너지의 과다 섭취로 비만에 영향을 준다. 이러한 요인들을 알아야 효과적으로 비만의 예방과 치료할 수 있다.

① 유전적 요인

비만은 유전적인 영향을 많이 받는다. 품종에 따라 각종 대사의 조절과 수용량이 다르고 대사 효과도 다르기 때문이다. 일부 품종은 다른 품종에 비하여 비만이 되기 쉽다. 이런 품종의 비만 예방을 위한 것은 지역적인 영향도 받는다. 래브라도 리트리버, 케언 테리어, 바셋하운드, 비글, 코커스파니엘, 닥스훈트, 셔틀랜드 쉽독, 킹 찰스 스파니엘 등이 다른 품종에 비하여 비만이 되기 쉽다. 모두는 아니지만 대부분 활동량이 많은 수렵견들이 가정 견화 되면서 활동량의 감소로 비만으로 되는 경향이 있는 듯하다. 개와 반대로 고양이는 순종에 비하여 잡종이 비만이 되기 쉽다. 고양이에서는 페르시안도 비만이 되기 쉽다.

② 성별과 중성화 수술

● 그림 9-2. 비만인 개

개와 고양이에서 중성화수술을 한 경우 비만이 될 확률이 높다. 중성화수술을 한 암캐는 수술을 하지 않은 경우보다 비만이 될 확률이 두 배 정도이다. 거세를 한 수컷도 유사하다. 개와 고양이에서 중성화수술을 한 경우 비만이 되는 원인이 몇 가지 있다. 중성화수술을 한 경우 에스트로젠(Estrogen)과 안드로젠(Androgen)이 거의 분비되지 않기 때문에 떠돌아다니는 등의 성적인 행동이 감소되어 휴식할 때 필요한 대사율이 20~25% 정도 감소한다. 그러므로 중성화수술을 했을 경우 급여량을 적정 체중의 75~80%로 줄일 필요가 있다.

또한 암컷 비글과 모든 품종의 고양이에서는 에스트로젠이 식욕을 억제하는데 중성화수술을 했을 경우 상대적으로 에스트로젠의 분비량이 적어지기 때문에 식욕이 증가하여 식이의 섭취량이 많아져서 비만이 되기 쉽다.

③ 연령

개와 고양이의 나이는 비만 예방에 중요한 영향을 미친다. 두 살 이전의 비만은 많지 않다. 성장기에 많은 칼로리를 섭취하더라도 성장과 발육에 많은 칼로리가 소모되기 때문에 비만이 많지 않은 편이다. 개와 고양이에서 두 살 이후에 비만이 되기 시작하며 6~8살 때 제일 많다. 어떤 연구에서는 10~12년 이상 생존하는 경우 마른 상태이거나 정상 체중이 대부분이다. 12살경에는 비만이 매우 적은 편이다. 첫째, 나이를 먹으면서 제지방조직의 감소로 식이 섭취량이 감소하기 때문이다. 또한 비만인 경우 정상인 경우에 비하여 수명이 길지 못하기 때문에 노령의 상태에서 비만의 비율이 줄어든다.

성장기 비만은 지방세포가 많아져서 성인 비만이 되기 쉬운데 이는 체중이 감소하더라도 세포의 수는 줄지 않기 때문이다. 이 때문에 성장기 비만이 성장 후 비만으로 이어지기 쉽다. 성장 후 비만은 지방세포가 커지며 적정 체중을 유지할 경우 세포가 정상적으로 돌아오게 된다.

④ 활동량

실내에서 생활하는 경우가 실외에서 생활하는 경우보다 비만이 되기 쉽다. 즉, 활동량이 적거나 운동을 하지 않는 경우 비만이 될 위험성이 높다. 특히 현재의 가족 구조가 핵가족화, 맞벌이 부부가 많아지면서 애완동물이 가정에서 혼자 지내는 시간의 증가로 비만이 될 가능성이 더 많아지고 있다.

⑤ 식이와 급여 방법

저가 사료는 칼로리의 농도가 낮아 식이의 섭취량이 증가하기 쉽기 때문에 비만이 되기 쉽다. 집에서 만든 음식은 칼로리 농도가 증가하기 쉽기 때문에 비만이 될 위험성이 많다. 기호성이 높은 식이를 자유급식 시킬 경우 섭취량이 많아지게 된다. 마찬가지로 간식이나 과자 등 식사대용의 다른 형태의 식이를 많이 급여할 경우 비만이 될 위험성이 높다. 급여할 경우 DER의 10%를 넘지 않는 것이 권장된다.

6) 에너지 요구량

하루에 필요로 하는 에너지 요구량 보다 섭취량이 장기간 많을 경우 과체중이나 비만이 된다. 1일 에너지 요구량(Daily Energy Requirement ; DER)은 체중과 골격에 따라 차이가 있으며 유전적인 요인이나 중성화 수술 여부에 따라 달라진다. DER을 정확히 아는 것은 비만의 개선 시 급여량 결정에 반드시 필요하다.

적정 체중을 유지하기 위한 DER은 휴식기 에너지 요구량(Resting Energy Requirement ; RER), 운동 에너지 요구량(Exercise Energy Requirement ; EER), 식이 소화 열량(Thermic

Effect of Food ; TEF), 체온 유지 열량(Adaptive Thermogenesis ; AT)에 의해 구해진다. RER은 성견에서 DER의 60~80%를 차지한다. RER은 식사 후 수 시간이 지나 특별한 운동 없이 휴식하는데 필요한 에너지이다. EER은 근육의 운동량까지 확장된다. 활동량이 적은 경우 활동량이 많은 경우에 비하여 에너지의 양이 적어지게 된다. EER은 DER의 10~20% 정도를 차지한다. TEF는 식이를 흡수하고 소화시키는데 필요한 에너지를 말한다. TEF는 총 소비량의 약 10% 정도를 차지하며 식이의 성분과 하루의 식사 횟수의 영향을 받는다. 음식에 따라 소화하고 흡수하는데 필요한 에너지가 다른데 체중 감소 프로그램을 시행할 때 한 두 번 먹는 것보다 조금씩 여러 번 나누어 급여하는 것이 TEF를 높이기 때문에 더 효과적이다. AT는 DER의 가장 적은 부분에 해당이 된다. AT는 일시적으로 차가운 공기에 노출되거나 정상 온도 이상이거나 일시적으로 많은 칼로리를 섭취했을 경우에 체온을 조절하는데 필요한 에너지이다. 칼로리의 흡수량과 소비량은 균형이 맞아야 한다.

성장 단계나 환경의 변화에 의해 활동량이 감소했을 경우 칼로리를 감소시키지 않으면 칼로리의 섭취가 과다하게 되는 것이다. 활동 공간의 감소, 골격계 질환, 중추신경계의 이상, 스테로이드제 사용이 이에 해당된다. 동일 체중에서 성장기에 비하여 노령화 될수록 적은 에너지가 필요하다. 노령화되면 활동량이 감소하고 제지방 조직이 감소하기 때문이다.

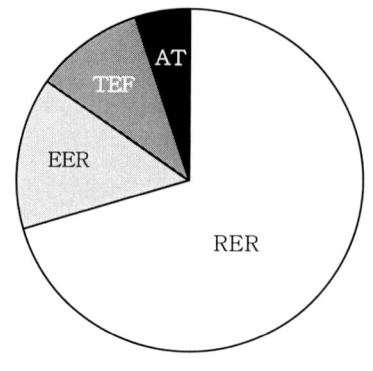

그림 9-3. 에너지 요구량의 비율

2. 식이의 평가

애완동물의 체중과 상태는 하루의 식이량과 식이 성분에 의해 결정된다. 정확성을 위해 식이의 급여 상태와 종류 등을 파악해야 한다. 특히 에너지를 만드는 단백질, 지방, 탄수화물과 같은 영양소의 함량에 신중을 기해야 한다.

1) 식이의 양과 종류

체중 감소 프로그램을 위해 식이의 양을 조사해야 한다. 식이의 양은 간식 등을 포함한

모든 식이가 해당된다. 비만에서 칼로리를 낮추는 것은 체중 감소의 제일 목표이다. 칼로리가 제한된 식이를 만들기 위해서는 지방을 줄이고 섬유소, 공기, 수분을 증가시킨다. 가끔 보호자가 칼로리를 제한하기보다 식이의 양을 줄이려고 하는 경향이 있다. 그러나 이 방법은 실패하기 쉽다.

칼로리의 감소량에 비하여 지방의 감소량이 적을 경우 실패하기 쉽다. 지방은 탄수화물, 단백질에 비하여 2.25배의 칼로리를 가지고 있기 때문에 가장 주된 에너지의 공급원이 되고 지방의 대사 에너지가 단백질, 탄수화물의 대사 에너지에 비하여 적게 소모되기 때문에 칼로리의 소모량이 적어진다. 또한 단백질이나 탄수화물이 소모된 후에 지방이 소모되기 때문에 소화관에서 흡수된 지방은 먼저 저장이 되는 경향이 있다. 비만인 개와 고양이에게 지방이 많이 함유된 음식의 칼로리가 제한된 사료는 체중 감소가 적었고 지방이 감소된 칼로리가 같은 사료를 먹였을 경우 체중이 많이 감소되었다.

사료의 소화력은 식이 섭취량과 반비례한다. 식이의 섭취량을 감소시킨 경우 즉 칼로리의 농도가 낮은 식이를 급여하면 식이로부터 흡수되는 에너지와 소화되는 비율이 높아져 그만큼의 효과를 보지 못한다.

칼로리를 제한하기 위해 식이의 양을 감소시키면 모든 영양소가 부족하게 되고 제지방 조직의 감소로 인하여 칼로리 소모량이 감소하게 된다. 이상적으로 체중을 감소하기 위해서는 단백질, 필수지방산, 비타민, 미네랄의 양은 정상적인 조직의 대사에 부족하지 않아야 한다. 결국 식이의 급여량은 평소와 비슷하게 유지되어야 한다.

2) 체중 감량용 사료에서 섬유소의 활용

체중 관리를 위해 식이중의 칼로리 감소를 위한 원료는 신중히 선택해야 한다. 일시적인 칼로리 제한 원료는 식이성 섬유소, 수분, 공기를 첨가하는 것이 좋다. 수분과 공기는 위장에서 빠르게 없어지며 일시적으로 위장을 채워주는 역할을 한다. 식이성 섬유소는 칼로리를 감소시켜주고 생물학적, 영양학적으로 충분한 역할을 한다.

이론적으로 식이성 섬유소는 체중의 감소를 돕는데 칼로리를 감소시키고, 위장관에 있는 내용물이 많아지고 식이의 소화관 통과 시간을 늘려서 포만감을 증가시키기 때문에 식이 섭취량을 감소시킨다. 또한 섬유소는 지방, 단백질, 가용성 탄수화물의 흡수와 소화를 방해하여 칼로리의 효능을 감소시킨다. 불용성 섬유소는 위장의 공복상태에서 약간 효과가 있으며 가용성 섬유소는 위장의 공복 상태를 천천히 느끼도록 한다. 가용성과 불용성 섬유소는 모두 위장을 서서히 통과한다. 체중 감소를 위한 식이의 식이성 섬유소의 가치를

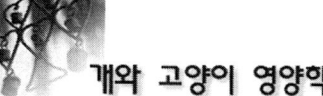
개와 고양이 영양학

다른 측면에서 보면 섬유소는 식이 중 에너지를 만들어내는 영양소의 소화와 흡수를 감소시킨다.

식이 섬유는 장에서 당분을 흡착하여 당이 소장 벽에서 혈중으로 서서히 유입되게 함으로써 한꺼번에 유입된 당이 지방으로 변하는 것을 막고 위장에서 물을 흡수하여 팽창하게 되면 포만감이 생겨 식욕이 억제하고 대장운동을 촉진하여 배변을 원활히 함으로써 장내의 노폐물을 제거하여 혈액을 정화하며 콜레스테롤과 중성지방의 합성을 감소시켜 혈중지질을 저하시킨다. 그러나 식이중의 발효성 섬유소의 양을 증가시키면 그 결과 배변량과 방귀가 많아지게 된다.

3. 급여 방법의 평가

개에게 급여하는 식이와 방법에 대한 것도 고려되어야 한다. 개와 고양이의 자유급식은 자기에게 필요한 에너지를 얻기 위한 만큼 섭취한다. 그러므로 자유급식은 체중 감소와 칼로리의 제한에 적합하지 않은 방법이다. 급여의 시간과 급여량을 일정하게 해줄 필요가 있다. 보호자가 급여하는 식이와 간식, 잔반, 과자 등의 양을 분석해야 한다. 여러 사람이 급여하면 여러 가지 원료를 섭취하게 된다. 이렇게 되면 개와 고양이의 체중 감량을 위한 프로그램은 실패하게 되기 때문에 한사람이 급여하는 것이 좋다.

 Ⅲ 식이 계획

1. 체중 감소 프로그램과 계획

성공적인 체중 감소 프로그램을 위해 보호자의 의지가 필요하며 식이 요법, 운동 요법, 보호자와 점검, 환자의 점검 등의 다양한 과정이 요구된다.

체중 감소를 위한 첫 번째 단계는 보호자로 하여금 체중 감소의 이유에 대하여 이해하고 인식해야 한다. 보호자의 협조와 의지가 없으면 체중 감량은 성공할 수 없기 때문이다. 비만을 개선하기 위해서는 칼로리 제한 식이와 운동 요법을 병행하여 시행하는 것이 체중 감량에 성공을 극대화 할 수 있다. 체중 감량을 성공하기 위한 프로그램은 체중 감량의 목표를 정하고, 매일 섭취해야 할 칼로리를 정하고, 식이와 급여 방법을 정하고, 운동량을 정하고, 체중 감소의 과정을 체크하여 필요하면 칼로리, 식이, 운동의 양을 조절하고, 칼로

제 9 장 비만

리 섭취량을 최종 결정하여 체중을 감소시키고 다시 살이 찌지 않도록 한다.

칼로리를 계산하기 위하여 먼저 휴식기에 필요한 에너지인 RER을 계산한다. 비만 예방을 위한 칼로리를 개는 RER의 1.4배, 고양이는 1.0배로 하며 체중 감소가 목적일 때는 개는 RER의 1.0배, 고양이는 0.8배로 한다. RER을 구하는 공식은 두 가지가 많이 사용되고 있다.

$$RER = 30 \times (체중\ kg) + 70 (체중\ 2kg\ 이상에서\ 사용)$$
$$RER = 70 \times (체중\ kg)^{0.75}$$

2. 식이 계획

식이 계획의 결정은 애완동물의 1일 필요한 칼로리를 정하고, 필요한 칼로리를 섭취하기 위한 식이를 선택하고, 식이 방법을 결정한 후 급여한다. 식이 계획은 비만 상태의 칼로리량을 급여하고, 체중 감량의 적정 체중을 결정한 다음, 목표 체중에 필요한 칼로리의 양으로 서서히 줄여주고, 수시로 감량 과정을 체크한다.

개는 간에서 중성 지방을 분해하지만 고양이는 분해하기 힘들다. 그러므로 고양이에서 체중 감소를 위해 굶기는 것은 지방간의 위험 요인이 되기 때문에 사용해서는 안 된다. 개와 고양이에서 체중 감소를 위해 굶기는 것은 제지방조직이 손상되어 결국 단백질 결핍되고, 수분과 함께 비타민-미네랄의 공급이 부족해지기 쉽기 때문이다. 사람들에게서도 쉽게 사용되지 않는 방법이다. 수명을 연장하기 위하여 체중의 감소가 요구될 때 병적으로 비만인 경우를 제외하고 굶는 것은 피하는 것이 좋다.

3. 급여 방법 결정

보호자는 애완동물에게 식이를 주는 방법을 결정해야 한다. 체중 감소를 위해 한 번에 많은 양의 식이를 주는 것보다 조금씩 여러 번 나누어주는 것이 소화와 흡수에 효과적이다. 식이 소화 열량(TEF)의 효과를 극대화하기 위한 방법이다. 식이를 8~12시간 간격으로 적어도 두 번 이상 나누어준다. 대부분의 보호자는 하루에 두 번 급여하는데 세 번 이상 주는 것이 좋다. 칼로리의 과다 섭취를 예방하기 위하여 자유급식은 권장되지 않는다.

4. 운동

운동은 에너지 소비량을 단시간 내에 증가시키고 기초대사량을 장기간 증가시키며 식욕을 조절하며 일시적인 식욕 억제 효과와 육체 및 정신적인 건강 효과를 기대할 수 있다. 즉 운동은 에너지의 섭취와 소비의 불균형을 줄이고 칼로리의 소모량을 늘리는 가장 좋은 방법이다. 운동은 제지방조직을 증가시키기 때문에 식이 소화 열량(TEF)이 증가되어 체중 감소하는 동안 운동량을 증가시키는 것이 좋다. 또한 운동은 제지방조직의 감소되고 비만인 경우에 RER을 유지시키거나 증가시키는데 효과적이다. 칼로리를 제한한 개와 고양이의 운동은 하루에 최소한 20분 이상 두 번 시키는 것이 권장된다. 운동을 20분 이상 지속해야만 지방이 분해되어 에너지로 소모되기 때문이다. 무리가 없다면 한 시간도 가능하다. 처음에는 집 근처에서 가볍게 시작하고 점차 활동량을 늘려주도록 한다. 애완동물이 걷기 싫어할 경우 최종 목표는 20분이다. 만약 정형외과 수술을 받은 경우 관절에 무리가 가기 때문에 신중해야 한다. 여건이 된다면 수영이 효과적이다. 수영은 단위 시간당 더 많은 칼로리를 소모하기 때문에 운동량을 늘려야 할 경우 매우 효과적이다.

비만 고양이는 매일 운동량을 늘릴 필요가 있다. 보호자는 인내와 끈기를 가지고 지속한다. 필요할 경우 개줄을 이용하도록 한다. 고양이의 운동량을 늘려주는 방법 중의 하나는 노끈, 공, 장난감 등을 가지고 놀거나 다른 애완동물과 놀 수 있도록 해준다.

5. 보호자의 역할

체중 감소를 위한 프로그램을 위해 식이조절과 운동이 권장되고 이러한 내용을 체크하며 기록하는 것이 좋다. 체중의 변화를 기록하거나 그래프(그림 9-4)를 그리는 것이 더욱 효과적이다. 체중의 변화를 관찰하면서 적극적인 참여를 기대할 수 있기 때문이다.

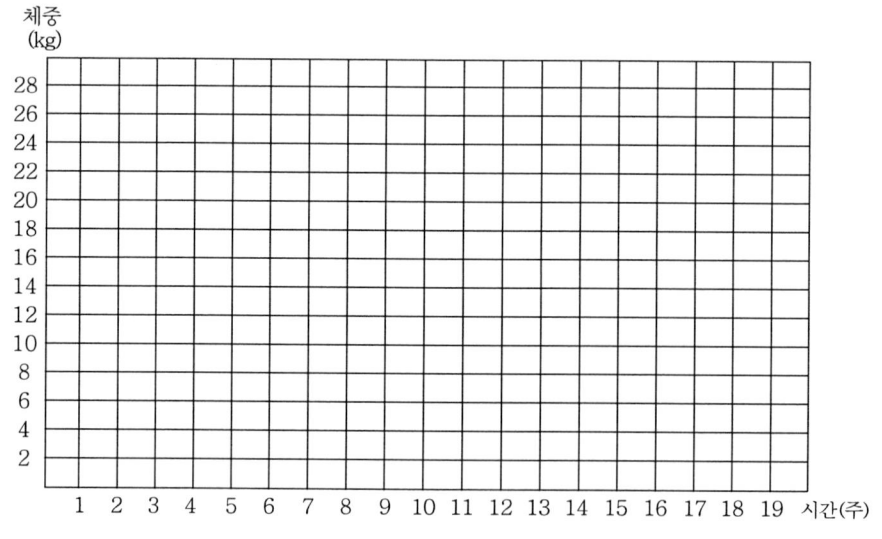

그림 9-4. 체중 변화 기록 그래프

제 9 장   비만

6. 기타 치료법

이 외에도 비만의 해결을 위해 여러 가지 방법이 사용되는데 약물을 사용하는 방법과 외과적인 수술을 이용한 방법이 있다. 하지만 이러한 방법은 빠른 효과가 있는 반면 부작용이나 임상적이 효율성에 대해서는 아직 입증되지 않았다.

약물을 이용한 방법에는 중추성 식욕억제제, 소화와 흡수억제제, 이뇨촉진제, 신진대사 촉진제, 사하제, 지방 분해 영양소 등 여러 가지가 있는데 부작용이 있으며 약물의 적정 용량에 대하여 정확한 사용 지침이 밝혀지지 않았기 때문에 주의해야 한다.

지방분해 영양소로는 지방산을 미토콘드리아로 보내 지방을 분해하도록 하여 비만 예방 효과가 있는 카니틴, 항지방간 비타민으로 간에 지방이 침착되는 것 방지하는 이노시톨, 불포화지방산과 혈중 콜레스테롤 유화작용으로 비만 개선효과가 있는 레시틴, 체내 조직과 혈액 내의 지방과 탄수화물 양을 정상적으로 유지 피콜린산 크롬(Chromium Picolate) 등이 있다.

외과적인 수술 방법으로는 지방 흡입술 등이 있지만 이로 인한 부작용이 있으며 식이 조절이나 운동이 동반되지 않으면 다시 비만이 되기 쉽다.

 # IV 중간 점검

체중 감소 중인 환자를 주기적으로 점검하는 것은 매우 중요한데 프로그램을 효과적으로 진행하고 보호자의 의지를 확인하기 위해서이다. 단순히 칼로리가 제한된 식이의 양과 운동량만 체크하는 것으로는 부족하다. 이 프로그램을 통하여 체중의 감소 정도를 체크하고 식이와 운동량을 재조정하는 것이다.

중간 점검은 충분한 시간을 두고 진행하며 잘못 되고 있는 사항은 보호자가 인식할 수 있도록 한다. 짧은 간격으로 중간 점검을 하는 것은 체중 감소 프로그램의 마지막에 필요하다. 감소가 진행되는 것을 관찰할 수 있어도 최소한 1주일이 필요하다. 일반적으로 가장 적당한 간격은 2주 간격이다. 고양이나 소형견의 경우에서는 충분한 관찰을 위해 3주의 간격이 필요하다. 중간 점검은 최대한 4주가 지나기 전에 시행한다. 그러나 4주는 식이와 운동의 변화가 필요한 경우 너무 길다.

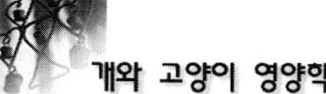

비만 개선을 위하여 주당 2%의 체중 감소를 시행한다면 지방뿐만 아니라 제지방 조직의 감소가 될 수 있기 때문에 건강에 문제를 줄 수 있다. 또한 체중 감소를 완전히 하기 위해서는 보호자의 관심을 지속적으로 유지하여야 하는데 이를 위해서 최소한 주당 0.5% 이상의 감소를 유지해야 한다. 대부분의 개와 고양이에서 성공적인 체중 감소와 체내 대사의 변화를 서서히 하기 위해 8~12개월의 기간이 요구된다.

V 비만 예방

체중 과다를 개선하는 것 보다 예방하는 것이 더 중요하다. 성공적인 비만의 예방을 위해서는 비만의 요인이 될 수 있는 위험 요소의 평가와 몸의 상태를 평가하여 이에 적합한 식이를 권장하는 것이다. 애완동물의 비만 요인 증가나 체지방의 증가가 있을 경우에는 칼로리를 감소시켜야 한다. 비만 경향이 있는 애완동물은 15% 정도 칼로리를 감소시킨다. 이것은 표준으로 사용되고 있지만 체질에 따라 차이가 있을 수 있기 때문에 여러 가지로 평가해야 한다.

중성화 수술을 한 경우에는 식이의 양을 적정 체중에 비하여 칼로리를 감소시킨다. 정형외과 수술이나 생리적, 대사율이 감소된 경우 신중을 기하도록 한다.

VI 요약

체중 감소 프로그램은 소동물 임상에서 가장 도전적인 치료중의 하나이다. 체중 감소 프로그램의 성공은 단순히 식이를 감소하거나 칼로리 제한된 식이를 급여하는 것처럼 단순하지 않다. 성공적인 체중 감소 프로그램의 성공은 칼로리 제한, 운동, 중간 점검이 체계적으로 이루어져야 한다. 이 세 가지 요소는 모두 동등하게 중요하다. 이 세 가지 모두 병행해야만 성공할 수 있기 때문이다. 하나 또는 두 개가 균형이 깨질 경우 실패할 확률이 높아진다.

소화기 질환
(Gastrointestinal Disease)

I 개요

동물은 세포분열, 성장발육 및 운동 등 생명을 유지하기 위해 많은 칼로리가 필요한데 이를 위한 영양소는 체내에서 합성하지 못하기 때문에 식이를 통하여 공급받아야 한다. 식이가 입안으로 들어오면 체내로 들어가는 것으로 생각한다. 그러나 위, 장과 같은 소화기는 체내라 할 수 없다. 식이는 소화관을 통하여 체외로 빠져나가기 때문에 진정 식이가 체내에 들어가기 위해서는 소화 효소에 의해 분해되어 위장점막을 통하여 흡수되어 혈액 속으로 운반되어야 한다. 소화 효소와 관련된 기관은 간과 췌장이다. 소화관이나 간, 췌장에 이상이 있을 경우 소화기 질환이 발생하며 이로 인하여 영양소의 불균형이 생겨 문제가 발생하게 된다. 간은 소화 및 대사에 중요한 역할을 담당하기 때문에 별도로 다루기로 한다. 개와 고양이의 소화기 질환과 췌장 질환에서 식이의 선택은 고민해야할 사항 중의 하나다. 보호자가 치료 시에 식이의 역할을 이해하고 따라주도록 해야 한다.

1. 소화기의 구조와 기능

소화관은 입에서 시작해서 항문까지 이르며 입, 인두, 식도, 위, 소장, 대장, 항문으로 구성되어있다. 소화와 흡수를 위해 여러 가지 효소를 공급해주는 부속 기관으로는 타액선, 간, 췌장 등의 부속기관이 있다.

1) 입과 식도

입은 식이가 체내로 들어오는 입구로 식이를 씹을 때 이하선, 악하선 등에서 일부의 당분을 분해하는 효소가 분비된다. 이곳에서는 식이를 소화하기 쉽도록 잘게 부숴주며 식도를 통하여 위로 내려가게 한다.

2) 위

위는 횡격막 아래 위치한 주머니 모양으로 섭취한 식이를 저장하고 단백질의 소화가 시작되는 곳이지만 아직 흡수되지는 않는다. 위벽에는 많은 위선(gastric gland)이 있고 위선의 벽세포(parietal cell)에서는 염산(HCl)을, 주세포(chief cell)에서는 펩시노겐(pepsinogen)을 펩신(pepsin)으로 활성화시키고 어린 동물은 레닌(rennin)을 분비하고, 점액세포(mucus cell)에서는 점액(mucin)을 분비한다.

위액은 염산, 펩신, 점액으로 되어있으며 염산은 약간의 당분 분해 능력과 강력한 살균작용이 있어 식이에 포함된 세균을 무력화 시킨다. 펩신은 단백질을 분해하고 점액은 당단백질로 염산과 펩신이 위점막에 가해지는 기계적, 화학적 자극으로부터 보호하며 비타민 B_{12}의 흡수에 필수적인 역할을 한다.

3) 소장

소장은 십이지장, 공장, 회장으로 구성되어있으며 십이지장은 췌장으로부터 췌관, 담낭으로부터 담관 개구부가 있어 이로부터 소화효소를 공급받는다. 소장은 영양소를 최대한 흡수할 수 있도록 넓은 표면적을 가지게 되는데 내부 표면은 주름이 많고 수많은 손가락 모양의 융모(villi)가 있고 각각의 융모는 많은 상피세포로 싸여있고 상피세포는 많은 미세융모(microvilli)를 가지고 있어 소화와 흡수에 중요한 역할을 한다.

췌액에는 단백질 분해효소인 트립신(trypsin), 지방 분해효소인 스테압신(steapsin), 당분 분해효소인 아밀롭신(amylopsin) 등이 있다. 장액은 단백질 분해효소인 에렙신(erepsin), 지방 분해효소인 리파제(lipase), 이당류 소화효소인 슈크라제(sucrase), 말타제(maltase), 락타제(lactase) 등이 있다. 담즙은 콜레스테롤, 빌리루빈, 담즙산염, 무기염, 지방산, 레시틴 등으로 구성되어있어 지방과 지용성 비타민의 유화를 돕는다.

십이지장에 들어온 지방은 담즙의 유화를 받아 스테압신과 리파제에 의해 지방산(fatty acid)과 글리세롤(glycerol)로 분해되고 단백질은 위액에 의해 프로테오스(proteose)와 펩톤(peptone)으로 분해된 뒤 트립신과 에렙신에 의해 아미노산으로 분해된다. 당분은 아밀롭신, 슈크라제, 말타제, 락타제에 의해 포도당, 갈락토스, 과당으로 분해된 다음 소장의 미세융모에 있는 모세혈관과 유미관으로 흡수되어 체내로 들어가게 된다.

각각 영양소는 주로 흡수되는 부위가 다르다. 아미노산과 당분은 소장 전체에서 골고루 흡수되지만 지방산은 주로 공장에서, 철분은 십이지장에서, 비타민 B_{12}는 회장에서 흡수된다. 수분은 상부 소장에서 일부 흡수되고 나머지는 대장에서 흡수된다.

4) 대장

대장은 맹장, 결장, 직장으로 구성되며 소장 말단인 회장에서 회맹결장구를 통하여 맹장을 통하지 않고 결장과 연결되어 있어 장내용물이 결장으로 유입되게 되어있다.

대장의 기능은 미생물에 의한 소화, 수분과 전해질의 흡수, 대변의 저장 기능을 한다. 소화와 흡수는 대부분 소장에서 이루어지며 대장에서는 소화효소의 분비가 없기 때문에 소화 작용은 거의 일어나지 않는다. 그러나 소화효소와 내용물이 대장으로 내려오기 때문에 일부의 소화 작용은 일어난다. 탄수화물과 단백질은 미생물이 분비하는 효소와 발효에 의하여 일부 소화가 되지만 지방은 대변으로 배설된다.

5) 간

간은 체내에서 가장 중요한 대사 기간이며 소화와 흡수된 영양소를 체내에서 이용하는데 가장 중요한 역할을 한다. 간의 여러 가지 기능과 영양에 대한 내용은 광범위하기 때문에 별도로 다루기로 한다.

6) 췌장

췌장은 위의 아래와 십이지장의 만곡을 따라서 위치한다. 다수의 소엽으로 구성되어 있으며 췌장 중심부의 췌관은 총담관과 합류하여 소화효소가 포함된 췌액을 외분비경로를 통하여 십이지장으로 보낸다. 내분비 경로를 통해서는 호르몬인 인슐린과 글루카곤을 분비한다.

2. 식이 형태

소화기와 췌장 외분비 질환의 치료를 위해 여러 가지 식이를 이용할 수 있다. 소화기 질환에 적용되는 식이는 소화율이 높아 장내 잔류물을 감소시키고 지방을 제한하며 섬유소를 증가시킨다. 또한 알러지를 방지하기 위하여 소화율이 높고 기존에 사용하지 않은 새로운 원료를 사용하며 유당과 글루틴을 제거한 것을 이용한다.

1) 소화율이 높은 식이

소화율이 높다는 것은 식이의 단백질, 지방, 탄수화물의 소화가 적어도 90% 이상일 경우다. 식이의 품질 여부는 결국 소화율의 차이다. 개와 고양이의 소화기 질환의 관리에는 소화율이 높은 식이가 권장된다.

소화율이 높은 식이는 소화시켜야 되는 단백질의 양을 감소시켜 알러지를 일으킬 수 있는 요인을 감소시킨다. 소화율이 높은 식이의 대부분은 지방을 감소시키고 유당이 없는 원료를 사용한다. 소화율이 높은 식이는 위장염, 위확장과 염전, 만성 장병증과 관련된 흡수

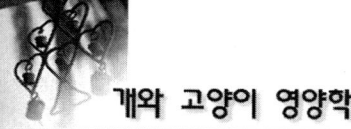

불량, 췌장 기능 부전의 관리에 사용한다.

소장의 설사를 일으키면 영양 불량이 되기 때문에 지방을 감소시키는 것이 좋다. 식이에 포함된 단백질과 지방은 칼로리의 농도에 영향을 미치고 있으며 대부분 소화기 질환을 관리하는 식이는 지방을 10% 이하로 감소시킨다. 지방변이 있는 경우 지용성 지방의 결핍이 될 위험 요인이 높기 때문에 지용성 비타민을 공급해주어야 한다.

소화기 질환 치료에 탄수화물은 수분을 제외한 성분 중에 가장 많은 부분을 차지한다. 식이 중에 전분의 소화력은 원료와 제조 과정의 영향을 받는다. 개는 옥수수, 쌀, 보리, 밀 등 대부분의 전분을 소화하기 쉽다. 섬유소의 소화력과 췌장 효소 활성이 감소되면 고소화율 식이에는 많이 포함되지 않는다. 최근에는 소화력이 높은 수용성 형태의 섬유소를 포함한 식이가 만들어지고 있다.

2) 섬유소 함유 식이

섬유소는 식물 원료에 포함된 것으로 위에서 소화가 되지 않는 영양소를 말한다. 섬유소는 여러 가지 형태를 가지고 있으며 각각 생리 화학적 특성과 생리적인 효과가 차이가 있다. 섬유소는 셀룰로스, 반셀룰로스, 펙틴, 점성 고무, 전분이 있다. 당의 형태와 화학적 결합의 형태에 따라 여러 가지로 나누어진다. 여기에는 발효성, 소화성과 비소화성, 용해성, 수분 함유 능력, 점도 등으로 나눌 수 있다. 비용해성 섬유소가 많이 함유한 원료는 셀룰로오스, 땅콩, 콩 등이며 용해성 섬유소가 많이 함유한 원료는 펙틴, 고무풀, 실륨(psyllium), 비트펄프, 완두콩 등이 있다.

식이 섬유의 생리적 효과는 주로 물리적 성질에 기인한다. 섬유소의 수분 보유 능력과 점도는 위의 공백 시간을 늦추고 소장에서 젤 상태를 유지하여 영양소의 흡수를 지연시키고 대변의 양을 증가시킨다. 섬유소가 첨가된 식이는 장운동을 정상화시키고 수분의 조절 능력이 있으며 개와 고양이의 소화기 질환의 관리 식이로 이용한다. 대부분의 섬유소는 소화기관에 효과가 있는데 특히 위, 상부 소장, 결장의 장운동을 정상화시킨다. 이 효과는 셀룰로스와 같은 비용해성 섬유소가 효과적이다. 젤라틴과 비트 펄프와 같은 용해성 섬유소는 위 공복 시간을 지연시키고 상부 소장의 통과 시간을 지연시킨다. 결장에서 발효성 섬유소는 소화관의 미세 융모에 의해서 휘발성 지방산을 생산한다. 젤라틴과 점성 고무와 같은 섬유소는 소화관 내의 교성 물질과 결합하고 담즙산을 자극한다. 이러한 결합은 장점막 손상을 예방한다.

3) 항원 제한 식이

식이성 역반응의 관리를 위한 식이의 선택은 항원이 되는 원료를 관리하는 것이다. 그러므

제10장 소화기질환

로 식이중의 단백질 종류를 제한하거나 항원 반응이 일어나지 않도록 처리하고 소화력을 증가시켜야 한다.

알러지를 일으킬 수 있는 식이를 제한한 식이는 식이에 의한 알러지를 일으키는 경우에 권장된다. 알러지를 일으키는 많은 개와 고양이에서 피부 문제와 소화기 문제를 일으킨다. 개와 고양이의 감염성 소화기 질환의 관리에 저알러지성 식이를 사용하는 것도 효과적이다.

식이 알러지에 적용되는 식이를 급여할 필요성이 있을 때도 있다. 식이 알러지에 의한 소화기 증상도 10% 정도 되기 때문에 단백질원이 제한되고 소화력이 높은 저알러지성 식이도 효과적 일 수도 있다. 구토가 있는 경우 급여 계획은 초기에는 급여량을 줄이고 여러 번 나누어서 급여한다. 급여량을 점점 늘리면서 일주일 정도 후에 정상적으로 급여한다.

 ## 소화기 질환

소화기 질환의 치료와 관리에 있어서 식이는 매우 중요하다. 많은 소화기 질환은 반드시 식이조절을 해주어야 한다. 소화기 질환의 식이 관리는 성분의 변화, 영양 상태, 식이의 형태 등 여러 가지가 영향을 준다. 소화기 질환에서 장기간 약물 치료를 할 경우 식이 관리를 병행하는 것이 그렇지 않은 경우보다 훨씬 효과적이다.

어떤 성견에서는, 특별히 심하게 활동적이거나 스트레스(신체적, 심리적, 환경적으로)를 받는 성견에서는 일반적인 유지기 사료보다 더 높은 칼로리를 필요로 한다. 그러한 경우에는 스트레스/퍼포먼스 형태의 사료를 공급해야 한다.

1. 영양 요구량 평가

모든 소화기 질환에서 영양 관리가 필요하지만 특히 만성 이영양증을 보이는 경우 더 필요하다. 소화기 질환에서 영양의 평가는 역학 조사, 신체 검사, 실험실검사 등으로 진단된다.

역학 조사는 체중이 정상의 10% 이상 감소, 식욕 부진, 3일 이상 식이 섭취 불량 등으로 에너지 균형 이상 여부를 조사한다. 신체 검사는 체형의 정상 여부를 관찰하는 것으로 어깨, 흉곽, 골반과 피하조직의 유무, 허리와 복부의 윤곽 등을 촉진하여 판단한다. 치료 안되는 상처, 부종, 복수, 근육 위축, 뼈의 통증, 관절 종창의 증상은 이영양증의 표시이다.

개와 고양이 영양학

실험실 검사에서 낮은 알부민 수치, 임파구 감소증, 빈혈은 이영양증임을 말한다.

단백질이 증가하고 전해질이 소실되고 소장 분절 기능의 감소는 영양의 공급에 문제를 일으킨다. 이화작용의 증가, 식욕 부진, 연하 곤란에서는 추가적인 영양 공급이 필요하다. 추가적인 영양 공급은 장내 투여, 비경구적인 방법을 이용한다. 비경구적인 방법은 정맥주사, 복강내 투여, 골내 투여와 같은 소화기관을 통하지 않는 다른 방법이다. 대부분의 환자에 필요한 칼로리는 최소한 휴식기 에너지 요구량(RER) 그 이상이어야 한다.

2. 상부 소화기 질환

인두와 식도의 일차적인 기능은 음식을 위로 보내는 것이다. 위는 단백질과 지방을 첫 번째 소화하는 곳이지만 보다 중요한 것은 음식을 저장하는 것이다.

1) 창상 및 수술

인두와 식도의 치료는 느리게 진행되며 이차적인 세균 감염에 민감하다. 소화관 감염, 창상, 수술이 있을 경우 음식물의 구강 급여는 피하는 것이 좋다. 2~3일 정도 지난 후에 다른 문제가 없을 경우 급여해도 좋다. 식이의 목표는 충분한 영양을 공급하고 창상과 민감한 인두와 식도의 자극을 최소화하는 것이다.

초기에는 칼로리가 높은 액상의 식이를 1주일이나 그 이상 급여한다. 처음 며칠은 식이를 급여하지 말고 영양 이상이 나타나면 카테타를 이용하여 급여하도록 한다.

2) 토출

토출은 구토와는 차이가 있다. 토출은 음식물이 구강이나 식도를 통하여 들어가 위로 들어가기 전에 문제가 발생하는 것이다. 개와 고양이에서 거대식도는 대부분 토출에 의한 것으로 식도염이나 열공 탈장 등이 해당된다. 거대식도는 식도가 확장된 것으로 근무력증이 가장 흔한 원인중의 하나이다.

식이 관리의 목표는 토출을 최소화하고 흡인성 폐렴을 피하며 충분한 영양을 공급한다. 칼로리의 농도를 높이고 거대식도에 의한 토출을 피하기 위해 세운 자세에서 일정 시간이 지난 뒤에 식이를 공급한다. 중력에 의해서 위로 자연스럽게 흘러가게 할 필요성이 있을 경우에는 죽이 사용된다. 식이의 섭취는 적정 체중을 유지할 수 있을 정도로 충분한 양을 섭취한다.

3) 구토

구토는 위와 십이지장이 심한 자극을 받거나 지나치게 팽창하여 반사적으로 위 내용물을 밖으로 토해내는 것이다. 식이의 목표는 위의 자극을 최소화하고 위의 공복 시간을 늘려주고 장의 운동을 활성화시키는 것이다. 구토가 있을 경우 2~3일 정도는 식이량을 줄여주거나 자주 급여하여 위의 부담을 줄여준다. 지방이 적은 식이로 권장되며 구토가 지속될 경우 보통 체액, 전해질, 산-염기의 평형에 이상이 있다.

구토가 심할 경우 영양을 공급하는 방법으로 가장 많이 사용하는 방법은 비경구적인 방법으로 정맥을 통하여 포도당, 아미노산, 전해질, 비타민 등을 주사한다. 두 번째 방법은 구강이나 비강을 통해 카테타를 이용하여 십이지장 부위에 액상 식이를 투여하는 것이다. 고양이의 지방간증에서도 많이 사용하는 방법으로 구토를 예방하기 위하여 투여 속도를 서서히 한다. 제토제를 투여하면 더욱 효과적이다. 세 번째 방법은 수술을 통하여 십이지장으로 직접 음식을 투입하는 방법이다. 이 방법은 마취에 의한 수술을 하기 때문에 잘 시행하지 않는다.

식이의 목표는 위의 자극을 최소화하고 위의 공복 상태로 만들어주고 장의 운동을 활성화시키는 것이다. 구토가 심할 경우 장기간 급여할 필요가 있으며 위의 세 가지 방법 중 첫 번째가 제일 많이 사용된다.

대부분의 애완동물이 식이를 바꿀 때 소화기에 이상을 나타나는 경우도 있다. 기존 식이와 새로운 식이를 1주일 정도의 기간을 두고 서서히 바꾸어 급여하면 된다. 필요할 경우 기간을 늘려준다. 이러한 방법은 소화기가 예민한 경우에 소화기에 무리가 없이 식이를 바꾸는 효과적인 방법이다.

3. 소장 질환

소장의 일차적인 기능은 영양소의 소화와 흡수다. 소장의 일차적인 이상 증상은 설사다. 영양소의 급여, 영양 호르몬, 적절한 혈류, 신경의 소장 자극 등으로 소장의 정상 기능을 유지한다.

1) 설사

구토와 설사의 관리는 먼저 탈수, 전해질, 산-염기 균형이 가장 중요하다. 식이의 목표는 장의 운동과 기능을 정상화시키는 것이다.

개와 고양이의 설사는 지사제가 자주 이용된다. 만성 소장성 설사인 경우 영양 불량이 많은데 비경구적으로 충분한 영양을 공급해주어야 한다. 식이 목표는 지방 함량이 낮고 유당을 함유하지 않으며 알러지를 일으키지 않는 식이를 급여한다. 식이성 섬유소를 증가하여 소장의 운동성, 수분 균형, 미세융모를 정상화시켜야 한다. 섬유소의 생리학적 특징

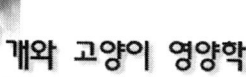
개와 고양이 영양학

때문에 소장의 설사 관리에 아주 효과적이다. 소장에 많은 양의 섬유소가 들어가면 독소를 완화시키고, 수분을 흡수하고, 호르몬, 신경, 평활근, 효소 분비, 소화, 흡수 등이 상호 작용하여 소장의 운동성을 증가시킨다.

2) 소화 이상

영양 불량의 치료에서 식이 관리는 필수적이다. 체형 및 정상 상태를 유지하기 위해 소장을 통해서 충분한 양의 영양소를 흡수하는데 실패하는 것이 영양 불량이다. 영양 불량을 병태 생리학적인 면에서 보면 소화 불량과 흡수 불량으로 나눌 수 있다. 지방변은 대표적인 영양 불량 상태로 볼 수 있다.

췌장은 지방, 탄수화물, 단백질을 소화할 수 있는 효소를 만들어 소장에서 이 세 가지 영양소를 흡수하도록 한다. 간에서 분비하는 담즙산은 식이성 지방을 유화시켜 세포 내로 유입시킨다. 소장 림프에 존재하는 유립 지질은 지방을 전신 혈류나 조직으로 운반한다.

① 소화 불량

소화 불량은 소화관 내의 소화 결함으로 인해 발생하며 위, 췌장, 담관의 기능 부전으로 인한 결함이다. 개에서 췌장의 외분비 부전은 췌장의 리파제의 분비가 감소되어 지방을 가수분해하는 지방 소화 불량에 의한다. 췌장의 외분비 부전을 개선하기 위하여 고안된 식이는 소화력이 높고 섬유소가 적은 식이를 선택한다.

② 흡수 불량

임파를 포함한 소장의 점막에 구조 및 기능이 변화에 의한 질병이 흡수 불량의 원인이 된다. 임파관 확장증, 폐쇄, 임파관의 팽대는 지방을 제한한 식이가 요구된다. 임파는 많은 양의 알부민, 글로부린과 같은 단백질이 있다. 그래서 임파액이 많이 손실되면 체중 감소, 저알부민혈증, 설사, 지방변을 보게 된다. 지방산을 함유한 식이성 지방은 소장 림프를 통해 유입되므로 식후 임파의 흐름이 빨라진다.

개와 고양이의 임파관 확장증은 지방의 섭취를 줄이고 충분한 단백질을 함유하며 지방산을 감소시켜 임파의 흐름과 단백질의 손실을 최소화한다. 섬유소가 많이 함유되고, 저지방, 고단백은 임파관 확장증의 식이관리에 효과적이다.

4. 대장 질환

대장의 주된 기능은 장내용물로부터 수분을 흡수하는 것이다. 그러므로 대장의 문제에 의한 증상은 대장염과 변비가 있다. 또한 결장에 미생물이 존재하여 가스를 형성하기 때문에 고창증이 생길 수 있다. 정상적으로 장을 통하여 음식이 공급될 경우 장의 형태와 기능이 정상적으로 유지하도록 자극한다.

1) 대장염

대장염은 대장에 염증이 발생하여 일으키는 질병으로 개에서는 흔하고 고양이에서는 흔하지 않다. 대장염의 식이 목표는 고섬유소, 잔류물 최소화, 새로운 단백질과 탄수화물 원료를 사용하는 것이다.

대장염에서 고섬유 식이를 급여할 경우 치료에 효과적이다. 불용성 섬유소는 몇 가지 기전에 의하여 대장성 설사의 조절에 이용되는데 소화되지 않는 장내 잔류물을 감소시키고 수분을 흡수하며 장내 잔유물의 독소와 유해 물질을 흡수한다. 장 내용물이 장을 자극하여 신경과 근육, 내분비를 자극하여 장운동을 정상화 시킨다.

잔유물의 최소화와 소화력이 높은 식이는 소화되지 않는 물질을 최소화하여 결장 점막의 자극을 감소시킨다. 가용성 섬유소는 장내용물의 점성을 증가시키고 장을 서서히 통과하면서 발효되어 결장에서 지방산을 형성한다. 그러므로 불용성과 가용성 섬유소의 비율이 적절하게 배합되어야 한다.

식이 불내성, 알러지와 같은 식이 역작용이 있는 경우 피부질환과 구토, 설사, 고창증 등의 소화기 증상이 나타난다. 식이 역반응에 의한 설사의 식이 관리는 2~6주 정도 소화력이 높고 새로운 원료를 사용한 식이를 급여한다. 단백질을 가수분해 처리한 식이는 알러지의 원인으로 작용하지 않는다.

결국 감염 조직의 치료, 소장 운동의 정상화, 장내용물의 수분 균형을 유지하는 것이다. 설사나 대장염이 장기간 유지될 경우 수액, 전해질, 산-염기 평형이 비정상적이기 쉽다. 분변 검사를 통하여 기생충이 발견된 경우 구충제를 투여한다.

2) 변비

변비는 수분의 과다 흡수로 인하여 변에 수분이 없어 딱딱해지기 때문에 배변이 어려워지는 것을 말한다. 변비의 성공적인 식이 관리를 위해 불용성 섬유소를 많이 함유한 식이를 급여한다. 불용성 섬유소가 많이 함유된 식이는 장내용물을 증가시키고 수분을 증가시키며 결장 내 압력을 감소시키기 때문에 변비의 치료에 첫 번째 선택된다. 운동량을 증가시키면 배변의 횟수가 증가하기 때문에 더 효과적이다.

3) 고창증

고창증은 개와 고양이에서 흔히 발생하는 문제다. 식이 관리의 주요 목표는 유당과 같은 소화되지 않는 식이가 미생물에 의해 발효되어 장내 가스가 형성되는 것을 감소시키는

 개와 고양이 영양학

것이다. 결장에 가스가 과다 형성되면 흡수 불량의 원인이 된다.

5. 췌장염

췌장염은 비만인 경우 많이 발생하며 췌장에 염증이 발생하고 소화효소가 충분히 분비되지 못하기 때문에 소화불량 상태가 된다. 췌장염의 식이 목표는 췌장액의 분비를 감소시키고 필요한 영양소를 충분히 공급하는 것이다. 식이의 구강을 통한 섭취는 췌장액의 분비를 자극한다. 지속적인 효소의 분비는 췌장에 염증이 생길 수 있다. 지방은 아미노산이나 다른 영양소에 비하여 췌장의 소화효소 분비를 강하게 자극하기 때문에 영양소의 균형이 잡힌 저지방 식이를 지속적으로 공급한다. 마찬가지로 위에 식이가 존재하면 가스트린의 분비가 자극되고 결국 췌장액의 분비도 자극된다. 그러므로 처음 며칠 정도는 식이를 감소시키거나 금지시킨다. 식욕이 회복되면 하루에 여러 번 소량씩 나누어 급여하며 지방 함량이 적고 소화력이 좋은 단백질과 지용성 비타민과 비타민 B_{12}를 공급한다.

6. 결론

식이 관리는 소화기 질환의 치료와 병행하여 진행되며 증상에 맞게 적절하게 영양이 조절된 식이를 사용한다. 영양의 공급은 약물 치료가 효과적으로 작용할 수 있도록 휴식기 에너지 이상 공급한다.

 식이 역반응

식이 역반응은 식품이나 식품 첨가물에 대한 비정상적인 반응을 말한다. 식이 역반응은 여러 가지의 형태가 있다. 식이 알러지, 식이 과민반응은 식이 역반응에서 면역 반응을 일으키는 것에 해당되며 식이 대사 반응, 식이 독성, 특이 체질, 식이 약물 반응과 같은 식이 불내성과 부적절한 식이는 비면역 반응에 해당되는 부분이다.

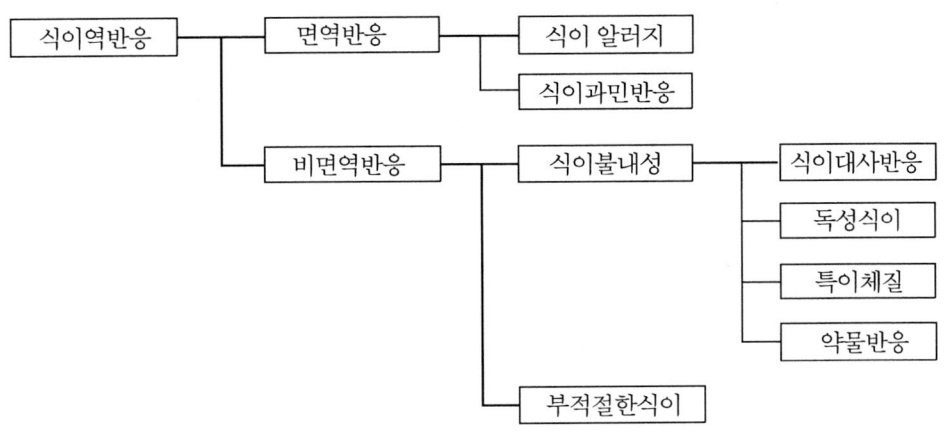

● 그림 10-1. 식이역반응의 분류

1. 임상적 중요성

식이 역반응은 피부와 소화기를 포함한 여러 가지 증상을 나타낸다. 개와 고양이에서 식이 역반응은 피부병의 5% 정도를 차지하며 알러지성 피부염의 10~20%를 차지한다. 식이 알러지는 과민 반응을 일으키는 피부 질환 중에 벼룩 알러지, 아토피에 이어 세 번째를 차지한다. 식이 역반응 중 소화기 질환을 일으키는 경우는 10~15% 정도 차지한다.

2. 평가

1) 동물의 평가

식이의 섭취 상태를 확인하기 위해서 특정 식이의 급여, 어떤 과자나 간식, 영양제, 씹는 약물, 껌, 사람 음식, 다른 식이의 급여 여부를 확인한다. 보호자로 하여금 수 주 동안 급여하는 모든 음식물을 매일 기록하게 하는 것도 효과적이다.

2) 병력 청취 및 신체 검사

① 개의 식이 역반응 관련 피부 질환

개의 식이성 알러지는 성별 특이성이 없으며 어렸을 때 많이 발생한다. 품종으로는 휘튼 테리어, 달마샨, 웨스트하일랜드 화이트 테리어, 콜리, 샤페이, 라사 압소, 코카스파니엘, 스프링거 스파니엘, 슈나우져, 골든 리트리버, 라브라도 리트리버, 복서, 닥스훈트, 세퍼트 등이 발병 위험성이 높다.

식이 역작용은 비계절성으로 화농성 피부염을 나타내며 소화기 증상도 보인다. 발병 장소는 아토피와 유사한데 발, 얼굴, 겨드랑이, 회음부, 서혜부, 엉덩이, 귀에서 발생한다. 발병 부위의 25% 정도가 귀에서만 발생한다.

② 고양이의 식이 역반응 관련 피부 질환

고양이의 식이성 알러지는 성별 특이성이 없으며 2년 이내에 많이 발생한다. 샴과 샴에 연관된 품종에서 발병 위험률이 높다.

피부병의 증상은 얼굴, 목, 귀에 많이 발생한다. 40% 정도가 발진을 보이며 창상에 의한 화농, 궤양성 탈모, 습성 피부염 등이 있다.

③ 개와 고양이의 식이 역반응 관련 소화기 질환

식이 역작용에 의한 소화기 증상에서 성별 차이는 없다. 소화기증상은 샤페이와 세퍼트에서 많이 발생하며 어린 나이일수록 많이 발생한다.

개, 고양이, 사람의 식이 알러지에 의한 소화기 손상에 의한 증상은 위, 소장의 기능 부전과 결장염도 발생한다. 구토와 설사는 흔히 보이며 설사는 수양성, 점액성, 출혈을 보인다. 드물게 복부 통증을 보인다. 개와 고양이에서 식이 과민 반응의 10~15%가 소화기 문제를 보인다.

3) 병인론

① 소화기 문제

단백질을 완전히 소화하면 아미노산과 작은 펩티드로 되는데 알러지를 일으키기 어렵다. 소화가 되지 않은 단백질은 잔류하는 알러지원이 되는 단백질과 큰 폴리펩티드가 되기 때문에 알러지 반응을 일으키기 쉽다.

② 식이의 면역 문제

개에서 식이 알러지원은 식이 보존제, 첨가물, 닭고기, 소고기, 계란, 옥수수, 조류, 콩, 우유, 유청 등이 해당된다. 고양이에서 식이 알러지원은 물고기, 소고기, 닭고기, 유제품, 식이 보존제, 첨가제 등이다. 소화관 면역 기전의 비정상은 식이 알러지의 원인이 된다. 식이 알러지의 위험 요인은 장점막의 투과성 증가, 면역 조절 실패가 해당된다.

③ 비면역성 문제

식이 독성은 개와 고양이에서 소화기 질환의 흔한 원인이 된다. 식이 독성은 식이나 식이 첨가물이 체내에 직접 영향을 주는 것이다. 개와 고양이의 식이 첨가물에 의한 식이 불내성은 흔하지 않다. 혈관확장제나 히스타민과 같은 생물학적 아민은 설사, 발한, 욕지기, 구토,

두드러기, 두부 종창, 홍색부종 등의 증상을 나타낸다. 개와 고양이에서 우유에 의한 유당 불내성은 설사, 고창증, 복부 불쾌감을 나타낸다. 과다한 지방, 세균, 곰팡이 독성, 그리고 뼈, 플라스틱, 나무, 호일과 같은 소화되지 않는 물질을 섭취했을 경우 증상이 나타난다.

4) 영양 요인

대부분의 식이 알러지원은 식이중의 단백질, 지질 단백질, 당단백질, 폴리펩티드가 많은 식이가 문제가 된다. 식이 중 단백질원의 수, 단백질의 양, 단백질의 소화력 정도에 따라 영향을 받는다. 첨가제의 영향도 받는다.

3. 식이와 식이 방법 평가

식이 역반응은 식이의 원료에 따라 각각 다르게 나타난다. 식이에 포함된 원료를 살펴보고 부가적으로 급여하는 간식, 과자, 영양제 등도 포함하여 관찰한다. 첨가물의 포함 여부도 관찰하고 급여 방법, 횟수, 급여량을 체크한다. 칼로리의 정도는 적정 체중을 유지할 수 있도록 유지한다.

4. 진단

진단을 위해 소양감을 일으킬 수 있는 다른 질병 여부의 감별 진단이 필요하다. 가정에서 알러지 예방 목적의 가정식이나 처방용 식이를 1개월 이상 급여하며 임상 증상의 변화 여부를 기록하게 한다. 임상 증상의 개선이 없으면 식이 역반응이 아니고 확실한 개선이 있다면 식이 역반응으로 진단한다. 만약 부분적으로 개선되었다면 1개월 정도 급여한 후 부분적인 개선이 있다면 식이 역반응이 아니거나 아토피나 벼룩 알러지 등의 다른 알러지성 피부 질환과 복합병일 수 있다. 복합병일 경우 증상에 따라 저감작 치료(hyposensitization)를 하면서 먼저 급여하던 사료나 단백질을 급여한 뒤 임상 증상이 나타나면 식이 역반응으로 진단한다. 의심나는 단백질 성분을 하나씩 급여하여 원인이 되는 원료를 찾아내고 이 원료는 평생 급여하지 못하도록 한다. 소화기 질환인 경우는 피부 질환보다 기간을 반으로 줄여도 확인할 수 있다.(그림 10-2)

이 외에 실험실 검사에 의한 방법으로는 피내 검사법, 방사선 알러지원 흡수시험(Radioallergosobent Test; RASTs), 효소면역 측정법(Enzyme-linked Immunosorbent Assay; ELISA) 등이 있다. 최근에는 위내시경 식이 반응 검사(Gastroscopic Food Sensitivity Test; GFST)가 많이 연구되고 있다.

개와 고양이 영양학

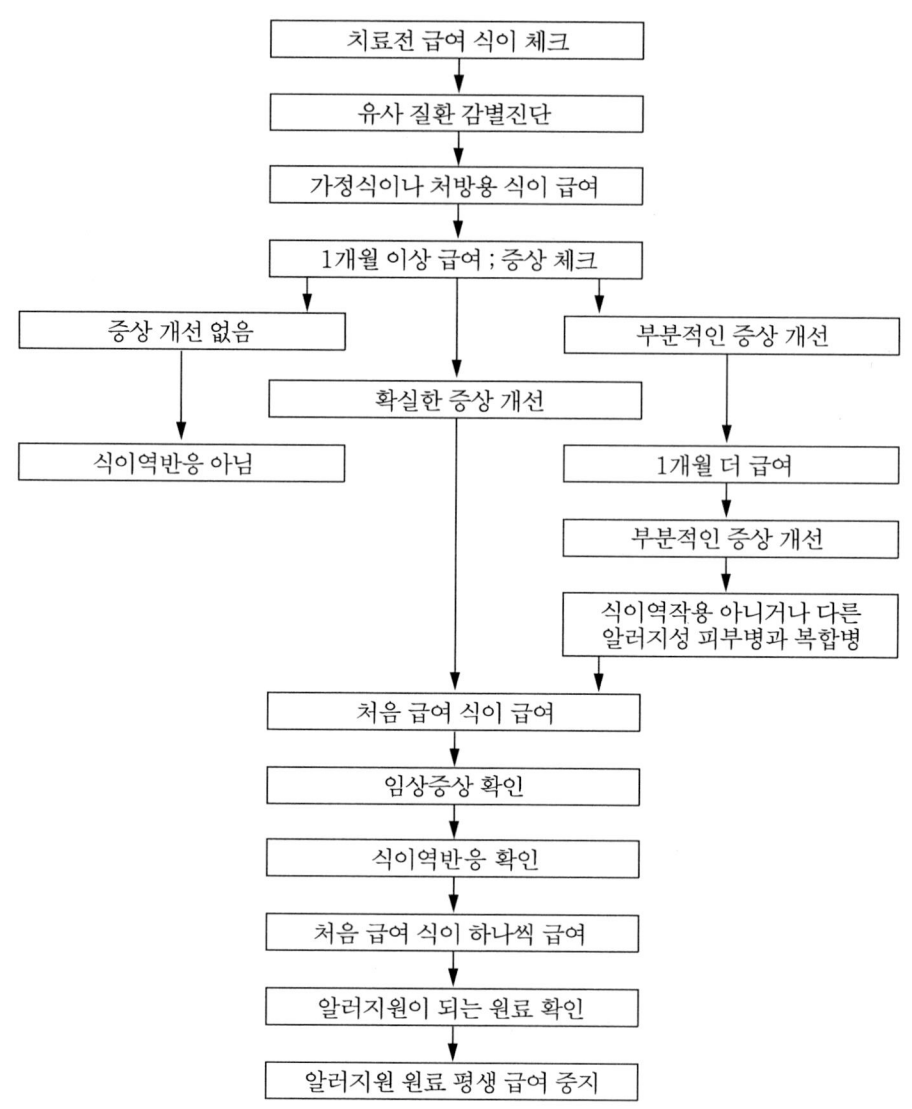

● 그림 10-2. 식이역반응의 진단

5. 식이 계획

1) 이상적인 식이

이상적인 식이는 새로운 단백질원의 수가 감소되고 소화력이 높은 원료를 사용하고 단백질 과다를 피한다. 첨가물과 아민류를 피하고 성장 단계와 상황에 적당한 영양을 공급해야 한다. 새로운 단백질원을 사용하고 종류도 한두 가지 정도로 한다. 가정에서 만들 경우 식물

성 단백질원을 사용한다. 단백질을 감소시켜 알러지원이 될 수 있는 요인을 감소시킨다.

2) 가정식

시험용 가정식은 하나의 단백질원과 하나의 탄수화물 원료를 사용한다. 고양이 식이는 양, 쌀, 토끼 등의 원료를 사용하며 개의 식이는 양, 쌀, 물고기, 토끼, 두부, 사슴 고기를 이용한다. 그러나 가정식은 칼슘, 필수지방산, 비타민, 미네랄 등의 다른 미세 영양소가 부족하기 쉽기 때문에 주의해야 한다.

3) 시판 사료

여러 회사에서 일반 사료에서 잘 사용되지 않는 새로운 단백질원과 제한된 단백질을 사용한 사료가 시판되고 있다. 최근에는 단백질을 가수분해하여 만들어지는 제품도 있어 더욱 효과적이다. 이러한 사료는 개와 고양이에 새로운 단백질원과 영양 균형이 적절하게 조절되어 있기 때문에 사용하기 편리하다.

6. 재평가

식이 알러지의 가장 확실한 방법은 원인이 되는 식이나 식이 첨가물을 피하는 것이다. 증상의 개선을 위해 Corticosteroid제나 항히스타민제도 효과적이다. 알러지원이 되는 단백질원은 평생 급여하지 않도록 한다.

CHAPTER 11 간장 질환 (Hepatic Disease)

I 개요

내과적으로 대사를 포함하여 문제가 되고 실패하기 쉬운 질병 중에 하나가 간질환이다. 정상적인 간은 1500여 가지의 필수적인 생화학 반응의 기능을 수행하여 약물의 대사와 외인성 또는 내인성 유해 물질을 제거하고 중요한 물질을 합성하고 식이와 영양소의 대사와 소화의 주된 역할을 한다.

간은 거대한 저장 공간, 재생 공간 그리고 보존 기능을 갖는다. 이러한 기능은 복잡한 대사의 변화로부터 몸을 보호한다. 이영양증은 간장 질환에서 흔히 관찰되며 만성 간염에서 임상 증상을 나타내는 요인이 된다. 간질환에서 식이의 공급은 정상이고 이영양증의 증상이 나타났다면 이영양증을 일으킬 수 있는 다른 요인을 찾아야 한다. 간질환이 있는 애완동물에서 이영양증을 일으킬 수 있는 요인은 식욕 부진, 욕지기, 구토, 미약한 소화와 흡수, 대사와 에너지 요구량 증가, 미약한 단백질 합성에 의한 단백질 이화작용 증진 등을 들 수 있다. 이영양증은 간세포의 기능과 구조에 나쁜 영향을 끼친다.

1. 간의 구조

간은 몸에서 가장 큰 실질장기로서 체중의 3%를 넘는다. 개와 고양이의 간은 다엽이고 횡격막 후면, 다른 복강 장기의 전면에 위치하고 있다. 간의 아래쪽에 간문, 문맥, 간동맥, 간관, 림프관 등이 지나가고 있다. 간의 내장면에 담낭이 있으며 이곳에서 담즙을 저장하며 담낭관, 총담관을 지나 십이지장으로 담즙을 배출한다.

간의 영양 공급은 동맥뿐만 아니라 정맥 혈액의 영양을 공급받는다. 문맥은 간 혈액의 70~75%를 차지한다. 문맥 혈액은 소화관에서 흡수한 영양이 충분히 함유하고 있지만 산소는 적다. 간동맥은 25~30%를 차지하고 있으며 산소를 충분히 함유하고 있다. 문맥과 간동맥은 시누소이드(sinusoid)에서 합류되어 간에 영양과 산소를 공급한다.

2. 간의 기능

간세포 기능 부전은 체내에서 여러 가지 영양소의 대사성 변화에 의한다. 단백질, 탄수화물, 지방 대사의 변화는 굶은 상태에서 현저하게 나타난다. 간의 대사와 저장 이상은 비타민과 미네랄 결핍에 의한다. 간장 질환에서 대사와 저장의 복합적 이상도 존재한다.

간은 담즙산에 의한 동화작용에 영향을 주고 단백질, 탄수화물, 지방, 미네랄과 비타민의 합성, 분해, 저장 등의 대사, 담즙의 생산, 해독 작용, 순환 조절 기능 등의 중요한 역할을 한다.

1) 단백질의 대사

간은 단백질의 합성과 분해 기능을 하는 중요한 장소다. 많은 부분이 알부민(albumin)으로 총 혈장 단백질의 55~60%에 해당된다. 알부민은 단백질인 호르몬과 아미노산, 스테로이드, 비타민, 칼슘, 약물, 독소 등과 결합하여 운반된다. 또한 피브리노겐(fibrinogen), 글로불린(globulin)을 합성하며 지질단백질을 만들어 지방을 혈중으로 운반할 수 있도록 한다. 혈액응고인자와 비필수아미노산을 합성하고 아미노산을 분해하고 요소를 생산한다.

간기능에 문제가 생기면 피브리노겐이나 프로트롬빈(prothrombin)과 같은 혈액응고인자가 생성되지 않아 지혈이 잘 되지 않으며 암모니아가 배설되지 않기 때문에 고암모니아혈증이 생긴다.

2) 탄수화물(당분)의 대사

흡수된 가용성 탄수화물인 당분은 포도당, 과당, 갈락토오스 등으로 문맥을 통해 간으로 흡수되며 과당, 갈락토오스는 포도당으로 전환되어 혈액을 통하여 전신에 공급된다. 혈액 속의 포도당은 해당과정을 통하여 칼로리를 공급하고 간과 근육에서 글리코겐으로 전환되어 혈당치를 감소시킨다. 여분의 당분은 지방으로 저장이 된다. 혈당치가 낮을 경우 글리코겐을 분해하며 당신생 과정을 거쳐 혈중의 당분을 일정하게 유지한다.

간기능에 문제가 생기면 혈당의 조절 기능이 정상적이지 않으며 글리코겐 저장량의 감소와 당신생의 저하로 혈당치가 감소한다.

3) 지방의 대사

섭취한 지방은 유미지립(chylomicron)을 형성하여 림프관을 통하여 간으로 유입이 되고 간은 지방산과 중성 지방을 합성하고 지질단백질을 생성한 뒤 혈중으로 보낸다. 케톤체의 생산은 말단 조직의 중요한 에너지원이 되고 포도당의 이용률은 감소한다. 간에 저장되는 지방은 5% 이하인데 대부분이 인지질이며 지방의 조절은 지방 분해 인자인 콜린(choline),

레시틴(lecithine), 에탄올아민(ethanolamine), 베타인(betaine), 메치오닌(methionine), 이노지트(inosite), 비타민 E, 셀레늄(selenium) 등에 의해 이루어진다. 또한 간에서는 콜레스테롤, 담즙, 인지질을 합성한다. 카니틴의 기능은 지방산이 미토콘드리아 내막을 지나 β-산화를 위해 미토콘드리아 기질로 이동시킨다.

간기능에 문제가 생기면 간에 지방이 축적되어 지방간이 생기고 장기간 지속될 경우 간경화를 일으키게 된다.

4) 미네랄과 비타민의 대사

간은 어떤 비타민과 미네랄의 저장소이다. 비타민 A는 여러 달 동안 충분히 저장한다. 다른 지용성 비타민(D, E, K)과 비타민 B_{12}도 역시 간에 저장된다. 다른 비타민 B도 간조직에 높은 농도가 존재하지만 간이 저장 장소는 아니다. 간에서 철분은 페리틴(ferritin) 형태로, 구리는 셀룰로플라스민(ceruloplasmin) 형태로 저장되며 지용성 비타민 A, D, E, K가 저장된다. 카로틴은 비타민 A 형태로 전환되며 비타민 D는 $25\text{-}OH\text{-}D_3$로 전환된다. 수용성 비타민 B_1, B_2, B_{12} 및 C의 많은 양이 저장된다.

5) 담즙의 생성

간에서 담즙을 생산하여 담낭에 저장한다. 담즙은 담즙산과 담즙 색소, 미네랄, 콜레스테롤(cholesterol), 지방산, 레시틴(lecithine)으로 구성되어 있으며 지방과 결합해서 유화를 돕는다.

간기능에 문제가 생기면 혈중의 담즙산의 농도가 높아지고 혈중 빌리루빈이 간으로 유입되지 못하기 때문에 황달이 나타난다.

6) 해독작용

간으로 유입된 문맥혈을 전신순환 하기 전에 해독하는 것은 중요한 간기능 중의 하나다. 간은 내인성 또는 외인성 유해 물질을 산화, 환원, 메칠화 반응을 통하여 무해하게 만들거나 배설하기 용이하도록 만들어 요를 통해 배설시킨다. 또한 암모니아를 요소로 처리하고 이미 이용된 호르몬을 분해한다.

간기능에 문제가 생기면 독혈증이 발생하며 알도스테론 분해 부족으로 인한 고혈압, 알칼리혈증 등이 나타난다.

7) 기타 기능

혈액의 저장 역할을 하는데 전체 혈액량의 10% 정도를 저장한다. 호르몬들은 간에서 화학적으로 변화되거나 배출된다. 이를 통하여 체내 호르몬의 균형을 유지하도록 한다. 간의 쿠퍼 세포(Kuffer cell)라는 식균작용을 하는 세포가 있어 소화관에서 유입되는 세균과 독성물질을 잡아먹는다.

간의 기능을 요약하면 그림 11-1 과 같다.

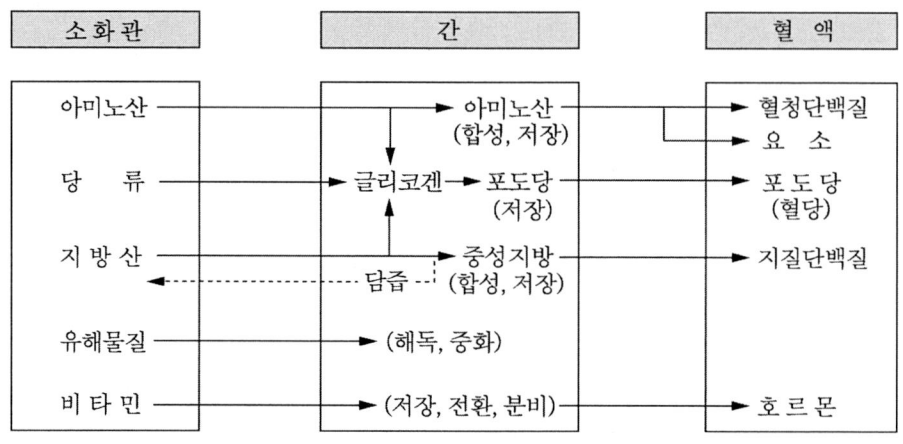

● 그림 11-1. 간의 기능

3. 간질환의 영양 관리

담낭간 질환의 영양학적 관리는 원인보다 질병에 대한 임상 증상 관리가 더 중요하다. 간질환의 영양학적 관리는 정상적인 대사 과정 유지, 전해질 균형의 이상 교정, 독성 물질 분비 억제, 간세포의 복구와 재생 물질 공급 등이 병행되어야 한다.

 # 임상적 중요성

간질환의 예방에 대해서는 여러 가지의 요인의 영향을 받기 때문에 명확하지 않다. 많은 간 병소는 일차적인 간질환에 의한 것이 아니다. 예를 들어 독성 손상이나 순환계 이상에

의한 간기능 손상에 의한 이차적인 간질환이다. 일차적인 간종양은 흔하지 않고 간의 조직검사에 의한 결과 간으로 전이되는 경우는 더 흔하다.

흡수된 영양소는 간에서 대사가 이루어진다. 간은 정상적인 대사의 균형을 유지하도록 하기 때문에 다른 소화관 질환 발병 시 간질환의 발병률이 증가하고 있다. 이럼에도 불구하고 간질환이 초기에 진단되지 않으면 발병과 사망의 원인을 찾아내기 어렵다.

 진단

1. 애완동물의 진단

1) 병력과 신체검사

급성 간질환은 질병 진행 초기에는 증상이 미약하게 나타난다. 식욕부진, 구토, 설사, 변비, 체중 감소, 발열, 다음, 다뇨, 정상 또는 황색뇨를 보이고 황달은 없으며 홍채 색깔 정상이다.

담관이 폐쇄되는 경우 초기 72시간 이내에 황달이 보이며 식욕부진, 구토, 설사, 변비와 같은 소화기 증상과 발열, 다음, 출혈 경향이 있으며, 6주 이상 지속될 경우 복수가 보이며 간이 비대해지고 홍채 색깔은 정상이다.

간기능 부전이 심한 경우 식욕부진, 구토, 토혈, 설사, 변비, 체중 감소, 발열, 다음, 다뇨, 정상 또는 오렌지색뇨, 타박상, 출혈 경향 있으며 갈색 또는 흑색 변, 녹색 변을 보인다. 고양이에서 간비대와 유연증을 흔히 보인다. 복수를 보이며 고양이는 드물지만 부종을 보이기도 하며 간뇌성 병변이 나타난다. 특정 요석에 의해 요도가 폐쇄되고 질병 진행되면서 황달을 보인다. 홍채 색깔은 정상이다.

선천적인 문맥혈관계의 비정상은 생후 수개월 내에 간뇌성 병변의 증상이 나타난다. 발육부진과 비정상적인 행동을 보이고 설사, 변비, 발열, 다음, 다뇨, 갈색변, 흑토증, 소간증이 나타난다. 드물게 복수가 존재하며 부종과 황달은 없다. 신장이 종대되고 요석을 확인할 수 있다. 개에서 잠복고환이 있으며 고양이에서 구리색 홍채를 볼 수 있다.

간질환이 있는 경우 식욕 부진, 구토, 설사와 같은 소화기 증상은 흔히 있다. 식욕 부진과 유연증은 고양이에서 흔하다. 간질환에서 합병증으로 소화기 궤양에 의한 토혈이 있다. 간질환과 같이 식욕부진, 소화기 이상, 대사성 변화가 있는 경우 만성 체중 감소를 유발한다. 간질환의 임상 증상은 다음과 다뇨, 간헐적인 발열, 공막과 피부의 황달, 착색뇨, 간비대와 복수에 의한 복부 형태 변화, 발육 부전 및 작은 체구, 과다 출혈(피부와 점막의 출혈, 흑토증, 혈뇨) 등이 있다. 개에서 간의 크기가 정상이거나 줄어드는 것을 관찰할 수 있다. 출혈 경향은 간 외부의 담관 폐쇄나 비타민 K의 흡수 부족에 의한 응혈촉진제의 합성 실패에 기인한다.

일부에서는 변의 색깔 변화가 관찰된다. 검정 또는 회색 무담즙성 변은 담도 폐쇄에서 관찰된다. 용혈이나 간전성 황달에 의해 많은 양의 빌리루빈 색소가 간실질로 유입된 경우 변 색깔은 검은 녹색이나 붉은 녹색이다. 소화기 출혈이 있는 경우 흑토증이다.

2) 임상 검사

간질환은 흔히 일반적인 혈액검사, 뇨검사, 혈청 생화학 검사를 통해서 진찰된다.

혈액학적 변화는 빈혈, 비정상적인 적혈구 형태, 혈소판 수와 기능 감소, 황달성 또는 지방혈증성 혈장에서 볼 수 있다. 재생성 빈혈은 소화관 출혈, 출혈성 설사에 의한 혈액 손실이 원인이 된다. 재생불량성 빈혈은 만성 질환, 만성 혈액 손실, 영양 불량, 적혈구 생존 감소가 원인이 된다. 표적세포, 변형 적혈구, 거대 세포, 고양이의 하인즈 소체(Heinz bodies), 소적혈구증은 간장 질환에 의한 적혈구의 비정상적인 상태이다. 소적혈구증은 개에서 전신 문맥 순환에 의한다.

간은 혈장 단백질의 합성, 파괴, 조절을 하는 첫 번째 장소다. 총 단백의 농도는 단백질 평형을 반영하지만 알부민과 글로부린의 수치는 제공하지 않는다. 알부민은 간기능을 측정하는데 일반적으로 사용되지만 간의 합성, 파괴 비율, 병적인 분비(예 ; 뇨, 소화관, 피부를 통한 누출), 분비량에 따라 농도가 다르게 나타난다.

간효소의 측정은 혈청 생화학 검사 즉 Alanine Aminotransferase(ALT, SGPT), Alkaline Phosphatase(ALP), Asparate Aminotransferase(AST, SGOT) 등을 통해 할 수 있다. 간질환에서 간세포가 파괴될 때 효소가 유출되어 혈중 농도가 높아진다. 이 효소들은 세포막과 가까이 있어 세포가 파괴될 때나 투과력의 변화로 쉽게 혈중으로 방출되며 ALT는 간조직에 많고 AST는 심근과 간조직에 많다. 고양이의 담낭 간염은 ALT 활동성이 증가하고 총 빌리루빈 농도가 임파성 문맥 간염보다 높다.

간기능 검사는 Bromsulphalein(BSP) 배설 시험, 혈청 담즙산 농도, 글루카곤 내성 시험, 혈중 암모니아 측정 및 암모니아 내성 시험, 혈중 포도당 정량, 빌리루빈 또는 담즙 색소

검사 등을 측정한다. 정상적인 혈액 응고는 간에서 혈액 응고 인자의 생산 정도에 따라 달라진다. 혈액 응고 검사는 간장 질환의 생검이나 수술 전에 항상 시행한다.

3) 간의 사진 촬영

담낭간의 일반적인 영상 진단은 방사선과 초음파다. 방사선 검사에서 가장 중요하게 판단해야 할 것이 크기, 위치, 모양, 밀도 등이다. 이러한 평가는 흉곽의 두께 호흡기, 환자의 위치 등에 따라 다르게 나타난다. 간의 가장자리가 둔탁하거나 둥글 경우 간비대가 의심된다. 간의 가장자리가 불규칙하거나 울퉁불퉁할 경우 간종양, 재생성 결절, 간낭포가 의심된다. 방사선 강도가 높은 미네랄 부위는 담석이나 간장 질환의 후유증에 의한 간실질에 이소성 미네랄 침착이 있음을 의미한다. 선천성 문맥 전신 혈관 이상은 초음파, 문맥조영술, 섬광조영법에 의해 확정한다.

4) 조직 검사

세포학 또는 조직학적 검사는 간조직을 떼어내 현미경으로 관찰하는 방법으로 간질환의 확정 진단에 사용된다. 간의 생검은 시행 전에 응혈 능력이나 간 크기 등 여러 가지를 검토해야 하며 시행할 경우 최소 세 개나 적절하게 다섯 개에서 일곱 개 정도 채취한다. 간조직의 세포학, 조직학 검사, 혐기성 또는 호기성 세균 배양, 구리중독증의 경우 구리의 양을 검사한다. 콜라겐, 지방, 구리, 철분, 감염 물질은 염색하여 검사한다.

2. 위험 요인

개의 모든 품종에서 만성 간염과 간경화를 일으킬 수 있고 만성 간염은 웨스트 하일랜드 화이트 테리어, 스키 테리어, 도벨만에서 특발성 간경화는 코카스파니엘, 푸들, 라브라도 리트리버, 스코티쉬 테리어에서 구리중독증은 베들링턴테리어에서 나타나기 쉽다. 저먼 셰퍼드는 특발성 간 섬유화가 되기 쉽다. 순종 특히 미니어처 슈나우져, 이리쉬 울프하운드, 요크셔테리어에서 문맥 전신 혈관 유합이 되기 쉽다. 간외성 혈관 유합은 보통 소형견과 고양이에 많고 대형견에서는 간내성 혈관 유합이 많다. 일반적으로 감염성 간병증은 암컷에서 많고 선천성 간장 질환은 수컷에 많다.

간질환의 임상 증상은 나이와 밀접한 관계가 있다. 개의 선천성 문맥 전신 유합은 생후 6개월 이내 임상 증상이 나타나고 2년 이내에 진단할 수 있다. 5~10년에서는 관찰되지 않는다. 고양이는 개보다 더 늦게 발견된다. 후천성 문맥 전신 유합에 의한 간장 질환과 문맥 고혈압은 모든 나이에서 발생한다.

비만 고양이와 장기간 식욕 부진이 있는 경우 지방간증이 생길 위험성이 높다. 세균성 간염은 신생아의 제대염, 패혈증, 복막염, 췌장염, 창상, 면역 억제 질환과 연관된다.

간은 대사와 해독의 기능 때문에 화학적, 생물학적 물질의 표적이 된다. 개와 고양이에 간장 질환의 원인이 되는 약물, 화학, 생물학적 물질 등이 있다.

3. 병인론 및 영양 요인

1) 만성 간염/간경화

만성 간염은 간실질의 괴사와 재생이 일어나는 만성 질병으로 간조직의 섬유화 증가로 간소엽의 붕괴를 초래한다. 간의 섬유화는 세포외 콜라겐과 섬유조직이 간에서 농축되는 것으로 간종양이나 간실질 손상, 감염에 의한다. 간경화는 섬유화와 퇴행성 결절로 된다. 섬유화와 퇴행성 결절은 간의 혈액과 담즙의 흐름을 손상시키고 간세포를 영구 손상시킨다.

간경화에서 거의 40% 정도가 지방변증을 일으키며 담즙산이 소화관으로 유입이 감소되고 지방산의 소화관 흡수 능력이 손상되고 지방은 항생제(neomycin) 치료를 간섭하고 어떤 경우에는 외분비성 췌장 기능 부전을 일으킨다. 개의 만성 간염과 간경화에서 지방변은 흔히 일어난다.

간의 대사 장애가 유발되어 암모니아가 축적되고 장내세균에 의한 암모니아와 아민(amine)의 흡수로 간성 혼수를 초래한다. 저알부민혈증은 혈장삼투압의 저하와 문맥압이 상승으로 인하여 복수, 부종 등이 나타난다.

만성 간염을 보이는 환자의 관리에 중요한 것은 에너지를 충분히 섭취하는 것이다. 충분한 에너지 공급은 단백질의 합성에 필요하고 암모니아를 만드는 조직의 이화작용을 예방한다. 만성 간염과 간경화에서 단백질과 아미노산은 중요하다. 저암모니아혈증은 체내 저장력을 고갈시키고 단백질 합성을 감소시키기 때문에 만성 간염에서 심각한 문제를 발생시킨다. 단백질의 주된 기능은 간을 재생시키는 것이다. 그래서 간장 질환이 있는 환자는 단백질을 충분히 공급하여 간세포를 재생할 수 있도록 해야 한다.

급성 간손상과 만성 간염에서의 병리 요인 중의 하나는 지방의 과산화이기 때문에 비타민 E, 비타민 C, 다른 항산화제를 공급하는 것이 효과적이다.

2) 문맥 전신성 유합(Portosystemic Vascular Shunt ; PSS)

문맥 전신성 유합은 문맥과 전신 정맥이 연결되는 것이다. 가장 일반적인 형태는 정맥관 개존으로 하나 또는 여러 개일 수 있다. 이러한 연결은 일반적으로 문맥과 후대정맥이 연결되어 혈액이 간을 통하지 않고 전신 순환을 하는 것이다. 선천성 문맥 전신성 유합이 가장 흔하며 선천성인 경우 발육 부전으로 체격이 왜소해진다. 확진을 위해서는 혈관조영법을 시행하며 외과적 수술로 치료할 수 있다.

문맥 전신성 유합을 보이는 환자의 관리에 중요한 것은 에너지를 충분히 섭취하는 것이다. 충분한 에너지 공급은 단백질의 합성에 필요하고 암모니아를 만드는 조직의 이화작용을 예방한다. 어린 동물에서 선천적인 문맥 전신성 유합이 있는 경우 발육 부진이거나 저체중이다. 이런 경우 현재 체중보다 정상적인 체중에 맞게 칼로리를 공급한다.

고품질의 단백질을 섭취한 경우보다 품질이 낮은 단백질을 섭취할 경우가 저암모니아혈증을 더 악화시킨다. 소화율이 낮은 단백질은 소화관 세균과 체내 암모니아에 부담을 준다. 식물성 단백질원은 간장 질환에서 간뇌성 병변을 최소화 시키는데 가장 좋은 효과를 얻을 수 있다. 발효성 탄수화물은 세균의 질소 고정이 증가되고 암모니아 생산이 감소되고 대변으로 배출을 촉진시키기 때문에 보충해주는 것이 효과적이다.

3) 문맥 고혈압

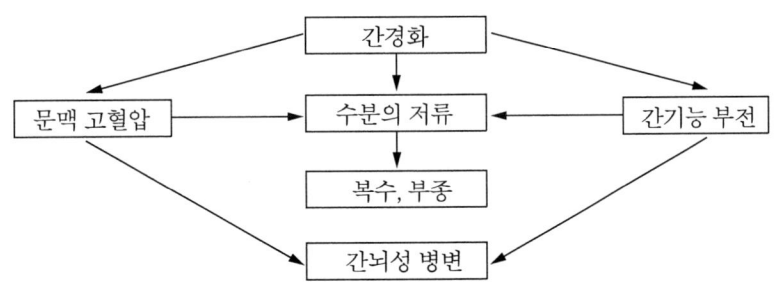

● 그림 11-2. 간경화와 여러 가지 합병증의 관계

문맥 고혈압은 만성 섬유화, 간경화, 간소엽의 구조적 변화에서 항상성을 유지하기 위한 반응으로 생기는 현상이다. 만성 섬유화, 간경화 등으로 간실질이 섬유화 되고 이로 인하여 간소엽의 혈관 저항이 증가하여 점차 올라가 문맥 고혈압이 된다. 문맥 혈압의 흐름은 정상적이지 못하고 결국 문맥 고혈압은 전신 정맥압을 증가시키고 문맥 전신 유합으로 발전할 수 있다. 유합에 의한 간의 영양 고갈은 간의 영양소 분해와 대사가 제대로 되지 않아 간뇌성 병변을 일으키기 쉽다. 또한 문맥 고혈압은 신장의 염분과 수분의 저류로 인해 복부나 흉부에 복수나 부종이 생기기 쉽다.

문맥 고혈압은 보통 이차적인 만성 간염과 간경화가 발생한다. 복수, 문맥 고혈압, 저암모니아혈증에서 염분이 높으면 체내 수분이 증가하기 때문에 좋지 않다. 그러므로 신부전과 심부전 환자에서는 염분이 제한된 식이가 권장된다.

4) 담관 폐쇄

담즙 정체는 주담관의 폐쇄로 인해 수 주 이내에 간의 손상을 초래한다. 담즙 흐름의 폐쇄로 담즙산이 정체되어 세포막과 세포 기관이 손상된다.

담관이 폐쇄된 경우 개복술을 시행한다. 수술 전후에는 회복기에 필요한 영양을 공급한다. 회복 후에는 정상적인 식이를 급여한다. 췌장염, 외분비성 췌장 기능 부전, 소화관 감염이 있는 경우 이에 적당한 식이를 급여한다.

5) 베들링턴테리어의 동(구리)중독증

베들링턴테리어는 종종 동중독증으로 인한 이차적인 간병증이 발생한다. 그 원인은 구리의 담즙으로 분비가 결여되어 유전자의 퇴행이 있기 때문이다. 간의 미토콘드리아는 간의 구리 독성에 의한 표적 세포가 된다. 베들링턴테리어의 약 25% 정도가 문제가 되고 50% 정도는 잠재 요인을 안고 있다. 성장 후 2~6세경에 구리 독성이 있는 경우 간장 질환을 보인다. 2~4살에 동형접합체성 퇴행은 구리에 의한 간독성 정도에 따라 다르게 나타난다. 치료하지 않을 경우 3~7살 경에 간장 질환의 발병으로 사망하게 된다. 이러한 질병이 자주 발생하는 베들링턴테리어 종에 대해서는 선발육종이 필요하다.

구리 독성을 보이는 환자의 관리에 중요한 것은 에너지를 충분히 섭취하는 것이다. 충분한 에너지 공급은 단백질의 합성에 필요하고 암모니아를 만드는 조직의 이화작용을 예방한다. 간뇌성 병변을 보이는 경우 단백질의 함량을 감소시킬 필요가 있다. 간손상이 있기 전에 구리 섭취의 과다한 것을 피한다. 개는 구리가 많이 함유되어있는 음식을 급여하면 안 된다. 구리의 함유량이 아주 높은 음식은 간, 조개류가 있고, 구리를 많이 함유하는 음식은 코코아, 심장, 신장, 꼬투리(콩과 식물), 버섯, 땅콩, 골격근(고기)이 있으며, 치즈, 쌀, 두부는 구리 함유량이 낮은 편이다.

아연은 구리의 소화관 흡수를 차단하는 역할을 한다. 메탈로티오네인은 세포내에서 아연, 구리, 수은, 카드뮴과 결합하여 전신성 흡수가 되지 않도록 한다. 아연보다 구리와 쉽게 결합한다. 이러한 금속은 상피세포에서 분리되어 변으로 배출되며 아연 초산염이 가장 많이 권장된다. 구리 독성의 병리 요인은 지방의 과산화이기 때문에 비타민 E, 비타민 C, 다른 항산화제를 공급하는 것이 효과적이다.

6) 고양이 지방간증

고양이 지방간증은 고양이 담낭관염, 임파육종과 함께 고양이 간기능 부전을 일으키는 가장 흔한 원인중의 하나이다. 고양이 지방간증은 간세포에 중성 지방이 과다 축적되는 것이 특징인 증후군이다. 많은 고양이의 특발성 지방간증은 질병, 스트레스에 의해 장기간 식욕 부진에서도 쉽게 볼 수 있다. 수컷보다 암컷에서 더 흔히 발견된다.

고양이의 간지방증의 약물 치료의 성공을 위한 기초는 충분한 에너지의 공급이다. 에너지를 충분히 공급하는 것은 에너지 생산을 위한 아미노산의 이화작용을 예방하고 말단부의 지방 분해를 억제하며 에너지의 과다 섭취로 인한 간에 중성 지방의 농축을 피한다.

고양이 지방간증에서 단백질과 아미노산은 중요하다. 고양이는 다른 동물에 비하여 굶을 경우 문제가 된다. 단백질이 부족할 경우 고양이 특발성 지방간증을 유발하는 역할을 하기 때문이다. 고양이의 지방간증에서 저알부민뇨증, 빈혈, 근육 손실, 질소의 불균형 증상과 같은 단백질 결핍 현상이 일어난다.

저칼륨혈증은 칼륨의 섭취 부족, 구토, 다음, 다갈증, 다뇨, 마그네슘의 고갈, 만성 신부전의 병발에 기인한다. 심한 지방간증의 30% 정도가 저칼륨혈증을 보인다. 저칼륨혈증은 장기간 식욕 부진과 간뇌성 병변을 악화시킨다.

비만은 고양이 지방간증의 위험 요인이 된다. 고양이 식이에 L-카니틴을 첨가할 경우 비만 고양이의 간에 지방이 축적되는 것을 예방하고 체중이 감소되었다. 또한 지방간증이 있는 고양이에도 효과가 있다. 카니틴(carnitine)은 식이와 간에서 생합성을 통하여 얻어진다. 카니틴은 지방산을 미토콘드리아 내막을 통과하여 미토콘드리아에서 β-산화가 이루어지도록 수송하는 역할을 한다. 결국 L-카니틴은 체중 감소와 비만 예방에 효과가 있으며 고양이의 지방간증에도 효과가 있다.

7) 고양이의 담낭간염

담관간염은 고양이에서 흔한 간장 질환이다. 세균 감염(보통 Escherichia coli와 혐기성 세균)은 임파구와 임파형질세포에 의한 면역작용으로 화농성 감염이 된다. 톡소플라스마증(Toxoplasmosis)이나 고양이 전염성 복막염(FIP)과 임상증상이 유사하기 때문에 감별진단이 필요하다. 흔히 간경화로 진행된다.

고양이의 담낭간염의 중요한 영양 요인은 고양이 지방간증과 유사하다.

4. 영양 요인

1) 단백질

일반적으로 단백질은 생물가가 높고 소화력이 높은 단백질을 공급하되 단백질의 함량은 감소시킨다. 단백질의 대사 작용 즉 식이성 단백질의 칼로리 생산을 위한 아미노기 전이와 탈아미노화 과정에서 발생하는 단백질 대사산물을 감소시키기 위하여 단백질의 섭취량을 감소시키고 이로 인한 칼로리의 부족은 지방과 탄수화물로 대신한다.

2) 지방

간장 질환에서 식이성 지방의 역할은 단백질을 감소시킬 수 있고 탄수화물 불내성을 감소시키고 지용성 비타민의 흡수를 늘리고 기호성을 증진시키고 에너지와 필수지방산의 원료가 된다. Short chain 지방산은 간뇌성 병변을 악화시킬 수 있기 때문에 피한다. 담낭 질환이나 담낭염에서는 지방의 소화율이 많이 감소한다. 감염성 간장 질환에서 식이성 오메가-3 지방산의 증가시키면 면역력을 증강시키는 효과를 볼 수 있다.

3) 섬유소

담낭간 질환 환자에게 식이성 섬유소를 증가시키는 것은 효과적이다. 식이성 섬유소는 소화기관에서 질소 대사산물의 흡수를 감소시키기 때문이다. 소화율이 높은 식이는 소화와 흡수를 극대화시켜 간의 부담을 줄여주고 결장 노폐물과 간뇌성 병변 독소 물질을 감소시킨다. 발효성 섬유소의 양을 증가시키면 장내 세균은 질소를 고정시키고 유해한 담즙산, 내독소, 다른 세균 대사산물과 결합하여 체내 부담을 감소시켜준다.

4) 타우린

개와 고양이에서 타우린은 간과 담즙에서 합성된다. 고양이에서는 타우린의 합성하지 못하기 때문에 필수적으로 공급해주는 것이 효과적이다. 그러므로 심혈관계 질환이 있거나 간장 질환이 있는 경우는 충분히 공급한다. 고양이에서 부족할 경우 망막염이 발생할 수 있다.

5) 철분

철분이 결핍되면 빈혈이 생기며 소화기 궤양이나 만성 간염, 문맥 고혈압, 담관 폐쇄와 관련된 출혈을 보인다. 소적혈구증은 철분 결핍과 관련이 있다. 빈혈, 혈장 철분 농도가 낮을 때, 저크롬혈증일 때, 소화기 출혈이나 만성 출혈이 있을 때 철분을 공급해준다. 감염성 간장 질환이 있는 경우 철분은 간세포와 쿠퍼세포의 역할을 도와준다. 철분이 부족할 경우 근육 마비나 부정맥을 초래할 수 있다.

6) 아연

아연 결핍증이 있을 경우 간의 요소 형성에 관련된 효소의 활동성 감소와 근육의 글루타민 합성이 증가하기 때문에 요소를 생산하는 능력이 떨어지며 상처의 회복도 지연된다. 그러므로 아연 결핍이 생기지 않도록 주의한다.

7) 칼륨

저칼륨혈증은 기아 등으로 인하여 칼륨의 공급이 불충분할 경우 발생하며 부신피질 기능 항진증에 의한 알도스테론(aldosteron)의 분비 증가에 의한다. 구토, 다음, 다갈증, 다뇨, 마그네슘 고갈, 알칼리증, 복수의 관리를 위한 이뇨제의 투여도 원인이 된다. 저칼륨혈증은 심장 기능 저하와 식욕 부진과 간뇌성 병변을 악화시키기 때문에 위험하다.

8) 비타민

비타민은 간에 저장, 대사가 이루어지기 때문에 만성 간장 질환에서 비타민 결핍은 흔하다. 비타민 결핍은 식이 섭취 부족이나 흡수 불량이 주원인이며 수용성 비타민의 결핍은 불충분한 섭취, 구토, 뇨를 통한 손실이 원인이다. 부족해지기 쉬운 수용성비타민을 충분히 공급한다. 복수 관리를 위해 이뇨제를 투여한 경우, 다음, 다갈증, 다뇨, 장기간 식욕 부진, 가정식을 급여한 경우에 수용성 비타민을 공급해주어야 한다.

비타민 K는 만성 간장 질환, 장기간 담즙 분비 중지, 과다 출혈이 있는 경우 매우 중요한 역할을 한다. 만성 간장 질환에서는 비타민 K 결핍이나 비타민 K_1이 활성화 형태로 전환될 수 없다. 비타민 K의 간에 저장은 한계가 있어 식이 섭취량이 부족하거나 심한 지방 흡수 불량인 경우 쉽게 고갈된다. 많은 간장 질환에서 혈액 응고 시험에 비정상적으로 반응하는데 비타민 K_1을 며칠 공급하면 정상으로 된다. 이 방법은 간 생검이나 수술 전에도 흔히 검사하는 항목 중의 하나이다.

5. 식이의 평가

식이의 평가는 에너지 농도, 단백질, 타우린(고양이), 조지방, 수용성 탄수화물, 염분, 칼륨, 조지방 등이다.

간뇌성 병변이 있는 경우 식이성 단백질의 과잉을 피한다. 일반 식이보다 단백질량 제한하고 고품질, 소화율이 높은 단백질을 사용한다. 정상 수준의 지방 급여와 소화율이 높은 수용성 탄수화물 양은 정상이어야 하며 발효성 섬유소는 증가시킨다. 에너지 농도가 높고 식욕이 감소되어있기 때문에 기호성을 증가시킨다. 칼륨과 아연을 증가시키고 염분의 과다는 피한다. 개에서 철분의 과다와 결핍 피하고 구리의 과다도 피한다. 고양이에서 필수아미노산인 타우린을 증가시킨다. 비타민 B, C, E, K와 아르기닌을 증가시킨다. 간의 지방 대사의 부담을 줄이기 위해 카니틴의 양을 증가시킨다.

식이 방법은 적정 체중을 유지할 수 있도록 충분한 양을 섭취할 수 있도록 한다.

IV. 식이 계획

간질환의 식이 관리 목표는 손상된 조직의 치유와 재생 기간 동안에 필요한 균형 잡힌 영양을 공급하는 것이다. 중요한 목표는 이 영양증을 교정, 예방하고 간의 부담을 최소화하며 간독소와 신경독소를 피하고 간장 질환의 원인을 제거하는 것이다. 간뇌성 병변의 치료 목표는 간뇌성 병변의 원인을 교정하고 신경독소의 장내 생산과 흡수를 감소시키는 것이다.

1. 식이의 선택

앞에서 기술한 여러 가지 영양소의 기준에 맞는 식이를 급여한다. 간장 질환에 맞게 배합된 처방식 사료를 급여한다. 가끔은 신장 질환에 적당한 처방사료를 권장하기도 한다. 이런 식이는 일반 사료에 비하여 원료의 품질과 소화력이 높다.

2. 식이 방법의 선택

간질환에서 쇠약, 식욕 부진, 영양 부족을 보이는 경우 병원에서 보조 식이 급여 방법을 사용한다. 고양이의 지방간증, 간장 질환에서 식욕 부진을 보일 때 비강을 통하거나 위절제술을 통한 카테타를 삽입하여 식이를 투여한다. 식이는 조금씩 여러 번 나누어 급여하는 것이 간에서의 대사를 감소시키는 효과가 있다.

V. 보조 치료

담낭간 질환의 영양 관리는 상황에 맞는 약물과 수술에 의한 치료가 있어야 효과가 있다. 약물 치료는 항생제, 이뇨제, 항감염 물질, 면역 조절 약물, 비흡수성 이당류, 담즙 등이다.

급성 간부전은 수액과 전해질 균형을 교정하고 대사성 산증, 과다 출혈, 고혈압, 저혈당증, 심장 기능 부전, 신부전, 대뇌 부종, 감염 등을 관리한다.

1. 비흡수성 이당류

락투로스(lactulose)는 합성 이당류로 소장에서는 흡수가 되지 않고 대장으로 내려가면 대장에서 발효되어 삼투압제제의 역할을 합니다. 락투로스의 투여는 간뇌성병변 치료 시에만 선택한다. 락투로스는 결장의 세균에 의해 가수분해 되어 이당류인 젖산과 초산으로 전환된다. 락투로스는 암모니아를 분해하며 결장의 pH를 낮춰 암모니아를 붙잡는다. 결장 세균에 의해 암모니아 생산을 억제하고 장운동을 활성화시켜 배변을 촉진시키며 탄수화물의 공급으로 세균과 장내 암모니아 생산을 억제한다. 락투로스는 또한 변비에도 많은 효과가 있다. 락투로스는 네오마이신(neomycin)이나 다른 항생제를 병용하면 상승효과를 볼 수 있다.

락투로스는 혈중으로 거의 흡수되지 않으므로 당뇨 환자에서도 사용할 수 있습니다. 대장에서 발효되어 삼투성 하제의 역할을 합니다. 달지만 흡수되지 않으므로 혈당에 영향을 주지 않습니다.

2. 구리 킬레이트 물질

베들링턴테리어의 증상과 다른 간장 질환 증상에서 간에 구리 독성에 대한 치료가 필요하다. 다른 품종에서도 만성 간염이나 간경화에서 구리 농도가 증가하는 경우 이에 대한 치료가 필요하다. 간의 구리 독성에 대한 치료는 D-페니실라민과 같은 아연과 구리 킬레이트화 물질이 사용된다. 킬레이트화 물질은 구리와 결합하여 뇨분비를 증가시킨다. 개에서 구리 킬레이트화 물질로 D-페니실라민이 가장 많이 권장되고 있으며 공복에 먹는 것이 효과적이다. 비타민 C, 아연, 카드뮴은 구리의 흡수를 차단한다.

3. 비타민

비타민 K는 만성 간장 질환과 장기간 담즙 분비 정지, 출혈의 증가, 수술이나 간조직 검사 시 투여하면 효과적이다. 만성 간장 질환, 다음, 다갈과 다뇨, 이뇨제 사용, 1주일 이상 식욕 부진을 보이는 경우 비타민 B를 투여하면 좋다. 비타민 E, C, 셀레늄과 같은 항산화제를 공급해주면 감염성 간장 질환에서 효과적이다.

개와 고양이 영양학

VI 정기 검진

보호자와 수의사는 정기적으로 식욕, 체중 등을 점검하며 소화기 문제, 황달, 신경증상 등을 관찰한다. 영양 관리도 적절히 되고 있는지 확인한다. 정기적인 실험실 검사는 혈장 간효소 활동성, 혈장 빌리루빈, 담즙산, 칼륨 농도, 혈중 암모니아 농도를 측정한다. 정기적인 간조직 검사는 간의 구리 농도를 평가할 수 있다. 체중, 복부 방사선, 초음파는 복수의 여부를 점검하는 방법이다.

CHAPTER 12 심장혈관계 질환 (Cardiovascular Disease)

I 개요

심장은 신장과 마찬가지로 예비력이 많아서 이상이 있을지라도 증상이 쉽게 나타나지 않는다. 따라서 증상이 나타났을 경우 질병이 심하게 진행되고 있을 가능성도 많다. 심장질환과 울혈성 심부전(Congestive Heart Failure: CHF)은 개와 고양이에서 흔히 있는 질병이다.

1. 심장의 구조

심장은 흉곽의 약간 왼쪽에 위치하고 좌우의 심방과 좌우의 심실인 2심방 2심실로 되어 있다. 심방과 심실은 방실 판막으로 이루고 있다. 우심방과 우심실 사이는 삼천판이 있고 좌심방과 좌심실 사이에는 이천판(승모판이라고도 불림)이 있다. 심실과 동맥간 사이에는 반월판이 있지만 심방과 정맥 사이에는 판막이 없다. 전신을 순환한 혈액은 전대정맥을 통하여 이산화탄소와 영양소를 함유한 혈액을 우심방으로 받아들여 우심실을 거쳐 폐동맥을 경유하여 폐로 유입된다. 폐에 유입된 혈액은 이산화탄소를 배출하고 산소를 공급받은 신선한 혈액은 폐정맥을 통하여 심장의 좌심방으로 유입된다. 좌심방의 혈액은 좌심실로 운반되어 대동맥을 통하여 온 몸으로 산소와 영양분을 공급한다.

심장과 폐 사이의 순환을 소순환 또는 폐순환이라 하고 심장과 신체 조직의 순환을 대순환 또는 체순환이라 한다.

개와 고양이 영양학

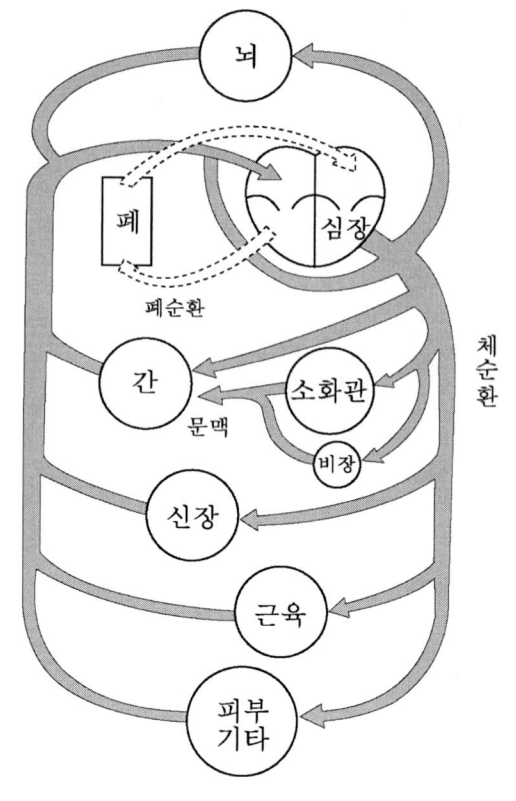

● 그림 12-1. 혈액 순환도

2. 심장의 기능

1) 펌프작용

심장의 근육은 횡무늬가 있는 특수 근육으로 뜻하는 대로 움직이지 않는 불수의근이며 주기적으로 수축하여 혈액을 각 조직의 말초혈관으로 보내는 펌프작용을 한다. 심장의 펌프작용은 심장에만 존재하는 전기 자극에 의해 이루어진다. 이 자극은 우심방의 동방결절에서 시작하여 방실경계부의 방실결절로 이어진다. 방실결절에서 심실중격을 거쳐 중격벽을 따라 좌우의 가지로 나누어서 심실내막을 통하여 심첨 방향으로 간다.

심장 근육의 펌프작용으로 산소와 영양소를 혈액과 함께 각 장기와 조직으로 공급하고 체내에서 발생하는 노폐물을 배설시킨다. 심장의 수축과 이완을 위해 펌프작용에는 많은 에너지가 필요하다. 이를 위해 심장에 관상동맥이 있어 심장에 산소와 영양소를 공급한다.

제12장 심장혈관계질환

2) 조절작용

심장을 지배하는 신경은 교감신경과 부교감신경이 있다. 교감신경은 심장 박동의 강도와 빈도를 증가시키고 부교감신경 즉 미주신경은 심장 박동의 강도와 빈도를 감소시킨다. 또한 갑상선 호르몬의 과잉 분비는 심장 기능을 항진시키고 부신수질 호르몬인 아드레날린도 교감신경을 자극하게 되어 심장 기능을 항진시킨다. 공포, 불안, 흥분 등의 정신 상태에서도 심장 박동에 영향을 준다.

3. 혈관의 구조

혈관에는 동맥과 정맥이 있다. 동맥은 혈액을 심장에서 각 기관으로 운반하고 정맥은 각 조직의 말초혈관에서 심장으로 혈액을 운반한다. 모세혈관은 동맥과 정맥을 연결하고 주로 확산에 의하여 세포간의 물질 교환이 이루어진다. 혈관 벽은 내피세포로 구성된 내막과 평활근으로 구성되어 탄력성을 주는 중막과 섬유막으로 구성된 외막으로 이루어졌다. 내막은 직접, 중막과 외막은 영양혈관에 의해 영양과 산소를 공급받는다. 교감신경은 혈관을 수축시키고 부교감신경은 혈관을 확장시킨다.

동맥 중 대동맥과 폐동맥이 제일 굵고 말초부위는 가는 세동맥이다. 정맥은 모세혈관에서 혈액을 심장으로 보내며 심장에 가까울수록 두꺼워진다. 세동맥과 세정맥을 연결하는 모세혈관은 망사모양의 혈관으로 전식 조직에 분포되어 있다.

 # 임상적 중요성

개에서 10% 이상이 심장질환과 관련된 증상을 보이고 있으며 이중 50% 이상이 심장 판막에 이상이 있는 경우가 차지한다. 특히 노령기에는 사망 원인의 30% 이상을 차지한다. 고양이에서의 정확한 통계는 없지만 흔하지는 않다.

선천적인 기형으로는 동맥관개존, 폐동맥 협착, 대동맥 협착, 우대동맥 유잔, 심실중격 결손, 전신 정맥성 기형, 심방중격 손상, 승모판 부전 등이 있으며 이중 동맥관개존이 가장 흔히 발생한다.

만성 승모판 질병(Endocardiosis, 심내막염)은 개에서 후천적으로 발생하는 가장 일반적인 질병이다. 삼천판 이상은 자주 발생하지만 증상은 약하다. 만성 판막 질환은 소형의 개에

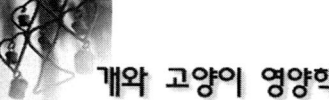

많다. 급성 판막 질환은 고양이에서는 드물다. 고양이에서 울혈성 심근병증은 주된 원인인 타우린결핍에 의한 경우가 대부분인데 최근 사료에 타우린이 첨가되면서 많이 감소되었다. 비대성과 제한성 심근병증이 고양이의 심근 부전의 가장 흔한 원인이 된다. 대형견 특히 도벨만에서 확장성 심근병증이 많으며 개에서 비대성 심근병증은 드물다.

개와 고양이의 고혈압은 흔히 관찰된다. 아직 혈압은 일반적으로 측정되고 있지 않으며 전신적인 고혈압의 발병에 대해서는 아직 잘 알려지지 않았다. 고혈압은 개와 고양이의 만성 신장질환에서 흔히 볼 수 있고 개의 부신피질 기능항진증과 고양이의 갑상선 기능항진증에서 이차적으로 흔히 나타난다.

심장혈관계 질환에서 가장 흔히 발생하는 문제는 울혈성 심부전, 고혈압, 비만, 타우린이나 카니틴과 같은 특정 영양이 결핍에 의한 심근병증, 전해질 불균형에 의한 부정맥으로 인한 심근 질병이며 이와 연관되어 영양 관리가 요구되며 체액 저류가 있을 경우에도 필요하다.

III 진단

1. 애완동물의 진단

1) 병력과 신체검사

심장혈관계 질환에서 신체의 상태를 평가하는 것은 필수적이다. 심부전은 심장 박동량의 불충분과 조직의 대사에 필요한 영양소의 공급 불량으로 나타난다. 심부전은 심장 및 혈관의 구조적, 기능적 이상으로 인하여 임상 증상이 나타난다. 심부전의 임상증상은 심장 박동량 감소로 쇠약, 운동 기피, 기절, 폐울혈로 인한 호흡 곤란, 기침, 천식 등 비정상적인 호흡음 그리고 간비대, 복수, 흉수 등으로 인한 체액 저류와 같은 증상이 복합적으로 나타난다.

심장혈관계 질환에서 영양 상태의 평가도 중요하다. 비만은 심장혈관계 질환의 중요한 원인중의 하나이다. 심장혈관계 질환 치료에서 비만의 관리 없이는 성공하기 어렵다. 제지방 조직의 손상은 생존율을 떨어뜨린다.

제12장 심장혈관계질환

2) 실험실 검사와 기타 검사

심장질환의 진단은 시진, 촉진, 타진, 청진, 실험실 검사, X-선 검사, 초음파 검사, 심전도 검사 등에 의해 종합적으로 이루어진다.

① 전신 혈액 검사

혈압은 일반적으로 두 가지로 표시한다. 혈압은 수축기와 확장기로 표시하며 개와 고양이는 180/100mmHg이 평균이며 200/110mmHg인 경우 경증의 고혈압을 의미한다.

② X - 선 검사

X-선 촬영은 심장비대를 진단하는 중요한 방법이지만 품종간의 차이가 조금씩 있기 때문에 주관적인 차이가 있을 수 있다. 정확한 진단을 위해 흡기 시 촬영하는 것이 좋다. 조영제를 이용한 혈관 조영술은 심장과 혈관의 이상 위치를 파악하는데 유용하다.

③ 심전도 검사

심전도는 심근과 전도에 관한 사항이 기록된다. 기록 방법은 세운 자세나 우측이 아래로 향한 상태에서 이루어지고 가능한 한 편한 상태에서 측정하는 것이 좋다. 심전도를 통해 심박 수, 심조율, 전해질과 내분비의 불균형 여부, 심장의 크기 변화에 의한 심장 전기 영역 변화 등을 알 수 있다.

④ 합병증 검사

심장혈관계 질환은 만성 신부전에서 더 악화된다. 심장혈관계 질환에서는 신장 질환 병발 여부를 확인한다. 뇨분석과 BUN, 혈장 크레아티닌, 전해질, 칼슘과 인의 농도를 포함한 혈장 생화학 검사를 한다.

고양이에서 부갑상선 기능항진증은 이차적인 고혈압성 심근병증과 전신성 고혈압의 원인이 된다. 특히 노령 고양이에서 심장혈관계 질환은 부갑상선 기능항진증을 함께 검사해야 한다.

⑤ 영양과 호르몬 측정

혈장 전해질과 마그네슘의 농도는 심장혈관계 질환에서 중요하다. 전해질과 마그네슘 항상성 유지가 비정상일 때 심부정박동, 심근 수축 감소, 근육 약화의 원인이 된다. 전해질과 마그네슘의 비정상은 강심제와 심장약에 역효과를 나타낸다.

고양이에서는 혈액 타우린의 농도는 일반적으로 측정한다. 혈장의 카니틴 농도는 낮게 나타나지만 반대로 심장, 골격근의 카니틴 농도는 높게 나타난다. 카니틴 농도는 보통 심장근, 골격근, 간에서 측정된다. 심장조직에서는 심장 내막의 생검을 이용한다.

3) 위험 요인

심장혈관계 질환은 품종, 비만, 신장질환, 약물 치료, 내분비병증, 심장사상충 감염이 위험 요인이 된다. 만성 심장판막 질환은 대형보다 소형의 개에 많고 확장성 심근병증은 수컷에 많다. 심낭 삼출증은 세퍼트, 져먼 포인터, 아키타, 리트리버에 많다.

개와 고양이의 비만에서 심장혈관계 질환을 많이 일으킨다. 운동 기피, 빈호흡, 쇠약과 같은 임상 증상을 단독으로 일으키지 못하지만 질병 발생 시 더욱 악화시킨다.

노령의 개와 고양이에서 신장 질환과 신부전은 심장혈관계 질환을 일으킨다. 심장 질환은 심장 박출량의 이상으로 인하여 신장 질환을 악화시킨다. 개와 고양이의 만성 신부전은 이차적 고혈압의 원인이 된다. 만성 심부전에서 약물 치료 시 이뇨제와 염분 저류는 정맥 울혈, 강심제는 수축력의 증가와 상부 심실에 의한 심장 이상 박동을 보이고, 혈관 확장으로 정맥 울혈을 일으킨다. 탈수, 전신성 저혈압, 신기능 부전, 전해질 이상, 산-염기 평형 이상이 있는 심부전증에서는 약물 요법과 영양 요법을 병행한다.

갑상선 기능항진증은 노령 고양이에서 비대성 심근병증과 이차적 고혈압의 위험 요인이 된다. 부신피질 기능항진증은 혈전색전증의 위험 요인이 된다. 심장사상충 감염은 폐혈관 질환, 폐성심, 우측 울혈성 심부전, 폐 혈전색전증의 위험 요인이 된다.

4) 병리 원인

① 심부전의 보상 기전

심혈관계의 뇌, 신장, 심장과 같은 중요한 기관과 다른 모든 조직 산소와 영양을 공급하는 것이다. 그리고 두 번째 기능은 정맥 혈압을 유지하는 것이다. 심장 질환은 이러한 기능에 이상이 생기는 것이다. 첫 번째 심혈관계 기능은 교감신경, Arginine Vasopresin(AVP; 항이뇨 호르몬) 분비, Renin-Angiotensin-Aldosteron(RAA)계와 같은 신경 호르몬의 기전으로 보상 작용이 이루어진다. 이 보상 작용에 이상이 생기면 염분과 수분 저류되고 세포외액이 증가하며 정맥압 증가한다. 기침, 호흡 곤란, 좌위 호흡, 빈호흡, 간비대, 복수 등의 증상도 나타난다.

② 비만

비만은 심장혈관계와 관계가 깊다. 비만은 심장 박출량을 증가시키고, 혈장과 세포외액을 증가시키고, 신경 호르몬을 활성화 시키고, 염분과 수분의 노분비를 감소시키고, 심박동을 증가시키고, 심실의 수축과 확장 기능을 비정상화 시키고, 운동을 기피하고, 여러 가지 혈압 이상을 일으킨다. 개에서 체중이 많은 경우 혈압이 높다. 비만인 경우 보상작용으로 혈액량이 증가하고 신경 호르몬이 활성화되기 때문에 심장 질환이 되기 쉽다. 그러므로 비만은 심장질환을 동반하기 쉽다.

③ 악액질

악액질은 체중 감소를 나타내는 질환으로 제지방 조직의 소모와 식욕부진을 보이는 심부전을 포함한 여러 가지 질병이다. 제지방 조직의 손실을 보이는 악액질은 식이 섭취와 영양 요구량이 차이가 생겨 질소와 에너지의 부족을 나타내는 상태이다. 이러한 불균형은 불충분한 섭취, 칼로리의 과다 손실, 대사의 변화로 인해 생긴다.

심부전이 악화되면 조직 관류와 신장 혈류가 감소하게 된다. 신장은 레닌, 프로스타글란딘이 분비되어 혈액으로 들어가 신장 혈액을 감소시킨다.

④ 타우린 결핍성 심근 질병

타우린은 개에서는 비필수아미노산이지만 고양이에서 필수아미노산이다. 고양이는 조직에 주요 타우린 합성 효소의 농도가 부족하기 때문에 타우린의 합성 능력이 떨어진다. 고양이는 담즙산의 결합에 타우린이 사용되기 때문에 소모량이 많다. 고양이는 타우린의 합성능력이 떨어지고 소모량이 많기 때문에 섭취량이 적을 경우 타우린 결핍증이 걸리기 쉽다. 암컷이 수컷에 비하여 타우린 결핍에 의한 심근병증의 증상이 더 많이 발생한다.

타우린은 삼투압 조절, 칼슘을 조절하는 기능을 한다. 많은 고양이에서 장기간 타우린이 결핍될 경우 심근 기능부전이 된다. 확장기 심근병증과 심부전의 원인이 된다. 고양이에서 칼륨이 타우린과 관계가 있는데 칼륨 섭취가 증가하면 타우린 결핍 현상으로 심혈관계 질환이 생긴다.

⑤ 카니틴 결핍성 심근 질병

L-카니틴은 작고 비타민과 유사한 수용성 물질이며 포유동물의 심장과 골격근에 많은 농도로 존재한다. 개에서 L-카니틴은 일차적으로 간에서 아미노산인 라이신, 메치오닌에서 합성된다.

심장에서 많이 필요로 하는 에너지를 공급하기 위해서 지방산이 가장 중요한 역할을 한다. 카니틴은 미토콘드리아 막에 존재하는 효소로 활성화된 지방산 Acyl-CoA를 Acetyl-카니틴 에스터화 과정을 통하여 미토콘드리아 막을 통하여 기질로 들어간다. 이곳에서 β-산화를 거쳐 높은 에너지를 만든다.

⑥ 고혈압

개와 고양이에서도 고혈압은 흔히 발견된다. 전신성 혈압의 조절은 중추신경, 말초신경, 신장, 내분비, 혈관계의 복잡한 관계를 갖는다. 약물과 식이도 영향을 준다. 약물은 식욕억제제, 제산제, 소염제 등은 혈압을 높이며 육류, 지방, 염분, 설탕이 지나치게 높으면 칼륨의 부족으로 고혈압이 발생한다.

신장은 염분과 수분을 배출하는 역할을 하기 때문에 혈압 조절에 중요한 역할을 한다. 고혈압이 있고 심박동이 증가하는 질병은 갑상선 기능항진증, 빈혈, 높은 점도, 다혈구혈증, 호크롬성 세포종, 갈색 세포종이 있다. 심박출량의 증가는 염분과 수분의 저류에 의한다. 신부전, 부신피질 기능항진증은 체내 염분과 수분을 증가시킨다.

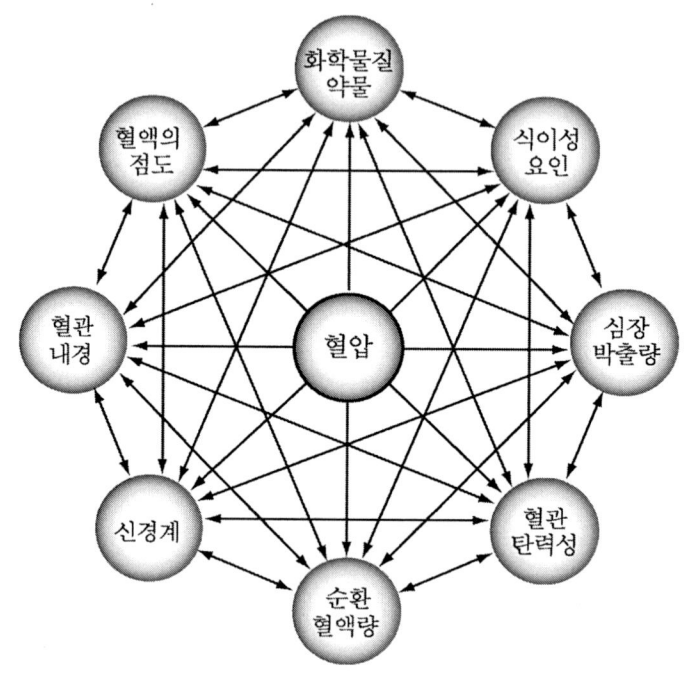

그림 12-2. 혈압을 높이는 요인

이차적인 고혈압의 원인은 개와 고양이의 만성 진행성 신부전, 개의 부신피질 기능항진증, 고양이의 갑상선 기능항진증이다. 목표 기관, 말단 기관, 전신성에 해당되는 곳은 눈, 신장, 심혈관계, 뇌혈관계이다. 말단기관에 손상이 있는 경우는 보통 고혈압이 원인이 된다.

5) 주요 영양 요인

울혈성 심부전은 염분과 수분이 저류되기 때문에 심장 질환에서는 가장 영향을 많이 주는 영양소다. 고농도의 염분을 섭취한 후 수 시간 내에 뇨로 배출된다. 심장질환 초기에 보상 능력 때문에 염분의 배출 능력이 떨어진다. 시간이 지나 염분이 저류되면 울혈성 심부전과 고혈압 증상이 나타난다. 염분 역시 직접 혈관 수축 역할을 한다. 결국 염분은 고혈압과 심장 및 신장 질환에 중요한 영양소다.

제12장 심장혈관계질환

칼륨과 나트륨은 혈압을 상승시키고 칼슘과 마그네슘은 혈관수축을 억제한다. 이러한 비정상적인 상태는 심장 이상 박동의 원인이 되고, 심근 수축을 감소시키고, 근육을 약화시키고, 심장 약물의 효과를 감소시킨다. 인과 단백질은 만성 신부전과 연관이 된다. 포화지방산의 과잉 섭취는 동맥경화로 인하여 고혈압을 초래할 수 있다. 타우린과 카니틴은 개와 고양이에서 심근 부전에서 중요하다. 비만과 악액질인 경우 여러 가지를 고려해야 한다.

2. 식이의 평가

심장 질환의 식이는 위에서 언급한 영양소에 의해 평가되어야 한다. 일반적으로 고양이 식이에는 타우린이 첨가되어 있는데 물고기에 많이 포함되어 있다. 물고기 원료의 고양이 식이는 별도로 타우린을 첨가할 필요가 없다. 칼로리 섭취량의 비만이나 악액질의 상태도 고려해야 한다.

3. 식이 방법의 평가

심장 질환이 있는 경우 영양 관리를 위해 식이를 바꿀 필요가 있다. 심장질환이 있는 경우 일반적으로 식욕이 감소하기 때문에 칼로리가 높은 식이를 급여하는 것이 좋다. 식이 방법까지 바꿀 필요는 없다.

 식이 계획

1. 식이의 선택

1) 단백질과 에너지 섭취

비만과 심혈관계 질환은 밀접한 관계가 있다. 비만은 칼로리를 제한하여 정상적인 체중으로 조절의 필요성을 보호자에게 철저히 교육시켜야 한다. 심장 질환에 비만이 미치는 악영향에 대한 설명을 하여 체중 관리 프로그램에 동참할 수 있도록 한다.

만성 심장 질환 같은 질병에서 식욕 부진과 악액질이 있는 경우 충분한 칼로리와 고품질의 단백질이 함유된 영양 균형을 맞춘 식이를 급여한다. 오메가-3 지방산이 많이 함유된 어유를 공급하는 것은 악액질이 있는 심부전 환자에게 효과적이다.

2) 염분의 과다 피함

일반적이 제품화된 식이 중 염분의 농도가 많은 경우는 미국 사료 급여 조절 기구 (Association of America Feed Control Office; AAFCO) 기준의 20배 가까이 높은 경우도 있다. 일반적으로 개와 고양이의 염분이 낮은 식이는 노령 동물 관련 식이, 신장 질환 관련 처방식 사료에 적용된다.

개의 심장 질환 초기에 염분이 낮은 식이를 급여할 경우 질병의 진행을 지연시키기 때문에 염분이 많은 식이는 피하는 것이 좋다. 심장 확장은 염분의 이상을 조장하고 혈관 내 용량을 확장시키고 울혈을 조장한다. 심장 확장과 울혈이 모두 존재하는 경우는 염분이 많이 제한된 식이를 급여한다. 심장 확장이 없는 심장 질환 초기에 증상이 나타나면 염분이 약간 제한된 식이를 급여한다. 방사선과 심장초음파 검사로 심장 확장이 보이는 경우 역시 염분이 낮은 식이를 급여한다.

과다한 염분 식이를 피하는 것은 만성 기관지염이나 천식 등의 만성 호흡기 질환에서도 중요하다. 천식 환자에서 염분이 많을 경우 임상 증상을 악화시키고 폐의 기능을 악화시킨다. 염분이 감소된 식이는 혈장과 폐의 혈관 작용 소화관성 펩타이드(Vasoactive Intestinal Peptide; VIP)의 수치를 증가시킨다. VIP가 활성화되면 기관지를 확장시킨다.

고양이에서 단백질과 염분의 요구량이 개에 비하여 훨씬 높다. 간식, 과자, 사람 음식은 염분, 기타 미네랄의 과다 공급원이 될 수 있다.

개와 고양이에서 염분, 무기염은 맛을 감지하는 신경의 화학 수용기를 자극한다. 결국 개와 고양이에서 염분, 무기염은 기호성을 증가시킨다. 기호성은 개에서 단당류, 개와 고양이에서 특정 아미노산과 지방은 기호성을 증진시킨다. 또한 건조사료에 비하여 습식 사료에 염분이 많이 포함되어 있기 때문에 습식 사료가 기호성이 높다. 심장 질환이 있는 환자에게는 일반 사료보다 염분을 감소시킨 사료가 더 기호성이 높아지는 경향이 있다.

염분이 적은 식이로 바꾸기 어려운 경우가 있는데 이는 심장질환이 있는 동물이 일반적으로 식욕이 저하되기 때문이다. 기호성을 증진시키기 위해 식이를 데워주거나 향이 첨가되고 염분이 적은 국물, 토마토 주스, 꿀과 시럽 같은 단 식이, 맛이 좋은 습식 사료를 사용할 수 있다.

3) 칼륨, 마그네슘, 인의 적정 섭취량

심혈관계 질환에서 약물에 의한 저칼륨혈증, 고칼륨혈증, 저마그네슘혈증과 같은 전해질 이상은 발생할 수 있다. 이뇨제 사용할 경우 많은 양의 칼륨과 마그네슘이 손실되기 쉽다. 만성 신장 질환은 자주 심혈관계 질환과 같이 발생하는 경우가 많다. 때문에 만성 신장

제12장 심장혈관계질환

질환과 심장 질환에서는 인의 수치가 높은 것을 피하는 것이 좋다.

4) 타우린 공급

심근부전이 있는 고양이와 개에게 타우린을 첨가하거나 타우린이 많이 함유된 식이를 급여하면 심장의 부담을 감소시키는데 효과적이다. 개의 타우린 결핍에 의한 확장성 심근병증은 코카스파니엘, 골든 리트리버에 많다. 심장혈관계 질환과 관련된 처방 사료에는 타우린이 많이 포함되어 있다. 처방식 사료를 급여할 경우 별도로 타우린을 공급할 필요가 없다.

5) 카니틴 공급

개에서 심근에 카니틴 결핍일 경우 적정량 공급해주는 것이 효과적이다.

2. 식이 방법의 선택

식이 방법은 큰 영향을 주지 않는다. 질병 회복에 필요한 칼로리를 충분히 섭취할 수 있도록 여러 가지 방법을 시도해본다. 적은 양을 여러 번 나눠주는 것이 효과적이다. 사람 음식, 간식 등과 같은 다른 음식은 급여하지 않는 것이 좋다. 비만일 경우 심장질환을 악화시키는 요인이 되기 때문에 체중 감량 프로그램을 시행하는 것이 좋다.

 V 재평가

1. 재평가의 전략

일반적으로 심부전의 생존 여부는 심근 부전의 정도와 관련이 있고, 임상 증상은 울혈성 심부전이나 그 보상 기전과 관련이 있다. 심장혈관계 질환의 대부분인 울혈성 심부전의 치료 목표는 심근 손상과 심부전의 재발을 예방하고, 부종과 체액 저류, 운동 기피, 피로감과 호흡 기능 저하 등의 임상 증상을 감소시키고, 예후를 개선시켜 치사율을 감소시키는 것이다.

개와 고양이의 심장혈관계 질환에서 영양 관리와 약물 치료를 하기 전에 일반적인 생화학 검사와 뇨검사를 시행해야 한다. 심장혈관계 질환에서 염분, 칼륨, 수액, ACE 억제제, 이뇨제의 투여량을 조절하는 것이 어렵다. 오히려 각 환자를 주기적으로 점검하는 것이 좋다.

처음 4~6주 동안은 매주 점검해야 할 내용은 체중 측정, 체형 판단, 혈장 전해질과 마그네슘 농도 측정, 신장 기능을 평가하는 것이다.

2. 영양소와 약물의 상호 작용

대부분 심장혈관계 질환 환자는 영양 관리와 같이 약물 치료를 시행한다. 약물과 약물의 상호 작용을 고려하여 결정하고 영양소가 약물에 어떤 영향을 미치는지도 고려해야 한다. 이것은 심장 혈관계 질환에서는 식이와 약물의 관계가 중요하기 때문이다.

이뇨제는 심부전의 응급처치로 많이 사용되는 약물이다. 염분저류, ACE 억제제, 정맥 확장 등에서 부담을 줄일 수 있는 효과적인 방법이다. 염분의 저류는 울혈성 심부전의 주요 증상이며 이를 개선하기 위하여 이뇨제를 사용한다. 염분이 높은 식이를 섭취했을 경우 퓨로세마이드는 효과가 아주 적다. 이뇨제는 심장에 의한 급성 폐수종 관리에 첫 번째로 사용되는 약물이다. 염분의 농도가 높지 않다면 이뇨제의 용량은 감소시킨다.

강심제는 개와 고양이의 심장 이상에 사용되어왔다. 강심제는 영양 요인에 영향을 많이 받기 때문에 여러 가지 사항을 고려해야 한다. 강심제의 흡수는 약물의 형태에 따라 식이의 영향을 받는다. 디곡신과 디지톡신을 식사의 중간에 투여하는 것이 효과적이다. 체형도 이 약물에 영향을 미친다. 디곡신은 지방에 조금 분포하기 때문에 용량은 제지방의 양에 기초로 해야 한다. 디지톡신은 디곡신에 비하여 지방에 잘 녹기 때문에 조절할 필요가 없다.

고양이에서 디곡신은 퓨로세마이드, 아스피린, 염분 제한 식이를 사용할 경우 용량을 감소시킨다. 저칼륨혈증, 저마그네슘혈증, 고칼슘혈증, 신기능 부전, 갑상선 기능감소증, 비만에서 디곡신 중독증이 생길 위험성이 증가한다. 강심제를 사용하기 전에 혈장의 전해질과 마그네슘의 농도를 측정해야 한다.

CHAPTER 13 신장질환 (Renal Failure)

I. 개요

신장 질환은 네프론이 70% 이상 파괴되었을 때 임상 증상이 나타난다. 신부전의 진행은 신장 보존력 상실, 신기능 부전, 질소혈증, 요독증의 네 단계를 거친다. 처음 두 단계에서는 임상증상이 나타나지 않기 때문에 이 시기에는 진단하는데 어려움이 있다. 질소혈증기에는 신장 기능이 떨어지기 시작하며 임상 증상이 나타나기 시작한다. 요독증기에는 임상 증상이 현저하게 나타나며 이 시기에는 만성 신부전의 관리를 위한 영양 관리가 권장된다. 만성 신부전의 영양 관리는 요독증을 감소시키고 질병의 진행을 완화시키는 것이다. 이러한 영양 관리의 시작 시점은 신장 기능이 비정상적일 때 바로 시작한다. 뇨를 농축시키지 못하거나 현저한 단백뇨, 질소혈증, 신장의 손상이 나타나면 바로 영양 관리에 들어간다.

1. 신장의 구조

신장은 강낭콩 모양으로 섬유막으로 싸여 있다. 우신이 최후 흉추와 제3요추 사이에 있으며 좌신은 제2요추와 제4요추 사이에 있으며 크기는 개체에 따라 차이가 있지만 제2요추의 2.5~3.5배이다.

신장의 내부는 피질과 수질로 되어 있으며 피질은 바깥쪽을 차지하며 신소체가 밀집되어 있고 수질은 안쪽을 차지하며 세뇨관의 집합체이다. 신동맥으로 유입된 혈액은 사구체를 거쳐 근위세뇨관, 헨레 고리(Henle's loop), 원위세뇨관을 통하여 수뇨관을 통하여 신장을 빠져나간다. 뇨가 생성되는 기능적 단위인 네프론(nephron)이 약 40,000개가 되며 대부분 신장 피질에 존재한다. 네프론은 사구체, 근위세뇨관, 헨레고리(Henle's loop), 원위세뇨관까지를 말한다.

2. 신장의 기능

체내 불필요한 대사산물 또는 유해물질을 체외로 내보내는 작용을 배설이라 하며 신장은

가장 중요한 배설기관이다. 오줌(뇨)의 배설에 의하여 혈중의 불순물 및 유해물질을 제거하고 혈액의 삼투압을 조절한다. 세포외액량을 조절하고 혈액의 pH와 혈장 조성의 조절 역할을 한다. 즉 혈액의 상태를 일정하게 유지하여 체액의 항상성을 유지하도록 한다.

또한 신장은 비타민 D를 활성화시켜 칼슘과 인의 균형을 유지하며, 레닌(renin)은 염분을 조절하여 혈압 조절하고, 에리쓰로포이에틴(erythropoietin)은 적혈구의 신생을 촉진한다. 이 때문에 신장에 이상이 있을 경우 고혈압이나 빈혈이 생길 수 있다.

 임상적 중요성

1. 개와 고양이의 신장질환 발병 현황

개에서는 암, 심장질환에 이어 3위, 고양이는 암에 이어 2위의 사망 원인이 된다. 신장에 심한 이상이 있을 경우 90% 이상이 2~3년 이내에 사망하는 경우가 많다.

2. 신부전과 나이

만성 신부전은 모든 연령에서 발생한다. 신장질환은 나이와 많은 관계가 있는데 노령기일수록 위험성이 높기 때문에 주기적으로 신장의 기능이 정상인지 확인해야 한다. 5살 이전에 만성 신부전이 발생하는 경우는 대부분 유전적인 요인에 의한 경우가 많다. 신장질환이 많이 발생하는 품종으로는 개에서 라사 압소, 고양이에서는 아비시니안이 이에 해당된다.

3. 후천성 신장 질환

신독성을 일으키는 약물로는 항생제, 항진균제, 마취제, 심장약, 면역 억제제, 화학요법제가 있다. 부동액, 구토, 탈수 등도 원인이 된다.

노령기에는 이러한 약물에 의해 신독성을 일으킬 위험이 높은데 그 이유는 노령화가 될수록 신장 기능이 감소되어 여러 가지 약물이 일시적으로 신독성을 일으킬 수 있다. 약물을 흡수, 분배, 수송, 분비 기능은 노령화가 되면서 소화관 기능의 약화, 근육의 감소, 체지방의 증가, 신장 기능의 약화 등의 영향을 받는다.

4. 급성 신부전

신장의 기능에 이상 증상이 갑자기 발생하는 것을 말한다. 급성 신부전은 갑자기 신장의 수분과 전해질의 균형 조절 기능이 떨어져 신장 기능이 급격히 감소되어 결국 질소혈증이 된다. 치료가 가능하며 단기간의 예후는 좋지 않으나 장기간의 예후는 좋다.

대부분의 급성 신부전은 다른 질병과 같이 발생하는데 신독성에 의하여 탈수, 저혈압, 이영양증 등이 나타난다. 급성 심부전은 원인에 따라 신장 이전에 문제가 발생하는 신전성, 신장에 문제가 발생하는 신성, 신장 이후에 문제가 발생하는 신후성으로 구분한다. 신전성 급성 신부전은 쇼크와 심부전에 의한 저혈압, 심한 출혈, 구토와 설사 등에 의한 체액 손실이 원인이다. 신성 급성 신부전은 신전성이 지속되거나 패혈증, 신장 혈관 혈전증에 의한 허혈과 신장 대사 약물, 유기용매, 중금속, 살충제, 부동액, 렙토스피라 감염증에 의한 신장 손상이 원인이 된다. 신후성 급성 신부전은 방광, 요도, 요관의 요석이나 염증, 종양 등으로 인한 폐쇄나 파열이 원인이 된다.

5. 만성 신부전

표 13-1. 급성 신부전과 만성 신부전의 비교

내 용	급성 신부전	만성 신부전
병력	약물, 독소, 수술, 저혈량	다음, 다갈
뇨생산량	핍뇨	다뇨
빈혈	없음	존재
골이영양증	없음	존재
신장의 크기 및 형태	정상이거나 커짐	작아지고 불규칙해짐

만성 신부전은 장기간에 걸쳐 신장의 기능에 이상이 발생하는 것을 말한다. 네프론이 손상된 후 재생이 되지 않으며 손상된 네프론은 섬유화로 대체된다. 치료가 어렵고 단기간의 예후는 좋으나 장기간의 예후는 좋지 않다. 말기에는 정확한 원인을 알기 어렵다.

 개와 고양이 영양학

Ⅲ 평가

1. 애완동물의 평가

1) 병력

신장 질환이나 신부전에서 병력 청취는 대단히 중요하다. 급성 신부전인 경우 독성 원인에 노출된 후 수술이나 약물 요법 시행 후 식욕부진, 생기 감소, 구토, 설사, 운동 실조, 구취, 발작과 핍뇨/무뇨 또는 다뇨, 혈뇨 등이 나타난다. 만성 신부전인 경우 뼈의 약화, 빈혈, 다뇨/다음, 식욕부진, 무기력, 구토, 체중 감소, 변비, 설사, 급성 시력 약화, 발작, 혼수상태를 나타낸다.

2) 신체 검사

촉진에 의하여 신장의 크기를 확인할 수 있으며 치은염, 구취, 구강 궤양 등을 관찰할 수 있다. 혈압을 측정하여 고혈압 여부를 확인하고 망막의 이상 유무를 확인한다.

3) 실험실 검사와 기타 결과

실험실 검사는 뇨검사, 혈액 생화학적 검사, 신기능 검사가 있는데 이를 통하여 사구체 여과, 막의 선택투과력, 뇨농축, 뇨관 재흡수, 내분비 기능 다섯 가지를 알 수 있다.

① 사구체 여과

신장의 기능을 평가하는 가장 일반적인 것이 사구체 여과율이다. 혈액 내의 요소 질소(Blood Urea Nitrogen; BUN)와 크레아티닌 농도는 사구체 여과율 판단의 지표가 된다. 요소는 세포내액과 세포외액을 자유롭게 투과한다. 신장에서 사구체의 여과에 의해 배출되며 BUN의 농도는 사구체 여과율의 영향을 받는다. 개에서 식사 후 8시간 동안은 BUN 농도가 조금 증가된다. 임상적으로 소화기의 출혈, 발열, 기아상태에서 BUN이 증가한다. 저단백 식이는 BUN을 감소시킨다.

크레아티닌은 근육의 인 크레아티닌이 비효소적으로 분해되면서 만들어진다. 크레아티닌은 하루 동안 지속적으로 생산되며 근육과 관련이 있다. 혈장 크레아티닌의 농도는 BUN에 비하여 식이의 영향을 적게 받는다. 진행성 신부전에서 혈장크레아티닌의 농도는 근육의 감소로 사구체 여과율이 감소하여도 증가하지 않는다.

신장질환 말기에는 사구체 여과율이 조금 감소하기 때문에 BUN과 혈장 크레아티닌이 많이 상승한다. 만성 신부전의 초기에는 사구체 여과율의 수치는 변화가 크지만 BUN과 혈장 크레아티닌의 변화는 크지 않다. 만성 신부전의 말기에는 사구체 여과율의 수치는 변화가 크지 않지만 BUN과 혈장 크레아티닌의 변화는 크다.

② 막의 선택투과력

단백뇨는 막의 선택투과력을 나타낸다. 사구체병증에서 사구체 모세혈관 벽의 여과력이 감소되고 단백질 양은 증가하여 뇨에 존재하게 된다. 사구체 병증의 가장 흔한 원인은 단백뇨이다. 단백뇨는 개와 고양이에서 흔히 관찰된다. 일시적인 단백뇨의 원인은 요도계의 출혈이나 감염, 세뇨관의 재흡수 결함이고, 과다 단백뇨는 사구체 선택투과력에 이상이 생겨서이다. 단백뇨의 임상 증상은 정도와 상태에 따라 다르다. 고단백혈증이 있는 경우와 혈뇨나 요도계 감염, 단백뇨가 있는 경우 신장 질환을 의미하고 단백뇨가 심한 경우 사구체 질환에 의한다.

③ 뇨농축

뇨비중은 수분에 대한 뇨의 농도를 말한다. 정상적인 뇨비중의 범위는 개에서 1.001~1.070이고, 고양이에서 1.001~1.080이다. 뇨의 농축은 항이뇨 호르몬(Antidiuretic Hormone; ADH)의 영향을 받는다. 뇨의 농축 능력의 감소는 신기능 부전의 조기진단에 이용된다. 만성 신부전에서 간질성 삼투압 변화는 네프론당 이뇨 삼투압 때문에 감소한다. ADH에 대한 반응이 감소되고 삼투력과 뇨비중과 관련되어 뇨가 분비된다.

④ 세뇨관 재흡수

수분과 많은 물질이 세뇨관으로부터 재흡수 되어 세뇨관 주위 간질액이나 혈액으로 유입된다. 세뇨관에서 전해질, 아미노산, 수분, 당분 등이 정상적으로 재흡수 된다. 세뇨관 재흡수 이상은 하나 또는 여러 가지의 수송 과정에 이상이 생기는 것이다.

⑤ 내분비 기능

신장은 호르몬을 생산하고 변화시키고 퇴화시키고 이에 반응한다. 신장에서 생산하고 변화시키는 호르몬은 에리쓰로포이에틴, 칼시트리올, 레닌이다. 호르몬 생산에 변화가 생기면 식욕부진, 신장성 뼈 형성 장애, 고혈압, 빈혈 등이 생긴다. 신장에서 퇴화시키고 배출시키는 호르몬은 부갑상선 호르몬(Parathyroid Hormone: PTH), 갑상선 호르몬, 인슐린, 갑상선 자극 호르몬이다. 신장에 반응하는 호르몬은 심방성 나트륨 배설 펩타이드(Arterial Natriuretic Peptide; ANP), 알도스테론, ADH, PTH, 성장 호르몬이다. 신장의 내분비 기능은 혈장의 호르몬 농도나 호르몬의 활동성으로 알 수 있다.

⑥ 초음파/방사선

초음파와 방사선에 의한 요도계의 영상은 기능과 구조 질병의 위치를 평가하는데 유용하다. 방사선의 조사로 신장의 크기와 위치, 결석의 존재 여부 등을 확인할 수 있다. 방사선은 신장에 의한 뼈 형성 장애의 진단에 유용하다. 어린 개의 진행성 만성 신부전에서 두개골의 골감소증, 불규칙한 미네랄화 등을 볼 수 있다. 다낭성 신장 질환과 림프육종은 고양이에서 거대신장의 원인이 된다. 초음파검사는 요로조영술을 통해 신장의 배설 기능에 대한 정보를 얻을 수 있다. 수신증, 낭포 형성, 신우신염 등의 진단에 유용하다.

4) 위험 요인

① 품종/유전

유전적인 요인에 의한 신장병증은 존재하는데 대개 태어났을 때 신장의 기능은 정상이지만 수년 내에 이상을 나타내는 경우가 많다. 5년 이내 만성 신부전이 발생하였을 경우 유전적인 영향이 많다. 신장질환을 잘 나타내는 개의 품종으로는 코카스파니엘, 바센지, 골든 리트리버, 라사 압소, 시추, 노르웨이 엘크하운드, 비글, 휘튼 테리어, 불테리어, 도벨만, 로트와일러, 차우차우, 푸들, 사모이드, 버니즈 마운틴 독 등이 많이 발생한다. 고양이에서는 러시안 블루, 버미즈, 아비시니안, 메인 쿤, 샴에서 다른 종에 비하여 신부전 발생률이 두 배가 된다.

② 감염

렙토스피라증은 급성 신부전의 원인이 되는데 신장 손상 시 *Leptospira pomna*와 *L. gripotyphosa*가 검출된다. 성장기에 요도기에 감염이 있을 경우 신장의 손상을 초래하며 성장 후에도 발병률이 높아진다.

③ 약물

신장 독성을 일으키는 약물로는 아미노글리코사이드(Aminoglycoside), 설폰아마이드(Sulfonamide), 테트라사이클린(Tetracycline)과 같은 항생제, 메톡시플루란(Methoxyflurane), 엔플루란(Enflurane)과 같은 마취제, 암포테라신 B(Amphoteracin B)와 같은 항진균제, 아스피린(Aspirin), 아세토아미노펜(Acetoaminophen), 이부프로펜(Ibuprofen), 페닐부타존(Phenylbutazone)과 같은 진통제, 시스프란틴(Cisplantin), 메토트락세이트(Methotraxate), 다우노루비신(Daunorubicin)과 같은 화학요법제, 캡토프릴(Captopril)과 같은 심장약, 페니실라민(Penicillamine)과 같은 면역 억제제 등이 있다.

④ 노령화

만성 신부전은 모든 나이에서 발생하지만 나이를 많이 먹을수록 신장에 문제가 발생하기 쉽다. 노령인 개는 신장에 독성을 일으키는 약물에 의해 신장 기능이 떨어져 있기 때문에 약물에 의한 신장독성을 일으킬 위험이 높다. 약물의 흡수, 분배, 수송, 분비의 기능은 소화기관의 위축, 근육의 감소, 체지방의 증가, 신장 기능의 감소로 인하여 악화된다.

⑤ 허혈

허혈은 신장의 손상을 초래하는 원인은 쇼크, 전신 혈관 확장, 신장 혈관 혈전, 심장 박출량 감소, 마취나 혈액 손실에 의한 저혈압, 혈액의 점도 증가, 혈관 내 응고, 신장의 프로스타글란딘 생산 감소 등에 의한다.

5) 발생 요인

신장의 손상 기전은 여러 가지 원리가 복합적으로 작용하여 이루어지는데 사구체 모세혈관의 고혈압과 사구체 여과 증가, 신장의 암모니아 생산 증가, 신장의 산소 소비량 증가, 이차적인 신장성 부신 기능항진증, 보상성 신장 성장(비후), 대사성 산증 세뇨관 간질의 변화, 뇨농축 등이 있다. 이러한 결과에 의한 질소혈증, 단백뇨, 고혈압이 발생하고 결국은 신부전으로 인하여 사망에 이르게 된다.

① 사구체 모세혈관의 고혈압과 사구체 여과 증가

사구체가 감소되면 파괴되지 않은 잔여 사구체의 여과하는 능력이 증가한다. 사구체에서 여과율이 증가하면 이에 동반하여 사구체 과다 여과가 일어나고 사구체 내의 혈액 운동성이 변하고 단백질은 맥관막을 통하여 분비된다. 이 단백질은 맥관 세포를 증식시키고 기질을 생산하여 결국 사구체 경화를 일으키게 된다. 사구체 모세혈관의 고혈압은 사구체내의 혈액운동성 인자를 자극하여 사구체 손상을 초래한다. 이에 대한 보상작용으로 하나의 사구체당 사구체 여과는 증가하고 신장 혈장의 흐름은 체내 항상성 유지를 위해 도와주게 되지만 장기화되면서 섬유화되고 신장 손상을 초래하게 된다.

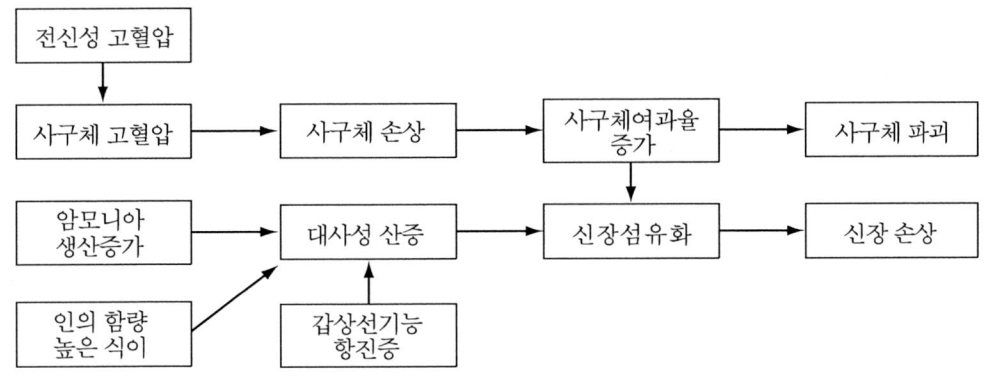

● 그림 13-1. 신장 손상 요인들

② 신장 암모니아의 생산 증가

신장에서 암모니아를 생산하면서 산성으로 만들고 여기서 필수적으로 산-염기 평형을 조절한다. 암모니아 생산은 신장의 기능을 감소시킨다. 암모니아의 총생산량은 감소하지만 각 사구체당 암모니아 생산량은 증가한다.

세뇨관 사이에 질환이 있을 경우 암모니아와 작용하여 저칼륨성 신장병증을 유발한다. 만성 칼륨 고갈은 암모니아 합성을 자극하고 칼륨 결핍은 암모니아 합성에 영향을 주어 만성 대사성 산증을 일으킨다.

광범위한 간질성 섬유화는 신장질환의 말기에 발생한다. 세뇨관 간질의 손상은 더 많은 암모니아 생산을 요구하게 되고 손상은 더욱 심해진다. 식이성 단백질 감소와 알칼리 성분을 보충할 경우 신장의 산성에 의한 세뇨관 과다 여과와 신장의 암모니아 생산 둘 다 감소한다.

③ 신장의 산소 소모량 증가

신장은 염분의 재흡수를 하는 과정에서 산소가 많이 소모된다. 신장의 손상은 파괴되지 않은 사구체당 여분의 재흡수량이 많아지고 산소를 소모시킨다. 신수질부의 저산소증은 급·만성 신장 손상이 되게 하는 잠재 요인이 된다. 신수질 부위는 혈장 삼투압의 4배 이상 뇨를 농축시켜 체내 수분 조절 역할을 한다. 수질의 뇨가 농축되어 있다는 것은 혈관과 세뇨관에서 염분을 많이 흡수했다는 것을 의미한다. 수질의 산소 소모는 주로 수질 부위의 상행 루프에서 이루어진다.

④ 인의 저류와 부갑상선 기능항진증

인의 저류와 일차적인 부갑상선 기능항진증은 신장 손상을 진행시킨다. 그리고 부갑상선 호르몬(Parathyroid Hormone; PTH) 분비로 간질성 신장염과 신장에 칼슘을 침착시킨다. 이차적인 갑상선 기능항진증은 만성 신부전을 유발시킨다. 그러나 PTH의 합성을 억제하는 순환 비타민 D를 감소시켜 고칼슘 혈증과 신장 실질의 감소로 신장에서 비타민 D의 합성이 감소된다.

고인혈증과 갑상선 기능항진증은 대사성 산증을 일으키고 구연산 생산을 감소시켜 구연산 재흡수를 증가시키고 근위세뇨관에 구연산 농도를 감소시킨다. 세뇨관에서 구연산이 감소되고 인이 증가하면 세뇨관에서 인이 침전된다. PTH 수치가 증가하면 칼슘이 증가하고 칼슘의 증가는 구연산의 역할을 감소시켜 칼슘에 대한 세포 손상 가능성이 증가한다.

식이성 인의 감소는 사구체 여과율을 감소시키고 신성 갑상선 기능항진증을 예방하거나 그 이전의 상태로 환원시킨다.

⑤ 고혈압

신부전은 전신성 고혈압에서 가장 흔히 나타나는 질병이다. 신부전은 고혈압의 원인이 되고 고혈압은 신부전의 원인이 되기 때문에 신장질환 시 고혈압 여부를 확인해야 한다. 전신성 고혈압은 많은 말단부의 조직에 손상을 준다.

⑥ 대사성 산증

신장의 암모니아 생산은 산의 분비를 증가시키고 대사성 산증은 암모니아 생산과 연관된다. 대사성 산증은 요독증보다 단백질 이화작용을 자극한다. 대사성 산증은 질소 균형에 역으로 작용하고 근육 단백질을 감소시키고 제지방조직의 손실이 일어나도록 한다. 단백질 이화작용에서 신장성 암모니아 생산이 이루어진다. 신세뇨관에서 글루타민을 암모니아로 바꿔준다. 암모니아는 수소 이온의 흡수로 뇨 완충의 중심 역할을 한다.

6) 중요한 영양 요인

식이 관리는 개와 고양이의 만성 신부전 환자의 약물 치료에 중요한 역할을 한다. 식이 관리의 목표는 요독증의 증상을 예방, 완화시키고 미네랄과 전해질 불균형에 의한 증상을 최소화하고 만성 신부전의 진행을 늦추는 것이다.

① 수분

수분의 균형은 섭취된 수분의 양과 대사로 생성된 양이 배출되는 양과 동일하다. 수분의 양은 섭취한 수분, 음식에 포함된 수분, 대사에서 형성된 수분에 의해 결정된다. 수분의 배출은 소화기, 호흡기, 피부, 비뇨기를 통해 이루어진다. 배출되는 수분의 조절에 제일 많은 역할을 하는 곳이 비뇨기계이다. 수분 섭취량이 많으면 배출량이 많아지고 수분 섭취량이 적어지면 뇨를 농축시킨다. 신장 질환은 뇨를 농축시키는 능력이 떨어지게 되고 뇨가 농축되면 신장의 손상이 일어나는 악순환이 반복되기 때문에 수분을 충분히 먹도록 하여 뇨의 농도를 낮추는 것이 좋다.

② 인과 칼슘

신장 기능이 떨어진 경우 인의 분비가 감소되기 때문에 혈장의 인을 농축시키고 칼슘 이온이 떨어짐으로 인한 부갑상선 기능항진증이 발생하기 쉽다. 때문에 신장질환에서 부갑상선 기능항진증을 예방하거나 감소시키고 골이영양증을 예방하거나 감소시키는 것이다.

신장성 골이형성증은 신장질환의 말기에 뼈와 미네랄의 문제로 인해 뼈의 재형성에 이상이 생겨 발생한다. 만성 신부전에서 뼈의 변화는 골이영양증, 섬유골염, 골연화증, 골경화증, 골감소증 등 여러 가지 형태로 나타난다. 골연화증은 유골 접합부의 범위가 넓어지고 미네랄 침착이 감소된다.

신장의 기능이 인이 많이 함유된 식이를 급여했을 경우 더 빨리 손상되는 것을 알 수 있다.

③ 단백질

신장 질환의 관리에서 식이에 의한 영향을 주는 것 중 하나는 단백질의 대사에 의한 단백질 대사산물이 농축되어 요독증에 영향을 미치는 것이다. 식이 단백질의 과다 섭취는 간에서 대사를 거쳐 요소와 다른 질소 화합물로 되어 신장으로 배설된다. 신장의 기능이 감소되면 이러한 화합물이 농축된다. 신장 기능의 이상 시 영양 관리의 목표는 질소의 평형을 유지하고 단백질 섭취량을 감소시켜 대사산물의 농축을 예방하는 것이다. 식이성 단백질의 섭취를 감소했을 경우 신부전의 발병과 신장질환에 의한 사망 요인이 감소되었다.

④ 지방

식이성 지방은 혈소판 응고, 섬유 분해 활동, 면역 반응, 혈압과 같은 신장 질환의 진행에 영향을 준다. 콜레스테롤과 중성지방의 증가 등에 의한 고지혈증은 신부전의 원인이 된다.

에이코사노이드는 세포막 내에 존재하는 다가 불포화 지방산으로 전구물질은 아라키도닉산이다. 개에서 아라키도닉산은 리노레익 산로부터 유래되지만 고양이는 리노레익산을 아라키도닉산으로 분해하는 효소가 부족하기 때문에 필수적으로 공급해주어야 한다.

오메가-3 지방산은 신장의 에이코사노이드를 증가시켜 신장 고혈압을 감소시키고 사구체 여과를 증가시킨다. 식이성 오메가-3, -6 지방산의 섭취는 신장 질환을 개선시키는데 도움이 된다.

⑤ 에너지

신장 질환이 있는 경우 정상적인 경우와 비슷한 에너지가 필요하다. 신장 기능 저하 시 식욕의 저하로 인하여 에너지 섭취량이 감소하는 경향이 있기 때문에 칼로리의 농도를 증가시키는 것이 좋다.

⑥ 산성 식이

대사성산증은 신부전과 밀접한 관계가 있으며 산의 배출 능력이 떨어진다. 신부전인 고양이에서 80% 정도가 대사성산증이 있다. 이 때문에 알칼리화 시킬 수 있는 식이를 급여하는 것이 좋다. 일반적으로 동물성 단백질은 산성화시키는 경향이 있다.

2. 식이의 평가

신장 질환이 있는 경우 식이는 신장에 영향을 주는 앞에서 기술한 각 영양소를 고려하여 선택해야 한다. 칼로리의 정도는 비만과 야윔 등의 상태를 확인한 후 결정한다.

3. 식이 방법의 평가

만성 신부전에서 식이 방법은 중요하지 않다. 그러나 수분의 섭취, 식이 섭취량, 다른 식이의 첨가 등은 평가되어야 하며 가능하면 칼로리 충분히 섭취할 수 있도록 여러 가지 방법을 취한다.

IV 식이 계획

신장 질환이 심한 경우 식욕 부진, 구토, 설사를 한다. 이럴 경우 수액요법을 통하여 수분 공급과 전해질의 균형을 유지하는 것을 우선적으로 고려해야 한다.

1. 식이의 선택

신장 질환에서의 식이는 임상 증상을 완화시키고 신장의 기능을 유지하며 질병의 진행을 완화시키는 것이다. 이를 위해서 인, 단백질, 염분의 과다와 산성 식이를 피한다.

단백질이 과다한 경우 단백질 대사산물이 과다 형성되어 신장성 단백뇨 존재, 뇨농축 능력 상실, 질소혈증을 유발하여 신장 질환을 악화시킨다. 단백질을 제한한 경우 만성 신부전의 진행을 완화시키거나 막아준다. 그러나 지나치게 단백질이 제한된 식이를 장기간 급여한 경우 단백질 결핍 상태를 확인해야 한다. 적정량의 단백질을 공급하고 비단백질성 칼로리를 공급한다. 이런 상황에서는 BUN과 혈청 크레아티닌의 비율을 관찰해야 한다.

인의 함량을 감소시킬 경우 신장성 이차 부갑상선 기능항진증과 뼈 이영양증의 예방과 치료에 중요한 역할을 한다. 부갑상선 기능항진증에서 인과 결합 물질 공급, 칼슘 영양제, 칼시트리올을 공급하는 것도 효과적이다. 영양 관리 목표는 식이성 인과 소화관에서 인의 흡수를 감소시키는 것이다. 인이 많이 함유된 사람 음식은 피한다. 칼슘을 함유한 염류는 고칼슘혈증을 일으킬 수 있기 때문에 혈중 칼슘 농도를 주기적으로 체크해야 한다.

대사성 산증은 수소 이온의 체액으로 유입되는 양과 배설되는 양의 불균형 때문이다. 산성 식이의 섭취는 수소 이온을 체액으로 유입시킨다. 수소 이온의 분비 실패는 신장 기능을 감소시킨다.

식이성 섬유소는 소화관, 특히 대장에서 발효된다. 세균의 발효에 의해 생산되는 단백질은 변으로 배출이 되기 때문에 BUN이 감소하고 요소의 뇨분비가 감소된다. 발효성 섬유소는 단백질과 지방의 소화력을 떨어뜨리는 효과가 있어 이로 인하여 신장의 부담을 완화시키는 효과가 있다.

염분의 함량이 높을 경우 염분이 과다 분비되기 때문에 사구체 여과율을 높이고, 신장 혈관을 수축시키고, 고혈압을 유발하기 때문에 신장의 손상을 더욱 악화시킨다. 염분을 제한하면 신장 질환의 진행을 완화시킬 수 있다.

질산은 혈관 내피세포에서 L-아르기닌으로부터 유래된다. 질산은 혈관을 확장시켜 혈압조절 작용을 한다. 아르기닌을 투여할 경우 고혈압을 예방할 수 있다.

칼시트리올(calcitriol; 1,25-dihydroxyvitamin D)은 이차적인 부갑상선 기능항진증의 병리적인 원인에 중요한 역할을 한다. 신장 질환에서 순환하는 칼시트리올이 감소되어 PTH 분비가 증가된다. PTH의 분비 증가는 신부전을 악화시키는 역할을 한다. 그러므로 칼시트리올을 첨가해 주는 것이 좋다.

신부전이 있는 경우 식욕 부진, 구토, 설사, 다뇨로 인하여 비타민 B가 부족해지기 쉽다. 티아민과 나이아신의 결핍 시 신부전에서 식욕 부진이 된다. 신부전에서 식욕 부진이 있는 경우 비타민을 첨가한다.

미네랄은 만성 신부전의 진행에 깊이 관여한다. 만성 신부전에서 미네랄은 과다하거나 부족하지 않도록 주의해야 한다.

2. 식이 방법의 결정

사료는 수일에서 수 주일에 걸쳐서 교환하도록 한다. 이는 사료에 대하여 적응하고 갑작스런 뇨의 염분량의 변화로 신장 기능 장애가 생기는 것을 예방하기 위해서다. 신장 질환에서 단백질과 미네랄이 제한된 식이를 거부하는 경우도 있다. 이러한 이유는 신부전이 심해져 식욕이 감소하거나 약물로 인하여 식욕이 감소된 경우이며 환자와 보호자의 잘못된 식습관으로 인하여 식욕이 까다로운 경우이다. 이때는 순화급식을 시행하여 식이를 서서히 바꾸도록 한다.

식이를 바꿀 경우 각각 식이의 에너지 농도가 다르다. 식이 횟수는 하루 두 번이나 그 이상 급여한다. 보통 다른 식이는 피하는 것이 좋다. 요독증이 있는 경우 식욕 부진과 매스꺼움이 있기 때문에 소량씩 여러 번 나누어 주는 것이 좋다. 예민한 동물인 경우 조용한 곳에서 식사를 하도록 배려한다.

 제13장 신장질환

V. 지속적인 관리

신부전을 치료중인 환자는 탈수, 전해질의 불균형, 대사성 산증을 관리하는 것이다. 신장의 기능을 확인할 수 있는 임상 검사를 주기적으로 시행하여 비정상적인 사항을 수시로 관찰한다.

고혈압이 있는 개와 고양이에게 염분의 과잉 공급은 피한다. 혈압이 정상일 경우 이뇨제를 사용한다. 그러나 탈수가 있는 경우는 사용하지 않는다.

CHAPTER 14 개의 요석증 (Canine Urolithiasis)

I 개요

1. 요석증 개요

요석증은 개와 고양이에서 흔히 있는 질병이다. 요석증의 증상은 근본적인 조직 이상이나 비뇨기의 구조 및 기능의 장애가 발생한다. 요석증은 단일 증상보다 여러 가지 증상이 같이 나타난다. 정확한 진단을 위하여 요석을 검출하고 그 원인물질을 확인해야 하는데 이를 위하여 환축의 식이, 혈청, 뇨 중 미네랄 농축, 결정체 촉진제, 결정체 억제제 그리고 그들의 상호작용에 의해 정확하게 진단이 되고 요석증을 치료, 예방할 수 있다.

2. 요석의 발생 현황

개에서 요석의 발생은 성장기에 발생률이 낮지만 노령화되면서 많이 발생한다. 특히 수산 칼슘 요석은 노령화되면서 많이 발생한다.

1980년대 초반에는 스트루바이트 요석이 80% 정도 차지했지만 최근에는 40%를 조금 넘는 정도로 감소되었으며 수산 칼슘 요석이 40%보다 약간 낮은 상태로 발생되고 있다. 다른 요석의 비율은 변화가 거의 없다. 이러한 변화는 스트루바이트 요석 예방을 위한 사료의 배합과 육류의 섭취 증가 때문으로 추정하고 있다. 국내에서도 이와 비슷한 양상으로 발생하고 있다.

요석의 존재 위치는 90% 이상이 방광이나 요도에 존재하며 신장이나 요관에는 5~10%를 차지하고 있다. 또한 신장이나 요관에 존재하는 요석은 수산 칼슘 요석이 대부분인데 그 이유는 신장의 이상에 의해 칼슘의 분비가 증가하기 때문이다.

개에서 요석증의 발생률은 증가하고 있습니다. 하부요도계 질환 중에 20% 이상에서 요석을 관찰할 수 있다. 수산 칼슘 요석은 슈나우져, 라사압소, 테리어 종류에서 많이 발생하고,

요산염 요석은 달마샨, 잉글리쉬 불독에서 많이 발생하고, 시스틴을 함유한 요석은 닥스훈트, 잉글리쉬 불독, 치와와에서 많이 발생한다. 스트루바이트 요석은 슈나우져, 비콘 프라이스, 푸들에서 자주 발생한다. 달마샨을 제외하고 대형 품종보다 소형 품종에서 많이 발생한다. 수컷에서의 발생률이 암컷에 비하여 높은데 60%를 넘는다.

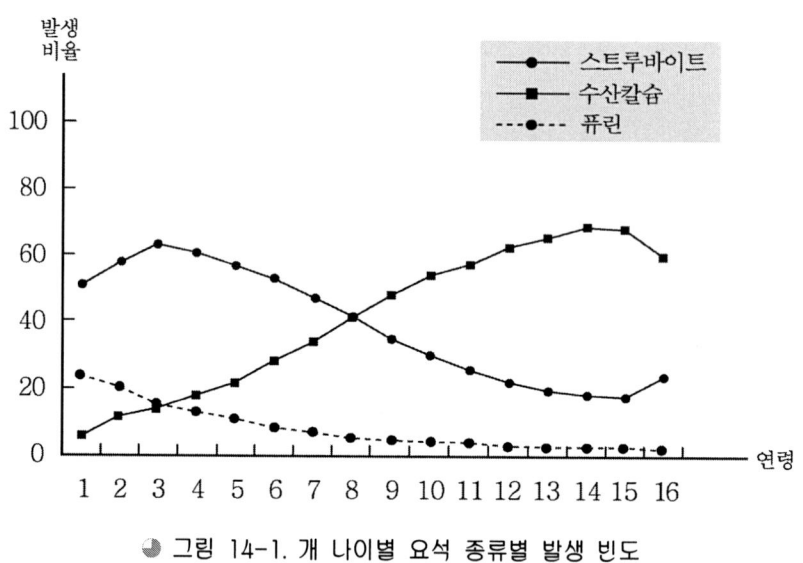

그림 14-1. 개 나이별 요석 종류별 발생 빈도

II. 요석의 형성

1. 요석의 발생과 성장

요석 형성은 발생기와 성장기로 구분되며 발생기는 요석의 형태에 따라 다르게 나타난다. 발생기에는 핵의 형성으로 시작하며 이를 핵화라 하며 이 시기에는 결정체가 농축이 되는 시기이다. 뇨의 고농축은 결정물질의 뇨배출량, 뇨pH, 결정체 억제제나 촉진제의 영향을 받는다. 요석 형성 물질의 발생에 대한 이론은 결정체 과포화 이론, 기질-핵화 이론, 결정체 억제제 이론이 있으며 이 세 가지 이론은 각각 다른 요인으로 작용한다. 결정체 과포화 이론은 요석을 형성하는 결정물질이 뇨에 과다하게 고농축 되어 요석 형성의 주된 원인이 된다. 과포화의 원인은 미네랄의 과다 섭취와 미네랄의 세뇨관 재흡수 감소, 세균 감염에 의한 암모늄과 인 이온의 생산 증가에 의한다. 고농축된 용액은 결정 물질을 촉진시켜 핵화를 유도한다. 기질-핵화 이론은 조직 기질이 요석을 형성하는 것으로 조직 기질이 핵으로 발전되고 결정물질의 형성을 촉진하여 요석을 형성하는 것이다. 그러나 기질이 차지하는 비율은 대개 5%를 넘지 못한다. 결정체 억제제 이론은 결정체화에 영향을 미치는 억제제의 감소로 결정체가 농축되기 때문에 요석 형성률이 높아진다. 억제제는 결정체의 성장과 응집을 최소화 하는데 중요한 역할을 한다. 이 세 가지 이론 모두 뇨의 고농축이 결정체화에 중요한 역할을 하며 대부분 세 가지 요인이 같이 존재하여 결정체를 형성하는 데 영향을 준다.

결정체의 핵화와 성장에 영향을 주는 것은 뇨의 비뇨기관 내에 남아있는 정도, 핵내에 동일하거나 다른 결정체가 고농축 되는 정도와 기간, 핵의 생리학적 특징에 따라 차이가 난다.

2. 핵화

핵화는 요석 형성의 초기상태를 말하며 현미경상으로 결정질의 응집이 보이는 상태를 말한다. 결정체는 결정물질들이 일정하고 주기적으로 배열되고 격자모양의 상태를 말하며 결국 요석으로 성장하게 된다. 핵화는 단일 물질성과 이형 물질성으로 구분이 된다. 단일 물질성 핵화는 이물질이 없이 뇨가 고농축 되어 자발적으로 발생하기 때문에 핵은 단일물질이다. 이형 물질성 핵화는 알부민, 글로부린, 점액단백질, 봉합물질, 조직 파편, 내재 카테타 등과 같은 핵과 다른 성분이 결정체가 형성되는 것으로 뇨에 화농 등이 많으면 형성된다.

과다포화 용액은 많은 결정 물질을 가지고 있으며 이 시기에 침전물을 현미경으로 관찰할 수 있다. 결정체는 양이온과 음이온의 상호작용으로 중성의 성격을 가진다. 순수한 물은 요석을 용해시킨다. 수분을 충분히 섭취하면 용해되어 요석의 형성을 예방해 준다. 만약 과다포화 상태가 되면 미네랄 이온이 많아지고 혼합되어 결정체가 형성된다. 결정체가 형성된 후 주변의 자유 이온은 결정체에 흡수된다. 결정체는 이온을 고갈시킬 때까지 성장이 계속된다.

저포화 용액은 결정물질의 양이 더해지는 것이 충분하지 않기 때문에 요석이 용해된다. 포화 용액은 평형을 이루고 있는 상태를 말하며 결정체의 뇨 중 용해 상태는 pH, 이온의 강도, 온도 등의 영향을 받는다. 과포화 용액은 결정물질이 많이 함유되어 있으며 결정체가 용해되고 형성되는 중간 상태이다.

III 동물의 진단

1. 병력과 신체 검사

환자의 병력은 요석의 해부학적 위치, 요석의 존재 기간, 요석의 생리학적 특징(크기, 모양, 수), 이차감염과 감염조직의 독성, 요도와 다른 조직의 수반되는 질병 등의 영향을 받는다. 요석증의 진단은 병력과 신체 검사 후에 질병의 상태를 확인한 후 이루어져야 한다. 요석이 있는 환자는 식이와 간식에 대하여 조사하고 영양제 및 약물 등에 따라 요석의 종류가 여러 가지로 나타난다. 하부 비뇨기계 질환은 식욕 부진, 간질성 방광염, 복부 통증, 배뇨 곤란, 이급후증, 혈뇨, 범람뇨실금, 폐쇄 등의 증상이 나타난다. 상부 비뇨기계 질환은 무통성 혈뇨, 다뇨, 복부 통증, 폐쇄 또는 파열 등의 증상이 나타난다. 그러나 많은 요석증에서 임상증상이 나타나지 않는다. 특별히 신장 요석에서는 증상이 나타나지 않는 것이 보통이다. 감염이나 폐쇄가 있을 경우 신장 부위에 통증이 있고 신장이 종대된다.

2. 임상 진단

1) 뇨분석

뇨분석은 감염의 형태에 따른 증상에 따라 다르게 나타난다. 요소 분해 효소를 생산하는 세균(Staphylococci, Proteus spp. Ureaplasma)은 감염성 스트루바이트 요석 형성의 원인이 된다. 요석이 있는 경우 뇨배양이 필요한데 그 이유는 세균의 종류에 따라 요석의 성분을 판단하며 치료를 위한 항생제 선택에 필요하기 때문이다.

요석증이 있을 경우 뇨pH를 확인하는 것은 변수가 많이 있지만 요소 분해 효소를 생산하는 세균에 감염이 되면 알칼리로 된다. 뇨pH는 식이 섭취의 시간 경과, 양, 종류에 따라 변화가 많기 때문에 뇨pH 한가지만으로 진단하기는 어렵다. 하지만 일반적으로 스트루바이트와 인산 칼슘 요석은 알칼리이며, 요산 암모늄, 요산염, 수산 칼슘, 시스틴, 규산염 요석은 산성이다. 요석의 용해와 예방을 위한 약물요법을 시행하기 위하여 요결정의 검사가 이루어져야 한다. 요결정의 평가에 도움이 되는 것은 요석 형성 원인의 파악, 요석의 미네랄 성분의 평가, 요석의 예방과 용해의 효과에 대한 평가를 위해서다.

시스틴, 요산 암모늄 요석은 주로 임상 증상이 없이 발견이 되며, 수산 칼슘, 스트루바이트 결정체는 커다란 상태로 보이는 경우가 많기 때문에 신선한 뇨를 채취 하여 결정체를 현미경으로 검사하는 것이 미네랄의 종류를 진단, 예후, 치료를 판단하는데 중요하다. 초기에 치료하는 것이 더 쉽기 때문이다.

뇨 결정체의 현미경 검사 하나로 얻어지는 미네랄 성분으로 환자의 요석증을 확진하기 어렵다. 오직 정량분석에 의한 전체 요석의 미네랄 조성은 정확한 정보가 된다. 하지만 요석의 제일 바깥 층 부위의 미네랄 성분은 짐작할 수 있어 요석의 용해와 예방을 위한 약물요법을 시행하는데 유용하다.

2) 방사선과 초음파 검사

요석이 있는 경우 방사선과 초음파 검사를 하는 첫 번째 이유는 요석의 위치, 수, 강도, 형태 등을 파악하기 위해서이다. 하지만 요석의 크기와 수가 치료에 중요한 위치를 차지하지 않는다. 요석의 크기, 수, 위치, 미네랄의 성분은 방사선과 초음파의 영상에 영향을 미친다. 대부분의 요석은 직경이 3mm보다 크며 복부 방사선과 초음파에 의해 방사선 강도는 각각 다르게 나타난다. 매우 작은(직경이 3mm 이하) 요석은 방사선과 초음파로 보기가 어렵다. 직경이 1mm 이상인 요석은 방광 이중조영법으로 확인할 수 있지만 과다한 방사선 조영제는 사용되지 않는다.

요석별로 방사선 투과력에 차이가 있는데 수산 칼슘, 스트루바이트, 실리카, 시스틴, 요산 암모늄 순으로 방사선 사진에 진하게 나타난다.

3) 혈액 검사와 생화학 검사

요석이 있는 개의 혈액상은 신장과 전립선의 감염에 의한 백혈구 증가증이 있는 경우를 제외하고 대부분 정상으로 나타난다.

요석증의 결정은 뇨의 생화학적 평가에 의한다. 최상의 결과는 샘플을 24시간을 두고 채취한 뒤 최소한 하나 또는 적어도 두 개 정도 얻는 게 바람직하다. 그 이유는 정확히 24시간이 지나면 대사성 부산물이 발생하기 때문이다.

식이를 섭취할 때 대사성 알칼리화 되는데 이를 보통 식후 알칼리화 시기라 부른다. 산성화 물질 없이 뇨pH가 증가하는 것은 식이의 영향 때문이다. 실험 결과는 집에서 먹이던 것과 다른 식이를 먹였을 때 다르게 나타난다. 그러므로 병원에서 채취하여 진단할 때는 집에서 먹이던 식이와 급여 시기를 확인해야 한다.

4) 요석 분석

방광과 요도 내에 작은 요석은 암컷과 가끔 수컷에서도 뇨에 섞여 나오는 경우도 있다. 요석 중 부드러운 표면인 경우가 거친 표면인 경우 보다 요관을 통과하기 쉽다. 작은 요로 방광결석은 뇨수분추출법(urohydropropulsion)을 이용한다. 만약 요석이 육안으로 관찰이 되면 분석하기 충분한 양이 된다.

① 카테타를 이용한 요석 제거 및 채취

작은 요로방광결석은 분석을 위해 요도 카테타를 통해 채취할 수 있다. 카테타의 말단 개구부는 요석의 검사를 위하여 가위나 칼을 이용하여 확대시키는데 요도나 방광에 삽입하거나 제거할 때 끝이 약해지거나 부러지지 않도록 주의한다. 환자를 측면으로 누운 상태에서 윤활유가 칠해진 카테타를 요도를 통하여 방광으로 삽입한다. 만약 방광이 팽창되지 않을 경우 생리식염수(0.9%)를 이용한다. 제거할 동안 복부를 강력하게 반복하여 상하로 흔들어준다.

② 뇨 결정체의 분석

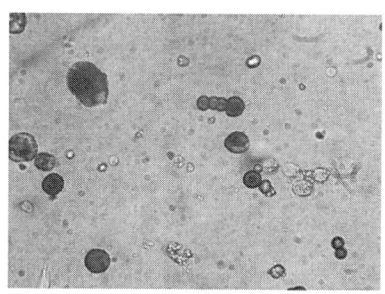

요석의 미네랄 성분을 추정하기 위해 원심분리기를 이용하여 현미경으로 관찰한다. 요석이 아직 형성이 되지 않았더라도 결정체의 분석으로도 요석의 미네랄 성분을 파악할 수 있다. 요석의 성분이 혼합되는 경우도 흔히 있기 때문에 다른 임상 증상에 대한 자료도 검토하여 판단해야 한다. 그러나 요석이 존재하더라도 결정체가 검출되지 않을 수도 있다. 수산칼슘 요석에서는 60% 정도, 스트루바이트를 포함한 다른 요석에서는 90% 정도 결정체를 관찰할 수 있다. 결국 결정체가 없다고 해서 요석이 없다고 할 수 없으며 결정체가 있다고 해서 요석이 존재하는 것은 아니다.

③ 요석의 정량 분석

요석의 핵 부분은 요석의 형성 요인이지만 바깥층과 다르게 분석해야 한다. 정성분석은 많이 추천되지 않는데 요석의 성분에 대한 화학 기호와 이온에 대한 것만 찾아내기 때문이다. 그리고 각각의 화학 성분에 대한 함량이 나오지 않기 때문이다.

정확한 요석증의 진단을 위해서 정량 분석을 통한 층별 분석이 필요하다, 이를 통하여 용해와 예방을 위한 여러 가지의 방법을 결정할 수 있다.

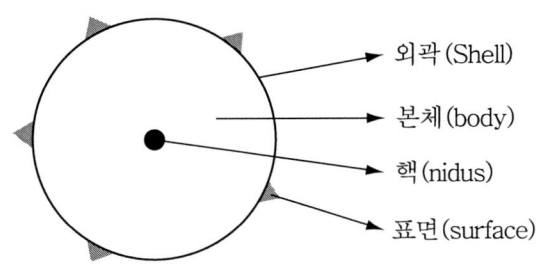

● 그림 14-2. 요석의 단면도

④ 뇨배양

세균이 요석 내에서 발견되는 경우 처음 요석이 발생했을 때 감염이 있는 경우이며 요도계 감염이 재발되기 쉽기 때문에 요석 내에 세균이 존재할 경우 장기간 관리가 필요하며 항생제 감수성 검사도 필요하다.

⑤ 요석 성분의 추측

요석의 용해를 위한 효과적인 약물요법은 요석의 성분을 확인 후에 시행하도록 한다. 그 이유는 개에 생기는 요석과 신장 결석의 형태가 여러 가지이기 때문이며 요석의 미네랄 성분에 따라 권장되는 영양 관리 및 치료 방법이 다양하기 때문이다.

3. 치료

요도 폐쇄가 있을 경우 카테타를 삽관하거나 방광 천자술을 이용하여 방광의 압력을 감소시키거나 요석의 위치를 이동시킨다. 응급시에는 수술을 통하여 제거한다. 신후성 질소혈증이 있는 경우 수액요법 및 전해질 교정을 같이 시행한다.

세균 감염이 있을 경우 항생제 치료를 하며 약물과 식이에 의해 용해하는 방법과 수술에 의한 방법의 장단점을 비교하여 효과적인 방법을 선택한다. 식이요법을 시행할 경우 중간 점검 없으면 실패할 가능성이 많다. 장기간 진행되는 경우도 많이 있기 때문에 쉽게 포기하지 않도록 한다.

요석의 크기가 작아 요도의 가장 좁은 부위를 통과할 수 있는 경우 뇨수분추출법(Urohydropropulsion)을 시행한다. 표면이 부드러운 경우가 통과하기 쉽다. 진정제를 투여하여 근육을 이완시키고 카테타를 이용하여 방광으로 생리식염수를 주입한다. 동물을 직립자세로 세운 다음 복부 촉진을 통하여 방광을 흔들어 준다. 요석이 방광삼각부로 모이게 한 뒤 방광에 압력을 가하여 배뇨가 되도록 한다. 이 과정을 여러 번 반복하고 방사선이나 이중조영법을 통하여 요석이 완전히 제거되었는지 확인한다.

4. 예방

요석의 재발 예방을 위해 요석 성분을 정확하게 파악하고 이에 적절한 식이조절, 약물요법, 충분한 수분의 공급이 필요하다. 식이 조절과 약물 요법은 요석의 미네랄 성분에 따라 다른데 미네랄 성분이 뇨를 통해 배출되는 요인들을 감소시키며 요석이 발생하기 쉬운 뇨pH가 되지 않도록 조절해준다. 알칼리성에서 발생하기 쉬운 스트루바이트 요석은 산성화시키고 수산 칼슘 요석과 같이 산성에서 발생하기 쉬운 요석은 알칼리화 시키면 효과적이다.

요석의 재발 예방을 위해 수분을 가능하면 많이 공급하는 것이 좋다. 개에서 수분의 섭취도 요석에 영향을 미치는데 뇨비중을 1.020이하로 낮추도록 한다. 급여 식이에 염분을 첨가하면 갈증이 증가하여 뇨량이 증가하는 효과가 있지만 고혈압과 같은 심장 질환 위험요소도 갖게 된다.

이와 같이 뇨의 양은 증가하지만 염분이 증가하면 뇨내에 칼슘 분비가 증가하여 수산 칼슘과 인산 칼슘요석이 생길 위험성이 높다. 이 때문에 뇨의 양을 늘리기 위해 염분의 섭취는 권장되지 않는다. 수분의 섭취를 늘리는 방법으로는 물그릇을 집의 여러 곳에 놓아주며 특히 고양이에서는 높이도 다양하게 해준다. 물그릇에 물을 항상 채워 놓거나 수분을 공급하기 위해 향이 첨가된 국물 급여하거나 얼음을 공급하는 방법이 있다. 건조사료보다 습식 사료를 급여하는 것이 약 80%의 수분을 함유하고 있기 때문에 수분 섭취량을 늘려주는 효과적인 방법이다.

표 14-1. 개 요석의 일반적인 미네랄 특성

미네랄 형태	발생 조건				성별	평균 연령
	뇨pH	뇨배양	방사선 밀도	다발 품종		
스트루바이트	알칼리성	요소 생산세균	$1^+ \sim 4^+$	슈나우져, 푸들, 비콘 프라이스, 코카스파니엘	암컷	2~9세
수산 칼슘	산성	음성	$2^+ \sim 4^+$	슈나우져, 요크셔테리어, 시츄, 푸들, 라사압소	수컷	5~12세
요산염	산성	음성	$0 \sim 2^+$	달마산, 잉글리쉬 불독, 슈나우져	수컷	1~5세
인산 칼슘	알칼리성	음성	$2^+ \sim 4^+$	코카스파니엘, 시츄, 슈나우져, 요크셔테리어	수컷	6~10세
시스틴	산성	음성	$1^+ \sim 2^+$	닥스훈트, 바셋하운드, 잉글리쉬 불독	수컷	1~7세
실리카	산성	음성	$2^+ \sim 3^+$	세퍼트, 리트리버, 코카스파니엘, 슈나우져	수컷	3~10세

IV. 스트루바이트 요석

1. 발생 현황

● 그림 14-3. 슈나우져 수컷에서 발견한 스트루바이트 요석

개에서 가장 일반적인 요석은 스트루바이트 즉 인산 마그네슘 암모늄(Magnesium Ammonium Phosphate; MAP)이다. 개의 요석중의 50% 정도를 차지하고 있으며 최근에는 45% 정도를 차지한다. 국내에서도 45%가 조금 넘게 발생하고 있다. 개의 신장 결석 중의 스트루바이트 요석은 30%를 조금 넘는다.

개의 요석 중에 가장 일반적이다. 암컷이 80% 이상 차지하여 수컷에 비하여 훨씬 많이 발생한다. 1년 미만의 어린 개에서 발생하는 요석의 대부분을 차지하며 세균 감염과 동반되는 경우가 많다. 슈나우져, 푸들, 비콘 프라이스, 코카스파니엘에서 많이 발생한다. 모양과 크기는 매우 다양하다.

2. 발생 요인

1) 감염성 스트루바이트 요석

개에서 요소를 생산하는 세균에 감염되었을 때 암모니아와 탄산염의 양이 증가한다. 암모니아는 가수분해 되어 수산기(OH^-)와 암모늄 이온이 형성되어 뇨를 알칼리상태로 만든다. 이 상태에서 스트루바이트 요석이 생기기 쉽다. 필요한 양보다 많은 단백질을 섭취했을 경우 요소 분해 효소를 생산하는 세균의 병리효과를 증가시킨다. 스트루바이트 요석과 요도계 감염과는 밀접한 관계가 있는데 요소 분해 효소를 생산하는 세균에 기인한다. 스트루바이트 요석에서 감염이 흔히 발견되기 때문에 "감염성 요석"이라고도 한다.

*Staphylococcus*와 *Proteus spp.*는 세균 감염에 기인한 스트루바이트 요석에서 가장 많이 분리된다. 드물게 *Klebsiella spp.*와 *Pseudomonas spp.*도 요소 분해 효소를 형성한다. 감염성 방광염에서 발생하는 조직 파편은 요석의 핵으로 작용하기도 한다. 방광에서 가장 많이 검출되는 세균은 대장균(*E. coli*)이지만 스트루바이트 요석의 형성 기전과는 무관하다.

2) 무균성 스트루바이트 요석

식이성 단백질의 섭취량에 영향을 받는다. 하루에 필요한 단백질 요구량보다 더 많이 섭취하였을 경우 아미노산의 대사하여 요소가 생성된다. 무균성 스트루바이트 요석이 발생한 경우는 식이성 또는 대사성 요인이 해당된다. 스트루바이트 요석은 알칼리이지만 세균은 검출되지 않으며 요소 분해 효소도 존재하지 않는다. 개에서 무균성 스트루바이트 요석이 차지하는 비율은 낮다. 그러나 가끔 요석 내에서 세균이 검출되기도 한다.

3. 재발 현황

스트루바이트 요석은 자연적으로 용해되는 경우는 드물고 수술이나 약물요법 시행 후 재발하는 경향이 있다. 요도계 감염의 치료가 정확하지 않았을 때 더 많이 재발하는 경향이 있다. 재발하는 경우의 대부분이 식이 조절이 제대로 되지 않거나 세균의 재감염에 의한다.

4. 식이의 평가

요소와 세균성 요소 분해 효소는 암모니아 생산물을 형성하고 뇨의 알칼리화 상태에서 스트루바이트 결정체가 생기기 쉽다. 요소의 주된 원인은 식이성 단백질이다. 식이가 고단백과 고인일 때 알칼리 뇨를 만들기 쉽다. 마그네슘과 인의 농도가 높을 경우 무균성 스트루바이트 요석이 형성되기 쉽다.

5. 식이와 치료 계획

1) 감염성 스트루바이트 요석

스트루바이트 요석 형성의 대부분은 요소 분해 효소를 생산하는 세균에 감염되었을 경우에는 감염의 치료가 가장 중요하다. 세균에 의한 요소 분해 효소가 생성되기 때문에 뇨산화제에 의해 산성화되는 것은 힘들다. 그러므로 요석의 예방과 용해를 촉진시키기 위해 무균상태를 유지하기 위하여 장기간 항생제를 사용하는 것이 중요하다. 항생제의 적절한 활용을 위해 감수성 및 농도를 감소시키기 위한 적절한 투여량을 사용한다. 필요한 경우

요소 분해 효소 억제제인 아세토하이드록삼산(acetohydroxamic acid)을 적정량 투여한다.

스트루바이트 요석의 용해를 위한 식이요법의 목표는 요소, 인, 마그네슘의 농도를 감소시키고 뇨를 산성화시키는 것이다. 이에 대한 처방식 사료는 단백질, 인, 마그네슘의 함량을 감소시키고 산성화시키기 위하여 염분을 첨가시킨다. 필요할 경우 암모늄 클로라이드와 같은 요산화제를 첨가해준다. 장기간 급여할 경우 염분 때문에 심장과 신장에 부담을 주며 산성에서 발생하기 쉬운 수산 칼슘이 생길 수 있기 때문에 주의가 필요하다. 또한 췌장에 부담을 줄 수 있기 때문에 췌장 효소의 변화 유무도 확인한다.

2) 무균성 스트루바이트 요석

요석 용해 식이를 급여하고 요산화제를 사용하며 이차적인 요도계 감염이 없으면 항생제가 필요하지 않다. 용해되는 기간은 무균성인 경우 2~4주 정도 소요되며 2~3개월 소요되는 세균 감염이 된 경우에 비하여 시간이 적게 소요된다.

6. 중간 점검

요석 용해 식이는 갈증을 증가시키고 이뇨를 촉진하기 때문에 뇨의 양이 증가 된다. 작은 요석은 방사선과 초음파로 놓칠 수 있기 때문에 요석 용해 식이와 만약 필요하면 항생제를 사용하여 요석을 용해하며 적어도 1개월 정도는 투여하는 것이 좋다. 요석의 크기는 방사선과 초음파를 통하여 1개월 정도의 간격으로 관찰한다. 또한 뇨분석과 연관된 질병 유무도 확인한다. 이러한 요법으로 용해되지 않을 경우 외과적 수술을 시행한다.

7. 예방

스트루바이트 요석의 대부분은 감염에 의한 것이기 때문에 재발 예방을 위한 가장 중요한 요소는 요소 분해 효소를 생산하는 세균을 치료하는 것이다. 식이에 의해 스트루바이트 요석 재발을 예방하기 위해 단백질, 마그네슘, 칼슘, 인이 약간 제한된 식이를 공급하고 뇨pH를 산성 상태로 유지한다. 물은 충분히 공급하도록 한다. 6개월 간격으로 재발 여부를 확인하는 것이 좋다.

개와 고양이 영양학

V 수산 칼슘 요석

1. 발생 현황

수산 칼슘 요석은 개의 요석중 중의 30% 이상을 차지하고 최근에는 35% 정도를 차지하고 있으며 고양이와 마찬가지로 조금씩 증가하는 경향이 있다. 국내에서도 33% 정도 발생한다. 신장 결석 중의 40% 정도를 차지한다.

수컷이 70% 이상 차지하여 암컷에 비하여 발생하기 쉽다. 수컷이 많이 발생하는 이유는 간에서 테스토스테론(testosterone)의 매개로 수산염의 생성이 증가하기 때문이다. 암컷의 에스트로겐(estrogen)은 구연산의 배설을 증가시킨다. 노령화 될수록 신장의 기능이 나빠지기 때문에 발생률이 높아진다. 수산 칼슘 요석은 슈나우져, 요크셔테리어, 시츄, 푸들, 라사 압소, 비콘 프라이스에서 발생하기 쉽다. 수산 칼슘 요석은 빽빽하고 깨지기 쉬우며 적은 양의 기질을 가지고 있다.

2. 발생 요인

뇨 안에 칼슘과 수산염의 농도가 높으면 수산 칼슘 결정체 형성이 조장된다. 고칼슘뇨나 고수산뇨를 일으킬 수 있는 식이는 수산 칼슘 요석의 발생 요인이 된다. 그러므로 치료 목표를 식이의 칼슘과 수산염을 감소시키는 것이다. 수산 칼슘 요석인 개에서 고칼슘뇨가 많다. 이것은 뇨의 칼슘 농도가 증가하면 요산염의 농도도 증가하여 수산 칼슘 요석이 생기기 쉽다.

1) 고칼슘 뇨

칼슘의 항상성은 부갑상선 호르몬(Parathyroid Hormone; PTH)의 활동과 뼈, 소화관, 신장에 있는 1,25-Vitamin D에 의하여 이루어진다. 혈장의 칼슘 농도가 떨어지면 PTH와 1,25-Vitamin D가 매개가 되어 뼈에서 칼슘 대사가 이루어지고 장에서 칼슘이 흡수되고 신장에서 칼슘 보존 작용이 이루어진다.

사람 음식을 먹은 경우 수산 칼슘 요석이 생길 수 있는 영양학적인 요인을 가지고 있는 것과 같다. 특정 성분이 과다하거나 결핍이 될 경우 발생 요인이 되는데 예를 들어 비타민 D, 염분, 마그네슘은 고칼슘뇨를 조장한다.

수산 칼슘 요석이 있는 경우 많은 양의 칼슘과 수산염을 방출한다. 고칼슘뇨의 병리 작용의 과정에 따라 소화성 고칼슘뇨(Absorptive Hypercalciuria), 신장성 고칼슘뇨(Renal Hypercalciuria), 재흡수성 고칼슘뇨(Resorptive Hypercalciuria) 세 가지로 나눌 수 있다. 소화성(Absorptive) 고칼슘뇨에서 일차적인 이상은 칼슘의 소화관 흡수가 증가한다. 칼슘 흡수가 증가되고 부갑상선 호르몬(Parathyroid Hormone; PTH)이 감소되어 혈중 칼슘의 농도가 높아진다. 신장성 고칼슘뇨(Renal Hypercalciuria)는 일차적으로 칼슘의 뇨분비 증가에 의한다. 혈장 칼슘 농도 감소는 PTH가 생산된다. PTH는 신장에서 25-Hydroxyvitamin D가 수산화 과정을 거쳐 1,25-Dihydroxyvitamin D로 변화가 증가된다. 어떤 경우에는 칼슘의 뇨분비 증가로 인하여 이차적으로 염분 섭취가 증가한다. 재흡수성 고칼슘뇨(Resorptive Hypercalciuria)는 경증의 부갑상선 기능항진증과 유사하다. 고칼슘뇨는 PTH의 작용으로 뼈로부터 재흡수 증가와 소화관에서 칼슘 흡수가 증가하기 때문이다. PTH에 의해 신세뇨관에서 칼슘의 재흡수가 증가하여 칼슘의 여과 기능에 부담이 된다.

특정 질병에서 발생 확률이 높은데 부갑상선 기능항진증, 부신피질 기능항진증, 비타민 D 과다, 고칼슘혈증을 유발하는 임파종, 퓨로세마이드를 투여할 경우 고칼슘혈증을 촉진시킨다.

2) 고수산뇨

아스코빈산(비타민 C)을 과다 투여할 경우 고수산뇨를 촉진시킨다. 이 때문에 아스코빈산의 투여를 최소화해야 하는데 수산염의 전구물질이 되기 때문이다. 피리독신 결핍은 개에서는 문제가 되지 않지만 고양이에서는 고수산뇨를 야기한다. 수산염의 과다 흡수 및 합성이 촉진되면 고수산뇨가 된다.

3) 저구연산뇨

구연산 복합체는 칼슘 이온과 결합하여 구연산 칼슘 형성하여 칼슘이 수산염과 결합하는 것을 감소시킨다. 그러므로 구연산의 농도가 적을 경우 상대적으로 수산 칼슘 요석의 발생률이 증가한다.

3. 재발 현황

수산 칼슘 요석의 재발률은 시간이 지날수록 재발률이 높아지고 있으며 45% 정도가 2년 후에 재발한다.

개와 고양이 영양학

4. 식이의 평가

고단백 식이를 섭취했을 경우 고칼슘뇨나 고수산뇨가 되기 쉽다. 산성뇨는 스트루바이트 요석을 용해하지만 고칼슘뇨나 고수산뇨가 생기기 쉽기 때문에 수산 칼슘 요석이 생기기 쉽다.

5. 식이와 치료 계획

치료를 위한 약물요법은 없다. 수술이 가장 많이 사용되지만 작고 불규칙하기 때문에 완전히 제거하기는 어렵다. 예방을 위한 최종 목표는 요석 형성 요인 물질의 농축을 감소시키는 것이다.

1) 식이의 선택

수산 칼슘 요석에서 고칼슘뇨를 조장하기 때문에 식이의 관리 목표를 소화관의 칼슘 흡수를 감소시키는 것이다. 그러나 식이성 칼슘이 감소되면 일시적으로 수산염의 소화관 흡수가 증가한다. 그러므로 식이성 칼슘을 감소시킬 경우 수산염도 같이 감소시켜야 한다. 수산 칼슘 요석이 있을 경우에는 식이중의 염분을 감소시켜야 한다.

많은 함량의 단백질을 섭취했을 경우 뇨의 칼슘 분비가 촉진되고 구연산 분비는 감소되어 수산 칼슘 요석이 생기기 쉽기 때문에 단백질의 섭취량을 감소시켜야 한다. 단백질, 칼슘, 수산염, 염분의 과다 섭취를 피하는 것은 수산 칼슘 요석의 활성을 감소시켜 재발을 최소화한다.

2) 약물의 작용

구연산은 수산 칼슘 결정체의 형성을 방해한다. 구연산은 중탄산염으로 대사하면서 알칼리뇨를 만들기 때문이다. 티아자이드 이뇨제는 칼슘의 뇨분비를 감소시켜 칼슘이 함유된 요석의 재발을 감소시킨다.

6. 정기 검진

외과수술 후에 주기적인 점검이 중요하다. 뇨비중은 1.020 이하가 유지되도록 하고 2~4개월 간격으로 뇨분석과 복부의 방사선 검사로 점검해야 한다.

VI. 요산 암모늄과 다른 퓨린 요석

1. 발생 현황

요산 암모늄, 요산 나트륨, 요산 칼슘, 요산염, 쟌틴과 같은 퓨린 요석은 개의 요석 중의 10% 이하를 차지했다. 국내에서는 5%를 넘지 못하고 있다. 요산 암모늄 요석이 많이 발생하는 달마샨과 잉글리쉬 불독이 많지 않아서 발생률이 다소 적은 듯하다. 수컷이 80% 이상 차지하여 암컷에 비하여 발생하기 쉽다. 상부보다 하부 요도계에서 많이 발견된다.

요산 암모늄 요석의 약 60% 정도는 달마샨에서 발생하며 잉글리쉬 불독, 슈나우져, 요크셔 테리어, 시츄에서 많이 발생한다. 요산 암모늄, 요산 나트륨 및 칼슘, 요산염 요석의 특징적인 형태는 여러 개이며, 작고, 부드럽고, 단단하고, 둥글거나 계란모양이고, 푸른 갈색을 띤다.

2. 발생 요인

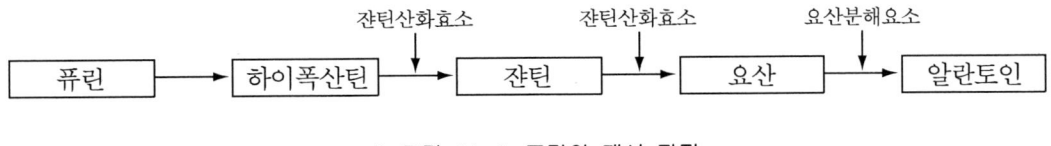

● 그림 14-4. 퓨린의 대사 과정

요산은 그림 14-4와 같이 퓨린 대사의 부산물 중의 하나이다. 대부분의 개와 고양이에서 알란토인이 최종 대사산물이며 퓨린 대사산물의 대부분은 뇨에 용해되어 배출된다. 요석은 요산이나 쟌틴 형태로 되는데 그 이유는 이 물질로 뇨에 과포화 되기 때문이다.

1) 달마샨(Dalmatians)과 잉글리쉬 불독(English Bulldogs)

달마샨과 잉글리쉬 불독은 요산염 요석이 생기기 쉬운데 간에서 요산분해효소의 농도는 정상이지만 요산에서 알란토인으로 전환시키는 능력이 사람이나 다른 종에 비하여 떨어지기 때문이다. 달마샨과 잉글리쉬 불독에서 혈액의 요산의 농도는 다른 품종에 비하여 2~4배정도 높다.

2) 달마샨

달마샨의 다른 종에 비하여 요산의 재흡수량이 적어 원위세뇨관에서 배출된다. 다른 품종에서는 근위세뇨관에서 대부분 재흡수하여 간에서 대사가 이루어진다. 요산염 요석이 가장 많은 종류가 달마샨인데 대부분 요산 암모늄이다. 달마샨에서 발생하는 요석의 75% 정도가 요산 암모늄 요석이다.

3) 다른 품종

다른 품종에서의 요산염 요석은 수컷에 많다. 간기능이 좋지 않은 경우 요산 암모늄 요석이 생기기 쉽다. 간경화는 개와 다른 동물에도 영향이 있다. 단백질을 많이 섭취했을 경우에도 요산과 암모늄 이온의 배설량이 증가한다.

4) 개의 문맥 이상과 간경화

개의 문맥 이상과 간경화는 요산 암모늄 요석의 높은 발병률을 증가시킨다. 간 주위의 혈액은 문맥 전신 순환계로 직접 연결되어 있어 간의 위축이 심해지거나 간기능이 저하된다. 간기능이 비정상적일 경우 요산을 알란토인으로 전환되는 것과 암모니아를 요소로 전환시키는 능력을 감소시킨다. 이로 인하여 요산 암모늄 요석이 발생하기 쉽다.

5) 식이성 요인

산성화 식이는 대부분의 퓨린 특히 요산 암모늄의 pH가 여기에 해당이 되기 때문에 요산염 요석 형성의 위험 요인이 된다. 그러므로 산성뇨를 유도하는 고단백 식이는 위험 요인이 된다. 지속적인 자유급식은 알칼리화 되는 경향이 있다. 요소분해효소를 생산하는 세균에 감염되었을 때에도 발생하기 쉽다.

3. 재발 현황

요산염 요석을 외과적 수술로 치료했을 경우 재발률이 높은데 30~50% 정도 된다. 재발되는 경우 대개 치료 후 1년 이내에 일어난다.

4. 식이와 치료 계획

개의 요산 암모늄 요석의 치료를 위해 수술이나 약물요법을 시행한다. 약물요법으로 치료할 때 다음의 방법을 병행하여 시행한다. 요석 용해 식이, 알로퓨리놀과 같은 쟌틴 산화효소 억제제 투여, 뇨의 알칼리화, 감염 예방, 뇨의 미네랄 농도를 감소시키기 위해 뇨의 량을 증가시킨다.

1) 간의 이상 치료

간기능의 이상으로 인한 요석은 간기능이 개선되면 뇨내 암모늄 이온과 요산의 농도가 감소되면서 자연적으로 용해되는 경우도 많다. 이런 경우 간질환을 개선하기 위해 단백질의 함량이 적은 식이는 적절하지 않다.

2) 요석 용해 식이

요산염이나 요산 암모늄 요석의 식이 조절의 목표는 요산, 암모늄 이온, 수소 이온의 농도를 감소시키는 것이다. 퓨린을 제한하고 알칼리화 시킬 수 있는 식이를 급여하며 식이성 염분이 포함되지 않는 것이 좋다.

3) 쟌틴 산화 효소 억제제

알로퓨리놀은 하이폭산틴의 합성이성체이다. 이것은 쟌틴산화효소의 작용을 방해하는 물질로 하이폭산틴을 쟌틴으로, 쟌틴을 요산으로 전환시키는 것을 방해하여 요산을 감소시키는 역할을 한다. 단백질의 섭취량이 정상이거나 많은 경우 요산 암모늄 요석이 형성될 수 있기 때문에 피하는 것이 좋다. 알로퓨리놀을 장기간 사용하거나 과량 사용할 경우 쟌틴 요석의 원인이 되기 때문에 주의해야 한다.

4) 요의 알칼리화

요산염 용해를 위한 식이는 구연산칼륨 등을 함유하여 알칼리뇨 상태를 유지해야 한다. 뇨 알칼리화제나 요산염 요석 용해 식이의 목표는 뇨pH를 거의 7.0으로 유지해야 한다. 7.5 이상으로 되는 것은 피해야 하는데 이는 인산 칼슘 요석이 형성될 수 있기 때문이다. 세균 감염이 있을 경우 항생제를 사용한다. 수분은 충분히 공급하도록 한다.

5. 예방

요산염 요석은 재발률이 높기 때문에 철저히 예방하여야 한다. 퓨린이 제한되고 뇨 알칼리화 식이를 급여한다. 저단백, 알칼리화 시킬 수 있는 습식사료가 일반 식이에 비하여 재발률을 감소시켰다. 뇨비중을 1.025 이하로 낮추기 위해 물을 충분히 먹이도록 한다.

VII 인산 칼슘 요석

1) 발생 현황

인산 칼슘 요석은 개의 요석 중 1% 이하를 차지한다. 국내에서도 1%를 넘지 못한다. 수컷이 암컷에 비하여 조금 많이 발생한다. 코카스파니엘, 슈나우져, 요크셔테리어, 시츄, 스프링거 스파니엘에서 많이 발생한다. 인산 칼슘 요석은 특징적인 모양이 없다.

2) 발생 요인

인산 칼슘의 형성은 산성뇨에서 증가한다. 고칼슘뇨는 뼈로부터 칼슘의 과다한 재흡수, 칼슘의 소화관 흡수 과다, 세뇨관에서 칼슘의 재흡수 저하나 이러한 요인들이 복합적으로 작용하여 이루어진다. 인산 칼슘 요석은 일차적인 부갑상선 기능항진증, 원위세뇨관 산성증, 다른 고칼슘혈성 이상이 있는 환자에서 발생한다.

3) 식이의 평가

단백질이 많이 함유된 식이는 고칼슘혈증과 고인뇨를 조장한다. 염분 또는 비타민 D의 양이 많이 함유된 식이는 고칼슘뇨를 조장한다. 인이 많이 함유된 식이는 고인뇨를 증가시킨다. 그러나 지나치게 식이성 인을 제한하면 칼슘의 소화관 흡수가 증가하여 고칼슘뇨가 조장된다.

4) 식이와 치료 계획

인산 칼슘 요석의 대부분은 외과적 수술에 의해 제거된다. 단백질, 염분, 칼슘, 비타민 D가 감소된 식이가 효과적이다. 식이성 인을 지나치게 제한하거나 과다 공급하는 것은 피해야 한다. 티아자이드 이뇨제는 뇨의 칼슘 분비를 감소시키기 때문에 효과적이다.

5) 재평가

인산 칼슘 요석이 재발이나 가능성이 있을 경우 제거 방법이 명확하지 않기 때문에 주기적으로 점검해야 한다.

제14장 개의 요석증

VIII 시스틴 요석

1) 발생 현황

시스틴 요석은 개의 요석 중 1% 이하를 차지한다. 국내에서는 1%를 넘지 못한다. 시스틴 요석의 성분은 대부분 한가지이지만 가끔 요산염이나 인산 칼슘과 혼합되어 있다. 수컷에서 대부분을 차지하며 암컷은 아주 적게 발생한다. 닥스훈트에서 많이 발생하며 바셋하운드, 잉글리쉬 불독, 요크셔테리어, 치와와, 로트와일러, 마스티프에서도 많이 발생한다. 많은 품종에서 어린 개에서는 발생하지 않으며 주로 3~5년 사이에 발생한다. 치료 후 보통 2~12개월 사이에 재발한다. 시스틴 요석의 방사선 강도는 높지만 칼슘을 포함하거나 스트루바이트 요석에 비하여 연하다. 순수한 시스틴 요석은 보통 여러 개고, 계란형이고 부드럽다. 색깔은 밝은 갈색이고 크기는 다양하다.

2) 발생 요인

시스틴뇨는 세뇨관에서 시스틴과 다른 아미노산의 선천적인 대사성 이상에 의해 재흡수가 잘 되지 않는 경우에 많이 발생한다. 시스틴 요석은 pH의 영향을 받는데 알칼리뇨에서 용해가 잘된다.

3) 식이와 치료 계획

수술을 시행하며 시스틴 요석의 용해를 위해서 시스틴의 섭취량을 감소시키고 뇨내의 시스틴 농도를 감소시키는 것이다. 이를 위해 시스틴 요석의 형성을 최소화하기 위해서는 식이성 단백질을 감소시킨다. 중탄산나트륨은 나트륨뇨로 인하여 시스틴뇨를 유발하기 때문에 투여하지 않는다.

4) 중간 점검

치료를 위한 식이관리의 최종 목표는 시스틴 결정뇨의 포화상태를 낮추는 것이다. 뇨분석과 방사선 검사를 1개월 간격으로 시행하는 것이 좋다.

5) 예방

단백질의 섭취량을 감소시키고 뇨를 알카리화하기 위해 식이요법을 시행하고 필요하면 D-페니실라민이나 N-(2-mercaptopropionyl)-Glycine(2-MPG)을 투여한다. D-페니실라민과

2-MPG는 시스틴과 결합하여 뇨의 시스틴 양을 감소시킨다. 최근에는 2-MPG를 많이 사용하고 있다. 치료 후에도 지속적으로 재발 방지를 위한 방법을 시행한다.

IX. 규산염 요석

1) 발생 현황

규산염 요석은 1970년대 중반에 발견되었다. 그 이전에는 발견되지 않았다. 개의 요석 중 1% 이하를 차지한다. 국내에서는 1%를 넘지 못한다. 세퍼트, 골든 리트리버, 라브라도 리트리버, 코카스파니엘, 슈나우져에서 많이 발생한다.

95% 이상 수컷에서 발생하며 암컷의 발생은 드물다. 규산염 요석은 대부분 돌기 모양이다. 개에 규산염 요석은 대부분 별사탕 모양으로 돌기는 여러 개로 보통 30여 개가 넘는다.

2) 발생 요인

대부분의 규산염 미네랄은 식물류에 있으며 동물에서는 매우 낮다. 규산염 요석은 비만 개선을 위해 옥수수 쌀, 콩 등과 같은 섬유소가 많이 함유된 식이의 섭취가 원인이 된다. 규산염 요석은 규산이 많이 섭취된 음식을 섭취하고 4개월 정도 지난 후 발생한다. 또한 하부 요도기에서 외과적 수술 후 4개월 정도 후에 재발한다.

3) 식이의 평가

개에서 많은 양의 식물성 원료가 포함된 식이를 섭취했을 경우 규산염 요석이 생기기 쉽다. 옥수수, 쌀, 콩이 주로 원인이 된다.

4) 식이와 치료 계획

규산염 요석의 제거는 외과적 수술이 제일 효과적이다. 요석 원인 물질의 뇨내 농도를 감소시키기 위하여 식이를 바꾸고 뇨의 양을 늘리고 뇨의 pH를 알칼리로 변화시킨다.

5) 재평가

치료 후 3~4개월 마다 뇨분석과 방사선 검사를 실시한다.

X. 복합 요석

복합 요석은 층별로 미네랄 성분이 다른 경우로 개의 요석에서 7% 정도 차지한다. 국내에서는 10%를 넘고 있다. 복합 요석의 제거는 외과적 수술이 제일 효과적이다. 미네랄의 종류에 따라 여러 가지 원인이 있지만 표면보다 핵 부분의 미네랄 성분의 재발을 예방하는 것이 중요하다. 스트루바이트와 수산 칼슘 요석이 혼합된 경우에는 수산 칼슘을 예방하는 방법을 시행한다. 그 이유는 수산 칼슘 요석은 약물 요법으로 용해되지 않기 때문이다. 항생제를 투약하여 감염을 예방하면 스트루바이트 요석의 재발을 예방할 수 있다.

XI. 요석증 관리

요석이 재발하는 원인은 가장 흔히 수술하는 동안 완전히 제거하기 어렵기 때문이다. 특히 1mm 이하의 작은 요석이 남는 경우가 50% 정도 된다. 이 때문에 수술을 실시하기 전이나 후에 뇨수분추출법을 시행하며 수술 후에 X-선을 이용하여 완전히 제거했는지 확인하는 것이 좋다. 큰 요석이 남아있다면 재수술해서 제거하도록 한다.

수분을 충분히 공급하여 미네랄의 농축을 예방하도록 한다. 식이의 조절을 철저히 하도록 하며 육류, 과자, 개껌 등은 요석의 발생률을 높이기 때문에 피하는 것이 좋다.

요석의 재발률이 높기 때문에 완치 후에도 6개월 간격으로 뇨분석과 방사선 검사 등의 정기검진을 실시하는 것이 필수적이다. 특히 요석 용해를 위한 식이요법과 약물요법은 장기간의 시간이 필요할 경우도 있기 때문에 인내심이 필요하다. 결국 요석의 용해를 위한 식이요법은 다음 두 가지 사항을 생각하고 진행해야 한다. "중간 점검 없이는 시작하지 말라" "인내심을 가지고 시작하라"

고양이 하부요도계 질환
(Feline Low Urinary Tract Disease : FLUTD)

I. 임상적 중요성

요석, 종양, 요도계 감염이나 선천적 결함에 의하여 고양이 하부요도계 질환의 증상이 나타난다. 고양이 하부요도계 질환의 원인은 하나 또는 여러 가지가 복합적으로 작용하여 발생한다. 감염에 의한 원인이 50% 이상을 차지하며 감염이 있는 경우를 간질성 방광염이라 한다. 임상 영양학적인 관리는 스트루바이트 요석에서 매우 중요하지만 이에 비하여 수산 칼슘 요석에서는 덜 중요하다. 일반적으로 무증상의 하부요도계 질환에서 관리를 위하여 2주 정도 식이 계획이 고려된다.

II. 진단

1. 진단

1) 환경과 증상

식이에 대한 평가는 식이의 종류, 형태, 급여 방법과 잔반 및 간식 등의 급여에 따라 달라진다. 다른 식이에 대한 평가도 필요하고 수분의 변화 경향도 확인하고 기록한다. 배뇨의 변화는 특별히 중요한데 보호자로 하여금 혈뇨, 배뇨 곤란, 뇨의빈삭, 절박뇨실금, 요석 및 요도 마개 존재 여부를 기록하게 한다. 배뇨량의 변화 유무도 기록하도록 한다.

특정 약물은 고양이 하부요도계 질환을 일으킬 수 있는 요인이 되기 때문에 약물의 투여 여부도 확인한다. 스테로이드제와 일부 이뇨제는 고양이에서 고칼슘혈증과 고칼슘뇨를 일으킬 수 있다. 알로퓨리놀(allopurinol)은 쟌틴(xanthine) 요석, 뇨산화제는 대사성 산증과 고칼슘뇨로 인하여 칼슘이 포함된 요석이 생길 위험 요소가 된다.

2) 신체 검사

요석의 대부분은 방광에 위치하며 신장, 요도, 요관에만 존재하는 경우는 많지 않고 여러 곳에 존재하는 경우도 있다. 방광은 촉진에 의해 크기, 모양, 표면 윤곽, 방광벽의 두께, 통증, 복강내의 덩어리를 확인할 수 있다. 그러나 대부분의 요도방광결석은 복부 촉진으로 확인할 수 없다. 직장검사를 통하여 요도의 크기, 위치, 모양을 촉진하여 덩어리와 통증이 있는지 확인한다. 신장의 크기, 모양, 표면의 윤곽, 양측의 대칭 여부를 확인한다. 환자의 배뇨상태를 확인하고 가능하면 배뇨의 세기, 배뇨 곤란, 뇨의 색깔 등을 관찰한다. 음경과 포피의 요도가 비정상인지 확인한다.

3) 실험실 진단

뇨분석, 정량분석, 복부 방사선 진단, 신장조영술, 필요하면 요석과 요도 마개 여부 확인하기 위해 정맥 요로조영술 또는 방광조영술을 시행한다. 결석 여부 확인, 신장과 방광 초음파, 적혈구 계산, 혈장의 생화학 검사, 방광경 검사와 같은 검사는 고양이 하부 요도계 질환의 평가에 유용하다.

① 뇨분석

고양이에서 요석이 있는 경우 뇨의 결정체를 발견했을 때 보통 감염이 있는 것을 나타낸다. 뇨내에 포함된 결정체의 현미경 검사는 고양이의 요석이나 요도 마개의 형성 가능 여부 예상, 요석이나 요도 마개의 미네랄 성분을 예상 치료와 예방 방법 등을 계획하는데 도움이 된다. 혈뇨와 단백뇨는 무증상 하부요도계 질환의 뇨분석에서 흔히 관찰할 수 있다.

결정체는 결정원의 성분이 과포화 되었을 때만 볼 수 있다. 그러므로 요석이나 요도 마개가 형성될 수 있는 원인은 결정뇨다. 그러나 요석은 결정체가 없이도 가능하며 요석이 있더라도 결정뇨가 항상 있는 것은 아니다. 결국 병력의 청취와 완전한 검사와 분석을 통하여 결정체를 판단하는 것은 중요하다.

② 뇨 pH

뇨pH는 결정체 종류의 형성에 영향을 미친다. 일반적으로 스트루바이트 요석에서는 알칼리이며 수산 칼슘 요석은 산성이다. 뇨pH는 식이, 급여 시간, 급여 방법, 식이 섭취량 등 여러 가지 영향을 받는다. 결국 뇨pH 수치 하나로는 판단할 수 없다.

③ 뇨분석

요석의 용해와 예방을 위해서 요석의 미네랄 성분을 파악하는 것은 매우 중요하다. 뇨를 원심분리한 후 결정체를 현미경으로 관찰하는 것도 요석의 미네랄 성분 예측의 중요한 자료가 된다. 요석의 분석은 정성분석과 정량분석이 있다. 정성분석은 요석의 미네랄 성분 존재 유무만 확인되기 때문에 정확한 요석 형태를 진단하기엔 부족하다. 그러므로 정량분석을 해야 올바른 영양 관리를 할 수 있다. 미네랄이 층별로 다르거나 혼합 요석인 경우이다. 비록 미네랄이 한 가지 형태일지라도 가끔은 혼합일 경우도 있다. 층별로 다른 경우는 요석의 용해와 예방을 위해 매우 중요하다.

④ 뇨배양

요소 분해 효소를 생산하는 Staphylococcus와 Proteus spp.에 감염되었을 경우 스트루바이트 요석이나 요도마개(urethral plug)가 생기기 쉽다. 뇨pH는 요소 분해 효소를 생산하는 세균 때문에 알칼리 상태가 된다. 어린 고양이에서 요도기 감염은 흔하지 않다. 고양이에서 무증상 하부요도기 감염과 고양이 간질성 방광염에서 뇨배양 시 음성으로 나타난다.

⑤ 방사선

방사선 검사로 요석증을 진단할 수 있다. 방사선은 요석의 크기, 모양, 위치, 수 등을 파악할 수 있다. 방사선과 초음파 검사는 요석이 작을 경우는 파악하기 어렵다. 요석이 3mm 이하인 경우 이중방광조영법으로 진단할 수 있으나 조영제가 너무 많이 주입되지 않도록 주의해야 한다.

요석의 미네랄 성분에 따라 방사선 강도가 차이가 나기 때문에 추측이 가능하다. 수산 칼슘과 스트루바이트는 보통 방사선 비투과성이다. 방사선에 의한 모양, 윤곽, 크기를 가지고 정확하진 않지만 미네랄 성분을 짐작할 수 있다. 스트루바이트 요석은 부드럽거나 거칠고 원형 또는 편평하다. 수산 칼슘 요석은 작고 거칠고 둥글거나 계란형이다. 가끔 돌기가 있는 모양이다. 방광 결석의 크기와 수는 요석 용해를 위한 약물요법에서 큰 의미를 가지지 않는다.

⑥ 혈액 화학 검사

혈액 화학적 결과는 고양이 하부 요도계 질환의 재발 원인을 알아내는데 매우 유용하다. 고양이의 고칼슘혈증과 수산 칼슘 요석이 병발했을 경우 부갑상선 기능 항진증, 악성을 수반하는 비타민 D 과다증 등과 같은 상태를 확인해야 한다. 고칼슘혈증이 있으면 뇨로 칼슘의 분비가 증가하여 칼슘이 함유된 요석의 발생 요인이 높아지게 된다.

4) 위험 요소

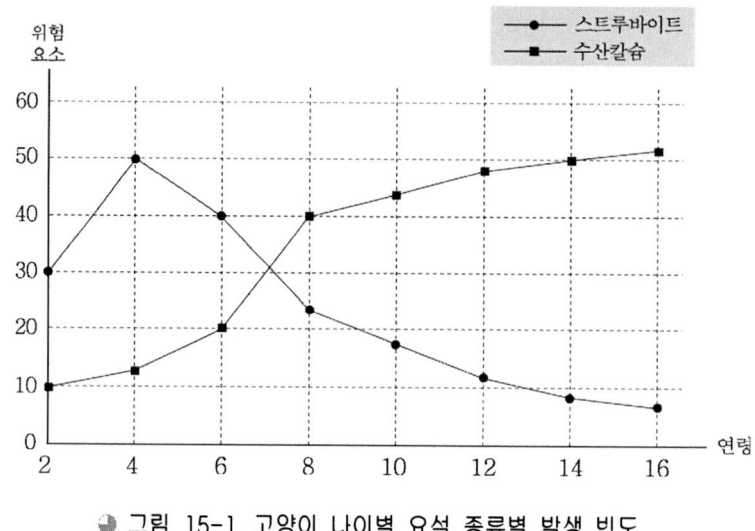

그림 15-1. 고양이 나이별 요석 종류별 발생 빈도

고양이의 하부 요도계 질환은 1~10살까지의 나이에 많으며 1살 이하나 10살 이상의 경우에는 많지 않다. 고양이의 연령에 따라 요석의 발생 빈도와 미네랄 성분도 다르게 나타나는데 어릴수록 스트루바이트 요석이 많이 발생하고 노령화 될수록 수산 칼슘 요석이 많이 발생한다(그림 15-1). 어린 고양이의 요석과 요석의 미네랄 성분은 요소 분해 효소를 생산하는 세균에 의한 스트루바이트 요석이 대부분이다. 무균성 스트루바이트 요석이 형성될 수 있는 잠재적인 요인은 식이의 미네랄, 수분 함량, 에너지 농도, 급여 방법, 뇨의 농축, 뇨의 정체 등의 영향을 받는다. 버미즈, 페르시안과 히말라얀에서 발생할 요인이 많다.

고양이에서 수산 칼슘이 발생할 수 있는 영양학적인 요인은 뇨산화제, 뇨 산성화 식이, 영양소 부족, 자유급식 등이 있다. 특히 요산화제는 많은 영향을 끼친다. 수산 칼슘 요석은 나이가 많을수록 발생하기 쉽다. 신장결석은 수산 칼슘 요석이 스트루바이트 요석에 비하여 많다.

5) 병리적 원인

고양이 질병 중 하부요도계 질환은 7% 정도이며 이중 고양이 요도계 증후군, 방광염, 요도 폐쇄, 요도 요석증, 요도 방광 결석 순으로 발생한다. 흔하지 않는 이상으로는 배뇨실금, 세균성 방광염, 요도 협착, 방광게실, 종양 등이 있다.

일반적으로 FLUTD의 원인을 알 수 없거나 판단하기 어려운 경우가 많다. 요석이 있는 경우는 20% 이상이고 요도 마개(Urethral Plug)가 형성되는 경우도 20% 이상이다. 요도 마개의 미네랄 성분은 대부분 스트루바이트이다. 다른 원인의 고양이 하부 요도계 질환이나 정상 고양이에 비하여 요도 마개인 경우 스트루바이트 결정뇨가 훨씬 많다. 요도 폐쇄가 있는 경우를 제외하고 혈뇨, 배뇨곤란이 있는 경우 50% 이상이 특발성 고양이 하부요도계 질환에 해당된다.

① **요도 마개(Urethral plugs)**

요도 마개가 형성되기 위해서 두 가지의 원인이 필요하다. 하나는 간질성 방광염이나 세균, 바이러스, 곰팡이 등에 의한 하부요도계 질환이 발생해야 한다. 이로 인하여 많은 양의 점액단백질이나 염증 반응 물질이 형성된다. 또 하나는 결정뇨가 형성되어야 한다. 이 두 가지 원인 물질이 혼합되어 요도 마개가 형성된다(그림 15-2). 요도 마개와 요도 결석은 물리적으로 다르며 병리학적 기전도 다르다. 요도 마개는 50% 이상이 기질 혼합체로 되어 있으며 나머지는 결정체의 미네랄로 되어있다. 그러나 가끔 요도 마개는 대부분 염증세포, 바이러스, 상피세포, 혈액, 종양 조직 등으로 되어 있는 경우도 있다. 점액단백질은 교원성의 상태를 만들어주고 과일 젤리와 같은 형태가 된다.

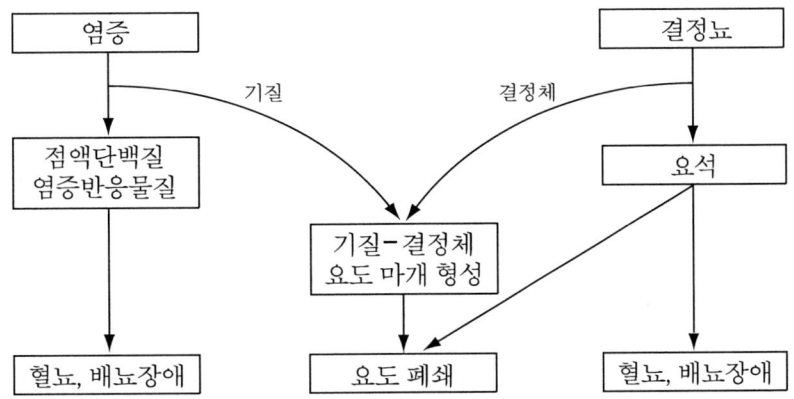

● 그림 15-2. 요도마개의 형성 개념도

요도 마개는 백색이거나 혈액응고물이 없는 검정색이다. 모양은 대개 원통형이고 가끔 부정형이다. 그 이유는 요도 마개는 많은 양의 기질이 함유되어 있기 때문에 부드럽고 압축성이 있고 깨지기 쉽다. 원통형 요도 마개의 직경은 수 mm에서 수 cm까지 다양하다. 결정체의 미네랄 성분을 파악하는 것은 예방을 위해 매우 중요하다.

② 요석

요석은 적은 양의 기질과 대부분이 미네랄 결정체로 구성되어있다. 요석은 뇨내 결정체가 형성되면서 여러 가지 과정을 거치며 요도계통 내에서 결석이 형성된다. 가장 일반적인 요석은 수산 칼슘과 스트루바이트 요석이다. 보통 한가지의 미네랄 형태이지만 성분이 혼합 형태를 가지는 경우도 있다. 바깥층이나 각 층별로 다른 미네랄 형태를 갖는 경우도 있다.

☑ 스트루바이트 요석

스트루바이트 요석이 형성되는 것은 뇨내에 마그네슘, 암모늄, 인산이 과포화되기 때문이다. 과포화된 상태에서 요소 분해 효소를 생산하는 세균에 감염되었을 때 발생하기 쉽다. 그러나 고양이에서 스트루바이트 요석의 80% 이상이 무균성이다. 뇨의 마그네슘 수준은 식이의 섭취량과 연관된다.

☑ 수산 칼슘 요석

수산 칼슘 요석이 발생하는 것은 동물성 단백질, 염분, 정제된 탄수화물을 섭취하기 때문이다. pH가 높아지면 인산과 구연산 이온이 많이 해리되고 칼슘 복합체가 된다. 그 결과 칼슘의 이온 농도는 감소한다. 또한 pH가 상승하면 요산의 해리를 증가시켜 해리되지 않은 요산의 농도를 감소시키고 요산염 요석의 형성도 감소시킨다.

고양이의 수산 칼슘 요석의 발생은 75% 정도 발생하고 있는 사람에서와 마찬가지로 증가하는 추세에 있다. 이와 반대로 스트루바이트는 감소하고 있다. 다른 요석은 큰 변화가 없다. 개에서도 동일한 현상이 일어나고 있다. 1980년대 초반에는 스트루바이트 요석이 대부분(약 80%)을 차지했지만 2000년대에는 스트루바이트 요석은 35% 정도이며 수산 칼슘 요석은 50%를 넘고 있다. 이러한 변화의 원인에 대해 여러 가지의 이유가 있지만 스트루바이트 요석의 예방을 위한 산성화 식이와 육류의 섭취 증가로 산성화 되는 경향이 있기 때문이다.

☑ 간질성 방광염

고양이의 특발성 하부요도계 질환은 간질성 방광염이라 할 수 있다. 고양이 하부요도계 질환의 방광경 검사에서 구상화는 쉽게 구별할 수 있다. 구상화는 결정체와 접촉되는 상피세포가 증상 활동기나 완화기에 맥관화 되고 벗겨지는 것이 증가한다. 간질성 방광염에서 요석이 생길 가능성이 많다.

6) 영양 요인

간질성 방광염은 영양학적인 치료가 명확하지 않지만 뇨 침전물에 중점을 두어야 한다. 이러한 물질의 과포화 정도는 식이의 영향을 받기 때문이다. 고양이 하부요도계 질환과 일차적으로 연관된 것은 스트루바이트, 수산 칼슘이다. 다른 영양학적 요인(예, 뇨pH)들은 스트루바이트와 수산 칼슘이 서로 다르게 나타난다. 그러므로 최종적인 목표는 스트루바이트와 수산 칼슘의 형성을 감소시키는 것이다.

① 수분

고양이에서 건조 사료를 급여하는 경우보다 캔 사료를 급여하는 것이 수분의 총 섭취량이 더 많다. 식이에 단백질 함유량이 증가하면 용해 능력이 증가하기 때문에 고단백 식이는 수분 섭취량을 증가시킨다. 수분을 많이 섭취하면 뇨의 양이 증가하기 때문에 캔 사료는 스트루바이트와 수산 칼슘의 요석 관리에 많이 추천되고 있다.

② 식이에 의한 요인

☑ 단백질

요석의 발생 형태는 스트루바이트에서 수산 칼슘으로 전환되었다. 스트루바이트에서 수산 칼슘으로 전환된 것은 산업화의 영향이다. 사람에서 수산 칼슘으로 전환된 이유는 명확하지 않지만 식습관의 변화에 의한 것 같다. 영양학적인 변화는 동물성 단백질의 섭취 증가에 의한다. 고단백 식이는 칼슘의 뇨분비가 증가한다. 단백질의 형태, 단백질과 인의 섭취 기간은 칼슘에 영향을 준다. 식이성 단백질의 과잉은 피한다.

☑ 인

고양이에서 인의 섭취량에 따라 뇨내 인의 농도가 변하기 때문에 스트루바이트 형성에 영향을 미친다. 뇨의 인은 여러 가지 형태로 존재하면서 뇨pH를 조절한다. 음이온 인산염(PO_4^{3-})은 스트루바이트 요석 형성에 중요한 역할을 한다. 뇨내의 음이온 인산염의 농도는 pH의 영향을 받는다. 뇨가 알칼리화 되면 반대로 음이온 인산염의 농도가 증가한다. 마그네슘과 칼슘의 섭취는 뇨의 인의 농도에 영향을 미친다.

☑ 칼슘

수산 칼슘 요석의 재발 방지를 위해서 식이성 칼슘의 과다섭취는 피해야 한다. 칼슘의 과다 섭취가 되는 주요 원료는 저가 사료나 칼슘이 많이 함유된 영양제이다. 식이성 칼슘의 섭취가 많을 경우 고칼슘뇨가 되고 소화관에서 칼슘의 과다 흡수로 인하여 요석이 형성된다.

☑ 마그네슘

스트루바이트 요석이 형성되기 위해서는 마그네슘, 암모늄, 인산 음이온이 과포화 되어야 한다. 식이성 마그네슘의 과다 섭취를 피하는 것이 뇨의 마그네슘 농도를 감소시킨다. 마그네슘은 뇨pH를 알칼리화 시킨다.

☑ 염분

식이성 염분의 과잉 섭취는 개와 고양이에서 칼슘의 뇨분비를 증가시키기 때문에 고칼슘뇨와 수산 칼슘 요석의 위험 요인이 된다.

☑ 뇨 pH

혈액pH는 세포내와 세포외의 완충 작용과 호흡과 신장의 조절 기능으로 인해 좁은 범위에서 움직인다. 화학적 완충 작용과 호흡 보정 작용이 체내 pH의 변화를 최소화시킨다.

산성화 식이는 스트루바이트 요석을 감소시키지만 수산 칼슘 요석의 발생을 증가시킨다. 이와 반대로 알칼리화 식이는 수산 칼슘 요석을 감소시키지만 스트루바이트 요석의 발생을 증가시킨다. 뇨pH의 변화는 식이의 영양소 조성에 따라 영향을 받는다.

7) 다른 식이 요인

① 지방

고지방 식이는 에너지 농도가 높기 때문에 마그네슘을 포함한 모든 미네랄의 섭취를 감소시킨다. 지방은 단백질과 탄수화물에 비해 대사성 수분을 공급하게 된다. 만약 지방의 함량을 조절하지 못하여 과다하게 될 경우 비만이 된다. 비만은 고양이 하부 요도계 질환의 원인이 된다.

② 섬유소

어떤 식이성 섬유소는 소장에서 칼슘과 결합하여 장으로부터 흡수되는 칼슘의 양을 감소시킨다. 고칼슘혈증과 수산 칼슘 요석이 재발되는 고양이에서 섬유소를 많이 함유한 식이가 효과적이다.

③ 수산염

수산염은 대사 과정에서 분리하는데 거의 40% 정도는 아스코빈산의 대사와 글라이코레이트, 글리이신, 하이드록시프롤라인의 전환 과정에서 만들어진다. 정상적인 상태에서 아스코빈산의 증가는 수산염의 분비를 증가시킨다.

④ 비타민 D

칼슘은 일차적으로 십이지장에서 흡수하고 비타민 D에 의해 수송된다. 비타민 D(1,25-Dihydroxycholecalciferol)의 생성이 활성화되는 것은 신장의 근위세뇨관에서 전구물질이 수산화 되어야 한다. 비타민 D가 활성화되면 소화관의 칼슘 흡수를 자극, PTH 합성의 억제, 신장에서 비타민 D 합성의 활성화 억제, 파골, 뼈의 재흡수 등을 촉진한다. 비타민

제15장 고양이 하부요도계 질환

D가 많이 함유되어 있는 식이의 급여는 수산 칼슘 요석 형성의 요인이 되기 때문에 피하는 것이 좋다.

⑤ **칼륨**

칼륨은 암모니아의 합성에 영향을 준다. 갑자기 칼륨의 농도가 증가한 경우 암모니아 합성이 위축된다.

2. 식이의 평가

하부요도계 질환인 고양이의 식이에서 중요한 영양 요인은 앞에서 언급하였다. 다른 영양적인 요인에는 과자, 간식, 영양제, 사람 음식 등 하루에 공급하는 모든 음식을 포함시켜야 한다. 일반적으로 고양이 간식이나 사람 음식은 인과 같은 미네랄이 많이 함유되어있다.

3. 식이 방법의 평가

식이 방법은 뇨pH에 영향을 미친다. 식이를 섭취하면 위액의 분비가 자극되어 일시적으로 체내에서 산이 빠져나간다. 뇨의 알칼리화는 "식후 알칼리화기"라 한다. 특별히 알칼리화기는 분비된 중탄산염이 위의 벽세포를 통하여 혈액으로 들어가게 된다. 알칼리 상태는 일시적으로 중탄산염을 만들고 산성화 식이가 흡수되면 소멸된다. 자유 급식을 한 경우 대부분의 고양이는 소량씩 여러 번 먹기 때문에 제한 급식에 비하여 뇨pH 변화가 좁지만 장기간 알칼리화기를 갖게 된다. 자유급식에 의하여 뇨pH가 장기간 알칼리화되면 스트루바이트 침전물이 형성이 감소되기 쉽다. 그러나 자유 급식은 비만이 되기 쉽고 고양이 하부 요도계 질환의 위험 요인이 된다.

 # 식이 계획

특발성 방광염은 영양학적인 치료 방법이 없다. 그래서 이런 경우의 요점은 뇨의 침전물에 대한 영양 관리이다. 그러나 특발성 방광염은 요도 마개가 생길 수 있는 요인이 된다. 급여 목표는 스트루바이트 결정뇨를 최소화하여 수고양이의 요도 마개 형성을 최소화 하도록 고안하였다.

1. 식이의 선택

스트루바이트와 수산 칼슘 요석 두 가지를 형성한 경험이 있었던 경우 수산 칼슘 요석 형성(약간 산성화)을 감소시키는 식이를 선택한다. 스트루바이트보다 수산 칼슘 요석 관리가 효과적인 이유는 스트루바이트 요석은 약물 요법으로 용해가 되지만 수산 칼슘 요석은 외과적 수술이 필요하기 때문이다. 보호자는 요석의 형태에 적당하게 영양 조절이 된 식이만 급여하도록 해야 합니다. 다른 음식, 과자, 간식, 영양제 등은 재발 위험성을 증가시킨다.

2. 약물의 영향

뇨산화제와 산성화 식이의 병행은 권장되지 않는다. 지나치게 산성화되면 어린 고양이와 신기능 부전인 고양이에서는 대사성 산증이 되기 쉽다. 티아자이드 이뇨제는 사람과 개에서 칼슘의 뇨분비를 최소화 하지만 수산 칼슘 요석이 있는 고양이에서는 그 효과가 입증되지 않았다. 고양이 하부요도계 질병에서 요석이나 요도 마개에서 설파다이아진이나 그 대사산물이 발견되기도 한다. 대부분 설파다이아진과 관련된 요석은 고양이 하부요도계 질병을 위해 장기간 설파다이아진이나 트리메토프림을 치료한 경우이다. 설파다이아진은 고양이 하부요도계 질병, 특히 요석 존재, 요석의 위험 요인이 높은 경우, 산성뇨나 뇨농도가 높을 경우 사용하지 않는 것이 좋다.

3. 식이 방법의 결정

급여 방법은 비만과 같은 질병이 있을 경우 주의해야 한다. 자유 급식은 식후 알칼리화기를 최소화하지만 칼로리의 과다 섭취로 인하여 비만이 되기 쉽다. 그러므로 자유급식 방법은 적당하지 않다. 수분을 충분히 먹도록 하며 이를 위해 캔 사료를 급여하는 것도 효과적이다.

 ## IV 재평가

요석의 재발률이 아주 높기 때문에 뇨pH 측정과 침전물 검사를 포함한 뇨분석과 방사선 검사를 정기적으로 시행해야 한다. 요석의 재발과 재발 기간에 영향을 주는 것은 여러 가지 요인이 있다. 보호자의 지시 사항 준수 여부, 성공적인 수술 여부, 요소 분해 효소를 생산하는 세균에 감염 여부, 지속적인 중간 점검 여부 등이 영향을 주게 된다.

기타 질환

1. 발육기 골격계 질환(Developmental Skeletal Disorder)

1) 정의

25kg 이상에 해당되는 대형 품종의 개에서 성장기에 과도한 성장과 관련되어 골격계, 특히 관절에 이상을 나타내는 경우가 많이 있다. 이들 대부분이 영양 과다로 인하여 발생하는데 대퇴골의 골두에 많은 변형이 발생한다.

2) 원인

대형 품종의 개는 소형에 비하여 체중이 급격히 증가하고 성숙은 느린 반면 노화는 빠르게 진행되는 특징을 가지고 있다. 대부분 빠르게 성장하는 대형이나 초대형 품종의 개는 1년 이하 성장기에 발생하고 자유급식에 의해 발생하기 쉽다. 식이의 과다 섭취, 즉 칼로리의 과다 섭취한 경우 체중의 증가에 관절의 발달이 따라가지 못하기 때문에 발생한다. 식이나 영양제 등에 의해 칼슘이 과다 공급 되었을 경우 많이 발생한다.

3) 발병 현황

1년 이하의 대형이나 초대형 품종의 개에서 20% 이상 골격계에 이상이 나타난다. 이중 90% 이상이 영양 요인에 의하여 발생한다. 가장 흔한 질병으로는 고관절 이형성증, 골연골증, 비대성 골이영양증이다.

4) 증상

보행의 파행을 보이며 움직이기를 싫어한다. 촉진에 의해 관절 및 뼈에 통증을 표시하며 때로는 열이 발생하기도 한다.

5) 진단

증상의 관찰과 관절의 촉진, 방사선 검사를 통하여 관절의 정상 유무를 판단한다. 실험실 검사를 통하여 부갑상선호르몬, 칼시토닌, 비타민 D, 칼슘 등의 농도를 측정하는 것이 치료에 많은 도움을 준다.

6) 영양 관리

무리한 운동은 피하고 칼로리와 칼슘의 과다 섭취는 피한다. 칼로리의 과다 공급은 체중이 빠르게 증가하므로 이를 감소시키기 위하여 단백질과 지방의 함량을 감소시킨다. 칼슘, 인과 같은 미네랄과 비타민 D, 비타민 A를 과다 공급하지 않도록 주의한다. 비타민 C와 비타민 E를 공급하면 증상의 개선에 효과적이다.

자유급식은 성장기에 칼로리를 과다 섭취할 수 있는 원인이 되기 때문에 일정한 식이를 하루에 두 번 정도 급여하는 제한급식이 효과적이다.

2. 당뇨병(Diabetes mellitus)

1) 정의

당뇨병은 아직 발생 빈도가 높지 않지만 애완동물의 노령화가 증가되면서 지속적으로 증가할 것으로 예상된다. 내분비계 이상으로 나타나는 대표적인 만성 질환으로 내분비계 질환 가운데 가장 많이 발생하는 질병이다. 당뇨병은 조직의 요구에 대하여 인슐린의 절대적 또는 상대적인 부족에 기인되어 일어나는 만성적인 단백질, 지방, 탄수화물의 대사 이상으로 포도당을 이용하지 못하여 뇨를 통해 배설되는 질환이다.

2) 원인

췌장의 이상에 의한 랑게르한스섬의 β 세포 파괴로 인하여 탄수화물, 지방, 단백질의 복합적인 대사 이상이며 이는 생체의 요구에 대한 인슐린의 절대적 또는 상대적 부족 및 수용체의 이상에 의해 발생된다. 글루카곤의 과잉 생산이 주요한 원인이라는 설도 있다.

갑상선기능항진증, 쿠싱 증후군(Cushing syndrome)과 같은 내분비 이상을 일으키는 질병과 췌장염, 췌장 종양, 스트레스가 있을 경우에 발병률이 높아진다. 에스트로겐, 프로제스테론, 스테로이드의 농도 상승이나 장기간 투여할 경우 발생하기 쉽고 증상도 악화시킨다. 비만은 당뇨병의 원인이 되기도 하고 결과가 되기도 한다.

3) 발병 현황

개와 고양이에서 1% 이하 발생하고 있다. 암캐가 수캐보다 2~3배 정도 발생빈도가 높지만 고양이는 수컷에서 발생률이 높다. 암캐의 경우 종종 발정 후 발생하기도 한다.

대부분이 5세 이후의 노령기에 발생한다. 닥스훈트에서 제일 많이 발생하고 푸들, 스코티쉬 테리어, 킹 찰스 스파니엘, 로트와일러에서 비교적 많이 발생한다.

4) 발병 형태에 따른 분류

① **제1형 - 인슐린 의존형 당뇨병**(Insulin Dependent Diabetes Mellitus; IDDM)

췌장에서의 인슐린 분비가 적거나 거의 없는 상태로 식이요법과 운동을 시행하며 인슐린 치료를 병행하도록 한다.

② **제2형 - 인슐린 비의존형 당뇨병**(Non-insulin Dependent Diabetes Mellitus; NIDDM)

췌장의 인슐린 분비량은 유지되지만 조직의 저항으로 인하여 포도당을 이용할 수 없는 상태이다. 식이요법, 운동과 더불어 필요할 경우 혈당 강하제나 인슐린을 사용한다.

③ **제3형 - 속발성 당뇨병**(Secondary Diabetes Mellitus)

에스트로겐, 스테로이드는 혈당을 높이고 프로제스테론은 인슐린에 길항작용을 한다. 만성 스트레스는 스테로이드를 분비하여 당뇨병의 원인이 된다.

5) 증상

다음, 다뇨, 다식, 체중 감소가 주요 증상이며 백내장, 탈수, 쇄약, 케톤성 구취 등을 나타낸다. 합병증으로는 저혈당성 혼수, 케톤산증, 췌장염, 신사구체 경화증, 간의 지방변성 등을 나타내기도 한다. 당뇨병이 있으면서 아무 치료 없이 오래 사는 경우도 있지만 케톤산증이 있으면 오래 가지 못한다.

6) 진단

신체 검사와 혈액검사, 혈청화학검사, 인슐린 검사, 소변검사가 당뇨병 진단의 기본이 된다. 그리고 초음파 검사와 프로제스테론 수치의 검사를 통하여 당뇨병의 진단을 내릴 수 있으며 또한 제1형, 제2형, 제3형 등을 구분할 수 있다.

7) 영양 관리

당뇨병의 치료 목표는 고혈당과 이차적인 합병증을 관리하는 것이다. 이를 위해 운동요법, 식이요법, 인슐린 요법을 시행한다.

매일 적당량의 운동을 하여 적정 체중을 유지하는 것이 좋다. 체내 대사활동을 원활히 시키고 비만에 의한 인슐린의 필요량을 감소시키고 인슐린 저항을 제거하기 위하여 일정 시간 운동을 유지하되 격렬한 운동은 피한다.

식이요법은 정상 체중을 유지하고 혈당치의 변동을 최소화하는 것이다. 반습식 사료는 소화와 흡수가 빠르기 때문에 혈당치가 급격히 증가하는 경향이 있기 때문에 피하는 것이 좋다. 규칙적인 식사는 혈당을 일정하게 유지하는데 도움을 주며 하루에 3~4회 나누어주는 것이 효과적이다. 섬유소의 함량을 높이는 것이 효과적인데 섬유소는 체내 인슐린과 쉽게 반응하고, 인슐린 요구량과 혈당치를 감소시키며, 소화관에서 당분의 흡수를 감소시키고 서서히 이루어지도록 하여 혈당치의 변동을 최소화한다. 가용성 탄수화물의 함유량을 제한하고 있는 균일한 사료를 일정량 급여한다. 식이의 영양소의 성분과 칼로리 함유량이 항상 일정하도록 유지하는 것도 중요하다. 식이의 성분이 자주 바뀔 경우 인슐린 농도를 조절하기 어렵기 때문이다. 섬유소가 많이 함유한 사료를 지속적으로 급여하며 간식이나 과자 등은 주지 않는 것이 좋다.

3. 산욕테타니(자간 ; Puerperal Tetany)

1) 정의

산욕열, 산후풍이라고도 하며 저칼슘혈증이 특징적으로 나타나는 질환이다. 저칼슘혈증으로 인하여 운동신경의 이상 흥분으로 근육의 강직성 경련이 초래되는 질환이다. 분만 후 대체로 7~20일 사이에 나타나지만 대부분 14~15일 사이에 나타난다. 드물게 분만 중에 또는 분만 전에 나타나는 경우도 있다.

2) 원인

원인에 대해서는 충분히 밝혀지지 않았다. 그러나 일반적으로 칼슘이 태아의 발육과 함께 뼈의 형성을 위해 태반을 통하여 젖으로 신생아에게 많은 양이 빠져나가기 때문에 세포외액의 칼슘이 현저히 저하된다. 근육과 폐에서 대사되는 칼슘의 부족으로 인하여 근육의 경련과 호흡 곤란이 일어난다고 여겨진다. 저양양식 또는 영양이 불균형한 먹이에 의한 사양관리가 이 질병이 소인이다. 임신 기간 중에 지나친 칼슘의 공급도 분만 후에 칼슘의 흡수와 재흡수 능력이 감소하여 발생하는 경우도 있다.

3) 발병 현황

신경질적인 소형 품종의 암캐에서 많이 발생한다.

4) 증상

초기에 신경과민, 불안, 유연, 신음, 보행을 피하지만 수 시간 내에 강직성 경련과 심한 호흡 곤란 증상을 보이며 기립 불능 상태가 된다. 진행되면서 발열, 빈맥, 점막의 출혈도 나타나며 심한 경우는 혼수상태가 된다.

5) 진단

증상의 관찰과 임상검사에서 혈청 칼슘치의 저하를 볼 수 있다. 인의 저하를 동반하는 경우도 많다.

6) 영양 관리

치료를 위해 제일 먼저 칼슘제를 정맥주사로 공급해야 한다. 질병이 발생 후에는 재발의 방지를 위해 강아지를 어미로부터 분리시켜 수유를 중단하는 것이 필요하다. 강아지가 아직도 이유하는데 너무 빠른 경우 견용 우유로 인공포유를 시행할 필요가 있다.

질병으로부터 빠른 회복을 위해 칼로리가 높고 칼슘의 함량이 높은 식이를 급여하도록 한다.

4. 부신피질 기능항진증
(쿠싱증후군 ; Hyperadrenocorticism ; Cushing's syndrome)

1) 정의

부신피질 기능항진증(쿠싱증후군)은 부신피질의 기능이 항진되어 코티솔의 과다 분비로 인해 발생하는 질환으로 서서히 진행되며 내분비 질환에서 가장 많이 발생하는 질병이다.

2) 원인

쿠싱증후군은 뇌하수체 종양에 의한 부신피질 자극 호르몬(Adrenocorticotropic hormone; ACTH)의 과다 분비로 인해 발생하는 경우가 85~90% 정도를 차지한다. 간혹 신경 증상을 나타낼 수도 있다.

나머지 10~15% 정도는 편측성 부신 종양으로 인하여 발생하며 드물게 양측성 종양에서도 나타난다. 편측성인 경우 반대쪽 부신은 위축되는 경우가 많다.

그 외에 부신 피질 호르몬제의 과다 사용이나 장기간 투여로 인하여 발생하기도 한다. 이런 경우 약물을 중지하거나 감소 또는 대체약물로 전환하는 경우 증상이 개선되는 수도 있다.

3) 발병 현황

개에서 발생률이 높으나 고양이에서는 드물다. 주로 나이 많은 4살 이상 특히 8살경의 암컷에서 많이 발생하며 푸들, 복서, 닥스훈트, 포메라니안, 요크셔테리어, 비글, 브뤼셀 그리펀에서 많이 발생한다.

4) 증상

다음, 다뇨, 다식이 특징적으로 나타나며 복부 팽만이 나타난다. 피부와 털이 거칠어지고 양측성 대칭성 탈모가 나타난다. 근육이 위축되고 면역 기능이 떨어지게 된다. 그 외에 고혈압, 심부전, 파행, 보행 기피, 골다공증, 방광염과 결석을 보이기도 한다. 신경증상이 나타나기도 하며 췌장염이 발생한다. 암캐의 20~30%는 불규칙한 발정 주기와 불임 및 수캐의 고환 위축을 나타내기도 한다.

5) 진단

혈액검사, 혈액화학검사, 뇨검사, 방사선검사 그리고 확증을 위해서는 코티솔의 만성과잉과 ACTH 자극시험 및 덱사메타손(dexamethasone)억제시험을 해야 한다.

6) 영양 관리

저섬유질, 저지방, 저칼로리, 고소화율의 식이를 급여한다. 당신생 증가의 영향으로 발생하는 근 소모를 최소한으로 억제하도록 소화력이 높은 단백질을 급여한다. 성장기의 필요량과 동일한 양의 칼슘과 칼륨을 급여합니다. 그러나 칼슘의 섭취량이 발육기의 수준을 넘으면 피부석회증을 일으킬 우려가 있으므로 주의해야한다. 나트륨의 함량을 제한한 식이는 급여하지 않는다. 수분을 충분히 공급한다.

5. 부갑상선 기능항진증(Hyperparathyroidism)

1) 정의

부갑상선이나 다른 조직의 병변이나 종양으로 인하여 부갑상선호르몬(Parathyroid hormone; PTH)이나 유사한 작용을 하는 물질이 다량으로 분비되어 그 결과 고칼슘혈증, 저인혈증 등이 일어나고 뼈, 소화관 및 비뇨기 등에 장애를 주는 상태를 말한다.

2) 원인

부갑상선의 주세포암으로 인하여 다량의 PTH이 방출이 일어나는 급성형과 골 및 부갑상선이 아닌 다른 조직에서 발생한 종양으로 인하여 PTH과 유사한 작용을 하는 폴리펩타이드, 프로스타글란딘 E_2, 파골세포자극인자 등이 분비되어 결과적으로 PTH의 분비항진과 같은 상태로 되고 고칼슘혈증 및 저인혈증이 발생한다.

3) 증상

고칼슘혈증을 나타내며 식욕부진, 구토, 변비와 다음, 다뇨, 탈수, 우울, 뼈의 변형, 근무력증 등의 증상을 나타낸다. 서맥과 부정맥의 증상도 나타낸다. 요석증과 신장 실질의 석회화

로 인하여 만성 신부전증을 나타내기도 한다.

4) 진단

혈액화학검사, X선 검사, PTH의 직접정량(RIA법)에 의하여 진단할 수 있다.

5) 영양 관리

성장기에 필요한 식이를 급여할 경우 별도로 칼슘을 공급할 필요가 없다. 비타민 D 과잉증에 의해 일부 영양소가 결핍이 되고 조직에 칼슘이 침착되기 때문에 별도의 비타민 D의 급여는 피한다.

6. 갑상선 기능저하증(Hypothyroidism)

1) 정의

갑상선성 탈모증이라고도 하며 갑상선 기능저하증은 소동물 특히 개의 내분비 질환에서 많이 발생하는 질병중의 하나로 갑상선 호르몬의 합성 및 분비장애로 혈중의 갑상선 호르몬 농도가 떨어져 지방의 대사 조절, 탄수화물의 소화관흡수 등과 같은 각종 대사 작용의 기능저하로 행동과 사고가 활발하지 못하고 내분비성 탈모가 일반적인 증상을 나타내는 질병이다.

2) 원인

원발성 원인으로는 임파구성 갑상선염과 특발성 갑상선 위축증이 대부분을 차지하며 갑상선의 종양에 의한 침윤에 의해서도 발생한다. 이차성 원인으로는 갑상선자극호르몬(Thyroid Stimulate Hormone; TSH)의 분비부전이 있으며 삼차성 원인으로는 시상하부의 이상에 의한 TSH 분비 저하를 나타내는 경우이다.

3) 발병 현황

원발성 원인에 의한 경우가 90% 이상을 차지하고 있으며 이차성, 삼차성에 의한 경우는 10%를 넘지 않는다. 성별에 관계가 없으며 7~8세에서 가장 많이 발생한다. 도베르만, 골든 리트리버, 코카스파니엘, 보르조이, 그레이트 데인, 비글에서 많이 발생한다. 고양이에서 자연적으로 발생하는 경우는 매우 드물지만 갑상선 기능 저하와 관련된 치료와 수술로 인한 이차적인 원인에 의해 발생할 수 있다.

4) 증상

초기에는 내분비성 즉 양측성 대칭성 탈모를 보이며 지루나 이차 감염이 없으면 소양감을 나타내지 않는다. 피부는 마르고 거친 편이며 피부의 각화와 심한 색소 침착 등을 나타내기도 한다.

행동이 둔하고 무기력하며 다식증을 동반하지 않으면서 체중이 증가한다. 고지혈증에 의해 눈에 이상을 보이며 생식기의 이상으로 인한 발정 주기의 이상을 나타낸다. 서맥, 동맥경화와 같은 심장혈관계 이상과 근무력증, 안면신경 마비 등의 증상을 나타내기도 한다.

5) 진단

혈액검사를 통하여 중성 지방, CPK, GOT, 혈청의 콜레스테롤과 요오드치를 측정한다. TSH, T_3, T_4의 농도를 동시에 측정한다. 중증에서는 심전도를 측정하고 뇨검사를 실시한다. 갑상선의 생검도 진단 가치가 높다.

6) 영양 관리

단백질과 지방을 줄여 칼로리를 감소시키고 섬유소를 증가며 미네랄의 과잉을 피한다. 비만이 되기 쉽기 때문에 비만인 경우 체중조절 프로그램을 시행한다. 장기간 치료해야 되기 때문에 지속적인 영양 관리가 필요하다.

7. 구강 질환(Oral Disorder)

1) 정의

구강내의 이상은 치은, 치주 조직의 염증이나 치아의 표면에 치석이 형성되는 것으로 심한 경우 심장이나 간, 신장 등에 이상이 생길 수 있다.

2) 원인

세균의 증식으로 인하여 형성되는 산성 부산물이 치아의 구조를 변화시킨다. 치아나 치석에 번식하는 세균은 산성 대사산물을 분비하여 부식 과정이 진행되어 연한 조직인 상아질 부위까지 손상을 입게 된다. 결국 치수강까지 손상되어 치수염 등으로 인하여 치아가 정상적인 기능을 하지 못하게 된다.

3) 발병 현황

중간 연령이나 노령의 애완동물에 발생하며 가벼운 치은염이나 치석이 있는 경우는 90%를 넘고 있으며 심한 치은염이나 더 심한 경우도 50%가 넘고 있다. 치아 관리를 제대로 하지 못하거나 습식 사료나 사람 음식을 급여하는 경우 치석의 발생률이 높다.

4) 증상

심한 구취와 치아의 착색, 치석이 생기며 흔들리거나 치아의 손상이 생긴다. 이로 인하여 구강의 통증, 식욕 감퇴, 저작 곤란, 유연증이 생기며 머리를 흔들기도 한다. 혈류를 통하여 세균의 전이로 인한 심장, 간 등에 이상이 생기는 수도 있다.

5) 진단

주로 X-선에 의해 진단할 수 있다. 심장이나 다른 기관의 이상 유무도 확인한다.

6) 영양 관리

칫솔질이나 스케일링과 같은 지속적이 치아관리가 가장 중요하다. 치아의 착색과 치석 형성을 예방하기 위해 단백질의 함량을 감소시키고 석회화를 예방하기 위하여 칼슘의 섭취량을 감소시킨다. 최근 시판되고 있는 사료 중에 섬유소를 많이 함유하여 칫솔질의 효과를 나타내는 사료와 세균의 증식을 억제하여 치석 형성을 억제하는 사료가 있다.

8. 암(Cancer), 종양

1) 정의

최근에 애완동물의 고령화와 환경의 변화로 인하여 종양의 발생이 증가하고 있다. 종양의 발생과 진단은 보호자에게 애완동물의 죽음에 대한 슬픔과 경제적인 어려움을 갖게 한다.

암이란 세포가 정상적인 통제 없이 지속적으로 분열과 증식으로 인하여 발생하는 질환을 의미한다. 종양은 양성 종양과 악성 종양으로 구분되는데 양성 종양은 서서히 증식하고 주위의 다른 조직이나 기관으로 전이가 되지 않기 때문에 쉽게 치료할 수 있다. 그러나 암이라 불리는 악성 종양은 성장 속도가 아주 빠르고 주위 조직으로 침투되거나 다른 기관으로 전이되기 때문에 치료하기가 아주 어렵고 예후가 불량인 경우가 많다.

2) 원인

유전적, 환경적 요인에 의한 돌연변이, 약물, 방사선, 바이러스, 스트레스 등이 관계가 있으며 성별, 연령, 식사와 같은 환경적인 요인에 의해 영향을 받는다. 특히 고양이에서 고양이 백혈병과 면역결핍 바이러스 감염증과 같은 바이러스에 감염될 경우 암의 발생률은 증가한다.

3) 발병 현황

개와 고양이의 암 발생은 고령에서 많이 발생하는데 10살 이상의 개에서 50% 정도이며 고양이에서는 개에 비하여 발생률은 적지만 80% 이상이 사망한다. 임파종이 가장 많이 발생하고 있다. 국내에서도 진단 기술의 발달로 많이 진단되고 있으며 유선과 피부에 많이 나타나는 것으로 보고되었다.

4) 증상

임상 증상은 암의 종류에 따라 다르게 나타나지만 가장 흔한 증상은 침울, 횡와, 식욕부진 등이 많이 나타난다. 그 외에 체중 감소, 호흡 곤란, 구토 등의 나타난다.

5) 진단

종양이 의심되면 겉으로 보이지 않는 부위라면 X-선이나 초음파, 내시경 등을 이용하고 종양이 확실하다고 생각될 경우 생검을 실시한다. 종양 샘플의 세포학적인 진단은 잠정적인 진단과 치료 계획을 세우는데 중요하며 확진을 위해서는 병리 조직 검사가 반드시 필요하다. 조직의 검사 의뢰할 경우 정상이라고 생각되는 부위까지 의뢰한다.

6) 영양 관리

암환자에게 가장 중요한 것은 질병을 이겨낼 수 있도록 높은 영양을 유지하도록 하는 것이다. 암세포는 대사 과정에서 젖산이 많이 형성되기 때문에 탄수화물, 특히 용해성 섬유소의 과잉을 피하는 것이 좋다. 암은 많은 에너지가 소모되기 때문에 제지방 조직의 보존과 면역 기능 향상을 위해 단백질을 충분히 섭취한다. 특히 아르기닌(arginine)은 상처를 치유하고 면역을 증강시키며 종양의 진행을 예방하는 역할을 한다. 또한 칼로리를 많이 함유하고 있는 지방을 충분히 섭취하도록 한다. 특히 필수지방산인 오메가-3 지방산은 면역능력을 증강시키고 혈액중의 젖산 농도를 감소시키는 역할을 한다. 비타민 C, E, β-카로틴, 탄수화물인 레티노이드는 항산화 작용을 하면서 면역능력을 증가시키므로 암세포를 억제하는 역할을 한다.

9. 염증성 질환(Inflammatory Disease)과 필수지방산(Essential fatty acid)

1) 개요

세포에서 지방산은 에너지원과 세포막의 구성 성분이 되며 염증을 억제하는 효과가 있다. 필수지방산은 체내에서 합성되지 않기 때문에 식이를 통하여 필수적으로 공급해야한다. 필수지방산이 부족할 경우 피부 및 번식 장애를 유발한다.

2) 필수지방산

지방산의 구조 중에 탄소가 이중결합을 갖지 않는 것을 포화지방산이라 하며 이중결합을 1개 이상 갖는 것을 불포화지방산이라 한다. 불포화지방산 중에 처음 이중결합이 몇 번째 있느냐에 따라 오메가(omega)-3, -6, -9 지방산으로 구분한다. 이중 오메가-3, -6 지방산이 필수지방산에 해당된다. 오메가-6 지방산의 리놀레익산(linoleic acid)은 사료 효율을 개선하는데 필요하다. 오메가-3 지방산의 에이코사노이드(eicosanoid)는 피부의 개선과 염증 완화와 면역력 증가에 효과적이다. 필수지방산의 함유량이 증가하면 산패와 체지방의 산화를 초래할 수 있기 때문에 비타민 E와 C, 셀레늄, 카로틴과 같은 항산화제의 함량도 같이 증가시켜야 한다.

3) 필수지방산 결핍증

개와 고양이에서 필수지방산 결핍이 생기면 비듬, 피부의 각화, 거친 피부, 피부 탄력 상실, 피부 박리, 털의 엉킴, 탈모, 습진, 외이염 등의 피부 증세가 나타나며 발정 불균형, 수태율 감소, 산자수 감소, 수유 부족 등의 생식기 이상이 나타난다.

4) 염증성 질환에서 필수지방산의 역할

아라키도닉산(arachidonic acid)로부터 생성되는 프로스타글란딘 E_2(prostaglandin E_2; PGE_2)와 트롬복산 A_2(thromboxane A_2; TXA_2)는 염증을 유발할 가능성이 있다. 오메가-3 지방산은 아라키도닉산으로부터 프로스타글란딘 E_2와 트롬복산 A_2가 형성되는 것을 억제한다. 따라서 오메가 지방산인 리놀레익산과 에이코사노이드를 섭취하면 아라키도닉산이 감소되어 염증을 억제하는 효과가 있다. 특히 피부 질환과 관절염에 효과가 좋으며 각종 염증 유발 질환에 오메가 지방산을 섭취하여 염증을 완화시킬 수 있다.

5) 오메가 지방산의 섭취

오메가 지방산의 보충은 수주에서 수개월 후에 효과가 나타난다. 오메가-3 지방산은 플랑크톤으로부터 얻을 수 있으며, 해산물을 통해 섭취할 수 있다. 일반적인 공급원은 기름진 생선이다. 반면 육상식물을 통해 얻을 수 있는 오메가-6 지방산의 가장 친숙한 공급원은 옥수수기름과 콩기름이다.

■ Reference

1. 김관우, 김현오, 이별나, 「고급 영양학」, 효일, 2000
2. 서정숙, 여인법, 최인숙, 「임상 영양학」, 지구문화사. 2000
3. 한호재, 「동물의 소화생리」, 광주·전남 수의사회, 1998
4. 맹원재, 김대진, 「영양·사료 용어 해설 사전」, 유한문화사. 1999
5. 이승진역, 「소동물 피부학」, 지성출판사, 1999
6. 현창백, 「심장질환의 영양 요법」, J. Of Small Animal Practice Vol. 2:39~45, 2004
7. 이승진, 오태호 역, 「소동물 귀질환」, 지성출판사, 2001
8. 유용규, 「Struvite 방광 내 결석 치료」, 로얄동물임상의학 Vol. 2 No. 1, 2004
9. 하병래 「Feline Urinary Problems」, 대한수의사회 한미합동 소동물 임상세미나〈비뇨기질환〉:87~114, 2002
10. 한인규, 이택원, 박경규, 고영두, 윤재인, 「개정사료학」, 선진문화사, 1994
11. 김유용, 이효원, 하종규, 한인규, 「사료학」, 한국방통대출판부, 2003
12. 윤희섭, 맹원재, 신형태외 2명, 「가축영양학」, 향문사, 1996
13. 한국수의내과학 교수협의회, 「소동물 내과학」, 신흥메드싸이언스, 2004
14. JOAN DZIEZYC NICHOLAS J, 「MILLICHAMP Color Atlas of Canine and feline ophthalmology. 2004
15. DiBartola, 「Fluid therapy in small animal practice 2/E」, 2000
16. William D. Fortney, 「DVM GUEST EDITOR Veterinary clinics of north America small animal practice Geriartrics」, MAY 2005
17. Kenneth J.Drobatz, 「DVM,MSCE GUEST EDITOR Veterinary cilinical of north Americasmall animal practice emergency Medicine」, MARCH 2005
18. Nicholas JH Sharp, Simon J, 「Wheeler small animal spinal disorders diagnosis and surgery」, 2005
19. indaPC, Daniel PC, Diane AH, Leighann D, 「Canine and Feline Nutrition(2/E)」, Mosby, 2000
20. Larry PT, Francis WK Smith Jr., 「The 5-Minute Veterinary Consult Canine and Feline(3/E)」, Lippincott Williams & Wilkins, 2004
21. Franco C 「Potential Within a Guide to Nutritional Empowerment」, Biologic, 2003
22. Mark LM Sr., Mark LM Jr., Louise WM, Bette MM, Michael SH, Craig DT, Rebecca LR, Philip R, 「Small Animal Clinical Nutrition(4/E)」, Mark Morris Institute, 2000
23. Colin FB, 「Gastroenterology」, Veterinary Learning System, 1993
24. Lowell A, 「Pet Skin and Haircoat Problems」, Veterinary Learning System, 1993
25. Linda AR, 「Renal Disease in Small Animal Practice」, Veterinary Learning System, 1994

26. Danny WS, William HM, Craig EG, 「Small Animal Dermatology(5/E)」, W.B. Saunders, 1995

27. Chadwick ED, Steven CZ, Dennis EJ, Dale AF, Stephen RL, Timothy AA, 「Can a Fortified Food Affect the Behavioral Manifestations of Age-related Cognitive Decline in Dogs」, J. of Veterinary Medicine No. 5:396~408, 2003

28. Jean AH, 「Potential Adverse Effects of Long-Term Consumption of(n-3) Fatty Acid」, Compendium on Continuing Education Vol. 18(8):879~985. 1996

29. Craig DT, 「Nutritional Need of Critically Ill Patients」, Compendium on Continuing Education Vol. 18(12):1303~1313. 1996

30. Tina SK, John MK, Carl AO, 「고양이 특발성 하부요도기 질환」, Seoul Pride Vet Vol. 2, No. 8:44~54, 2004

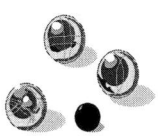

개와 고양이 영양학

2판13쇄 발행 : 2024년09월 07일

공저자 : 강명곤 구의섭 권애숙 박대곤 박우대 오윤상

발행인 : 유 의 자

발행처 **도서출판 삼보**
서울시 영등포구 국회대로37길22.106-1602호
전화 (010)4224-3379 (010)2529-4352
팩스 (02)2635-4352

등록번호 : 22-1014 / 등록날짜 : 1996년 6월 7일

값19,000원

▶ 잘못 인쇄된 책은 서점이나 본사에서 바꿔 드립니다.
ISBN 89-87292-96-7